KB169260

생색요리

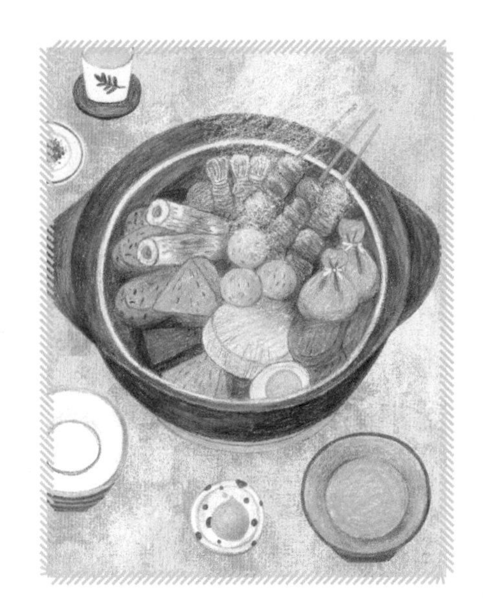

우리가 요리할 때 하는 얘기들

생색요리

구루 글

밀 글

강영지 그림

글항아리

머리말

'이 재료는 어디서 구하나요?' '이 소스는 다른 요리에도 써먹을 수 있나요?' '정확히 얼마큼을 넣으라는 건가요?' '이게 없으면 저걸 넣어도 되나요?' 음식을 통한 일상의 즐거움을 연구하는 구루밀스튜디오에서 요리교실을 진행하며 수강생들로부터 받은 질문입니다. 생소해서 맛이 궁금한 음식이든 친숙해서 익히 맛을 그려볼 수 있는 음식이든, 뚝딱뚝딱 만들어내는 사람들을 보면 요리라는 건 참 간단해 보입니다. 하지만 막상 만들어보려 하면 그리 간단하지만은 않다는 걸 깨닫게 되지요. 재료를 구하는 데서부터 그릇에 담기까지 궁금한 것도, 아리송한 것도 참 많습니다. 한편으로는 이런 지점들이 요리의 가능성이기도 해요. 그에 대한 답을 찾아가는 과정이 우리가 만드는 요리를 우리만의 특별한 요리로 만들어주니까요.

수강생들과 요리에 대해 이런저런 이야기를 나누면서 문득 이 대화가 어쩌면 더 많은 사람에게 필요한 정보가 될 수 있지 않을까 하는 생각이 들었습니다. 우리는 그 생각을 좀더 구체화해 '요리 가이드북'을 만들어보기로 했고, 2015년부터 독립 출판물로 소개해왔습니다. 그러다 요리 선생님인 푸드디자이너 구루, 글을 쓰고 사진을 찍는 기획자 밀, 그리고 일러스트레이터 영지, 이렇게 셋이서 이따금씩 만나 함께 요리를 만들며 나눈 이야기를 담은 「생색요리」라는 소책자를 펴내게 되었지요.

"요리를 잘하지는 못하지만, 그래도 좋아하는 사람에게 뭔가 근사해 보이는 음식을 만들어주고 싶을 때, 즐거운 마음으로 생색도 좀 내고 싶을 때 하는 요리를 해봐요!" 생색요리라는 이름은 일러스트레이터 영지의 이 한마디에서 탄생했습니다. 말하자면, 서툴지만 최선을 다해 음식을 만들고, 거기에 정성스런 마음을 담아 소중한 이에게 대접하는 요리가 바로 이 '생색요리'라고 할 수 있습니다.

단행본 『생색요리』는 독립 출판물로 출간되었던 기존 「생색요리」에 담지 못한 이야기를 확장해 생색이라는 취지와 의미에 딱 맞게 엄선한 새로운 메뉴들로 더 풍부하고 디테일하게 구성한 요리 그림책입니다. 기존 소책자에서 '음식을 좀더 꼼꼼하게 만드는 과정'을 이야기했다면, 이 책에선 그에 더해 음식을 둘러싼 이야기를 좀더 본격적이고 풍성하게 담아내고자 했습니다.

『생색요리』의 내용은 다음 세 가지를 기준으로 정리되었습니다. 첫째, 레시피만 묶어서 소개하는 실용서와 음식 인문서의 중간 어딘가에 초점을 맞추었습니다. 음식을 직접 만들어보는 과정을 중심에 두되, 그 음식의 맛을 좀더 넓은 안목에서 음미해보기 위해서입니다. 둘째, 정해진 레시피에 갇히지 않기 위해 노력했습니다. 사람들은 저마다 다른 재료, 다른 공간, 다른 상황에서 요리를 합니다. 같은 레시피를 가지고 요리를 해도 늘 변수가 생기기 마련이지요. 그래서 가지고 있는 재료와 도구를 최대한 활용할 수 있는 방향으로 음식을 만들고, 대화를 나누었습니다. 꼭 책에서 다룬 요리가 아니더라도, 여러분이 요리를 할 때 만날지 모를 변수에 적절히 대처할 수 있는 방법을 제시해줄 것입니다. 셋째, 『생색요리』에는 일본식 요리의 비중이 높습니다. 우리가 잘 아는 요리이기도 하고, 여전히 이국적이면서도 한국에서 쉽게 재료를 구해 따라해볼 수 있는 요리이기에 그렇습니다. 일본의 음식 문화에 관심이 있거나, 일본 여행을 계획 중이라면 책 내용을 바탕으로 더 다양한 경험을 해볼 수 있으리라 생각합니다.

우리는 이 책에 소개된 요리들이 여러분의 다양한 관점과 필요에 따라 자유롭게 선택되길 바랍니다. 음식을 만들고 싶을 때, 음식에 얽힌 이야기가 궁금할 때, 여행지에서 메뉴를 고를 때…… 어떤 상황에서든 유용한 도움을 줄 수 있었으면 합니다.

마지막으로 여러분이 어떤 경로로 이 책을 만나 지금 이 글을 읽고 있는지는 알 수 없지만, 귀한 시간을 내주신 데 감사드립니다. 김치찌개 하나만 해도 수만 가지 레시피가 있는데, 우리가 알지 못하는 음식의 세계는 얼마나 넓고, 또 다양할까요? 그 넓고 아득한 음식의 세계에서 이 책에 담긴 음식을 통해 여러분을 만날 수 있다는 건 우리에게도 커다란 즐거움입니다. 이 책의 요리들은 푸드 디자이너 구루가 오랜 경험을 통해 완성한 레시피로 만들어졌습니다. 여러분이 지금껏 접해온 요리와 어쩌면 같으면서도, 또 어쩌면 다를 것입니다. 그 익숙함과 낯섦 사이에서 여러분만의 시각과 방식으로 음식에 대한 호기심을 조금이라도 더 느끼는 데, 또 여러분의 요리 경험에 다양한 색을 입히는 데, 이 책이 도움이 된다면 좋겠습니다.

차례

등장인물

구루 · 푸드디자이너

생색요리를 진행하는 요리 선생님으로, 음식을 만드는 방법 외에 음식을 둘러싼 이야기에 관심이 많습니다. 전직 디자이너답게, 플레이팅의 중요한 부분은 색감과 균형감이라고 생각합니다. 일본에서 푸드코디네이터로 유학 후 한식 요리 교실, 케이터링, 푸드스타일링 등의 활동을 해왔어요. 귀국 후에는 푸드스튜디오인 구루밀스튜디오를 통해 요리 콘텐츠를 제작하며, 피터앤코의 코디얼 제품을 개발하고 있습니다.

밀 · 기획자

구루밀스튜디오와 피터앤코의 기획과 홍보를 담당하고 있으며, 생색요리에서는 원고 정리와 사진 촬영을 맡았습니다. 틈새의 이야기를 발견하는 것을 좋아하며, 엉뚱한 부분에서 호기심을 느껴요. 무라카미 하루키와 저우싱츠(주성치)를 좋아하는 작가 지망생으로, 인생에서 중요한 것은 유머라고 생각합니다.

영지 · 일러스트레이터

여러 매체에서 다양한 그림 작업을 하는 일러스트레이터로 활동 중입니다. 생색요리에서는 그림과 시식을 담당했죠. 구루에게 3년 가까이 요리 수업을 받았지만 실력은 늘지 않고, 대신 입맛만 까다로워졌습니다. 취미는 음식이 소재인 드라마와 영화 찾아보기, 특기는 평범한 음식을 색다르게 조합해 맛있게 먹는 방법 알려주기이며, 음식을 그릴 때 유난히 집중력이 높아집니다.

야키소바

やきそば

생색 포인트

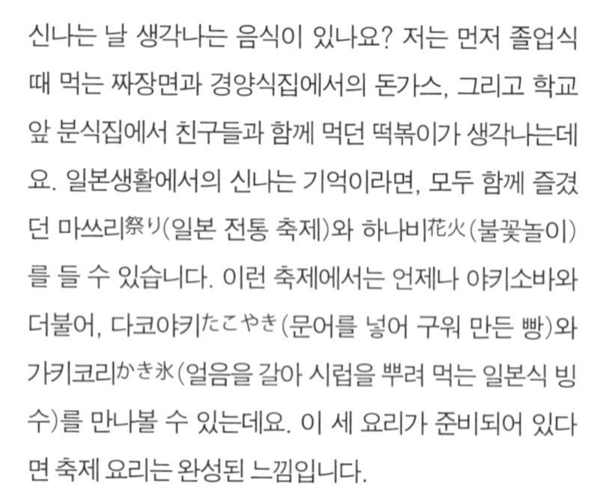

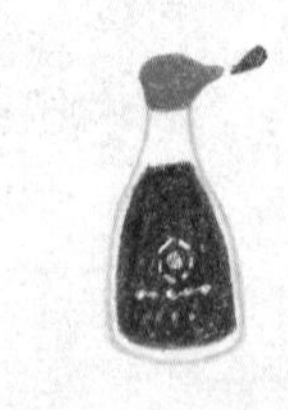

신나는 날 생각나는 음식이 있나요? 저는 먼저 졸업식 때 먹는 짜장면과 경양식집에서의 돈가스, 그리고 학교 앞 분식집에서 친구들과 함께 먹던 떡볶이가 생각나는데요. 일본생활에서의 신나는 기억이라면, 모두 함께 즐겼던 마쓰리祭り(일본 전통 축제)와 하나비花火(불꽃놀이)를 들 수 있습니다. 이런 축제에서는 언제나 야키소바와 더불어, 다코야키たこやき(문어를 넣어 구워 만든 빵)와 가키코리かき氷(얼음을 갈아 시럽을 뿌려 먹는 일본식 빙수)를 만나볼 수 있는데요. 이 세 요리가 준비되어 있다면 축제 요리는 완성된 느낌입니다.

그만큼, 야키소바는 신나는 장소에 빠지지 않고 등장하는 요리입니다. 앞에 소개한 축제 때 외에, 야구장이나 캠핑장을 갈 때도 항상 야키소바가 함께하는데요. 그래서인지 즐거운 기억엔 언제나 이 음식이 떠오릅니다.

야키소바는 한 끼 식사는 물론, 술안주로도 근사합니다. 취기가 필요한 어느 늦은 밤, 야키소바를 안주 삼아 캔맥주를 마시며 하루의 이야기를 나누다 보면, 고민은 조금 가벼워집니다. 야키소바에 얼음을 넣은 우메슈梅酒(일본식 매실주)를 곁들이면, 한여름 더위가 물러나는 기분이 들죠.

일본에서 야키소바는 빵에 끼워서도 먹고, 인스턴트 라면으로 먹기도 하는, 언제 어디서나 맛볼 수 있는 비교적 친숙한 음식입니다. 그런 만큼 직접 만든 야키소바와 시중에서 판매되는 야키소바의 맛도 차이가 커서, 그 맛을 비교해보며 먹는 것도 재미있습니다.

소스는 영국식 우스터소스를, 면은 메밀면이 아닌 중화면을 사용하지만, 이름은 '야키소바'인 이 특별한 일본 음식을 함께 만들어볼까요?

#일본음식 #여름 #축제 #벚꽃놀이 #불꽃놀이 #야구장 #캠핑 #아웃도어 #포장마차 #편의점 #도시락 #맥주 #매실주 #우메슈

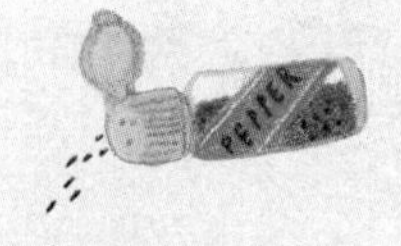

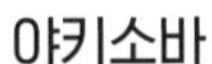

야키소바

재료(2인분)
중화면(시판 냉동) 200g
삼겹살(구이용 얇은 것) 100g
양배추(푸른 겉잎) 2~3장
숙주나물 100g
식용유 2Ts

양념
소금 1/2ts
후춧가루 1/3ts
돈가스소스 2Ts
간장 1ts
물 2Ts

가다랑어포 적당량
파래 가루 적당량
베니쇼가 적당량

밑 작업
양배추는 한입 크기로 자른다. 두꺼운 심 부분은 저며준다. 숙주는 물에 씻어 물기를 털고, 삼겹살은 서너 등분, 중화면은 끓는 물에 풀어지게 데친 뒤 찬물에 헹궈 물기를 뺀다. 양념 재료는 모두 볼에 넣어 잘 섞어둔다.

조리하기
프라이팬을 센 불에 올려 뜨겁게 달궈지면 식용유를 두른 후 양배추를 넣고, 골고루 뒤적여가며 1분 정도 볶아준 다음 숙주를 넣고 1분 더 볶아 따로 덜어둔다. 같은 프라이팬에 삼겹살을 올려 노릇하게 익으면 덜어둔 채소, 중화면, 양념을 추가해 뒤섞어가며 30초 정도 볶아준다.

담기
그릇에 면, 건더기 순으로 소복하게 담고 파래 가루, 가다랑어포 순으로 토핑을 얹은 후 베니쇼가를 곁들인다.

Tip!
- 냉동 중화면 대신 우동면을 사용해도 좋다.
- 고기는 무엇이든 상관없지만 익는 시간이 길지 않도록 얇게 저며진 것이 좋다.
- 양배추는 푸른 겉잎을 사용해야 색 조합이 먹음직스럽다.
- 우스터소스 맛에 익숙하지 않다면, 우리 입맛에 더 익숙한 돈가스소스를 추천!
- 구하기 어려운 파래 가루 대신 조미김을 잘게 부숴서 써도 된다.
- 가다랑어포를 넣은 것과 그렇지 않은 것은 맛이 전혀 다르다!

축제의 음식, 야키소바

구루 여러분의 열화와 같은 요청에 따라 오늘 생색요리의 메뉴는 야키소바로 준비해보았습니다.

영지 와— 신난다!

밀 ㅋㅋㅋㅋ

구루 야키소바는 일본에서 굉장히 대중적인 음식이에요. 우리나라로 치면 김밥, 쫄면, 라면 같은 느낌의 메뉴랄까요?

밀 축제 때 꼭 등장하는 음식이 야키소바인 것 같아요. 식어도 먹기 좋은 면이라 그런지 도시락 메뉴로도 많이들 먹고요.

영지 다른 면은 식으면 퍼져서, 바로바로 먹어야 하는데 야키소바는 그렇지 않은가 보죠?

구루 물에 삶아서 퍼지지 않는 면은 없어요. 퍼진다는 건 국수의 두께가 점점 불어난다는 뜻이니, 국수의 겉면에 물기가 많을수록 쉽게 붇겠죠? 야키소바는 중화면을 물에 '삶는' 게 아니라 기름에 '볶는' 방식이니까 그럴 가능성이 더 낮죠. 또 소면이나 칼국수에 비해 쫄깃한 식감이 더 좋은 편이에요. 반죽할 때 사용하는 알칼리성 간수가 면의 탄력성을 높여서 상대적으로 덜 퍼지는 것 같아요.

영지 간수만 넣으면 쫄깃한 국수를 만들 수 있는 거예요?

구루 그렇다기보다는, 간수도 여러 요소 가운데 하나예요. 일단 글루텐 함량이 많은 밀가루가 있어야 하고, 반죽할 때 물을 얼마나 넣을지, 그리고 반죽의 숙성 정도나 소금의 양 등도 중요한 요소죠. 그런 점에서 중화면은 쫄깃하고 탄력 있는 식감 때문에 인기가 높아 다양한 음식에서 활용됩니다.

밀 저는 야키소바빵(핫도그 빵에 야키소바를 속 재료로 넣어서 먹는 샌드위치)을 좋아해요. 일본 어느 편의점에서나 파는데, 꽤 맛있어요. 설명을 듣고 생각해보니 소면이나 메밀면으로 만들어졌다면 왠지 안 어울릴 것 같네요.

영지 탄수화물 속의 탄수화물이군요.

구루 그렇죠. 안팎으로 탄수화물. ㅋㅋㅋ

밀 근데 소바そば는 메밀로 된 면을 말하는 거 아니에요?

구루 네, 맞아요. 소바는 메밀가루를 이용해 만든 면이에요.

영지 그럼, 야키소바라는 이름은 잘못된 거네요?

구루 음…… 소바라는 단어에 대해 좀 설명하자면, 우리나라에서 국수 하면 소면을 연상하듯이, 일본 사람도 국수 하면 소바를 떠올려요. 왜 야키'멘メン' 또는 야키'주카멘中華麵(중화면)이라고 하지 않고 야키'소바'라고 했을까 생각했을 때, '면' 하면 '소바'라는 인식이 있기 때문에 소바를 면과 동일하게 여기는 듯해요.

영지 그럼 야키소바처럼, 메밀면을 사용하지 않는데 소바라는 단어가 붙은 다른 요리도 있나요?

구루 '오키나와소바沖縄そば'라는 요리가 있네요. 오키나와 지역의 명물 음식인데요. 메밀이 전혀 안 들어가고, 제면 방식은 중화면식이라고 할 수 있는데, 또 식감이나 모양은 굵은 우동에

가까워요. 하지만 워낙 오래된 음식이어서 그런지 오키나와소바라는 이름으로 굳어졌나 봐요.

영지 우리나라에도 요리법이나 재료와 다르게 이름 붙은 음식이 있을까요?

밀 '떡볶이'가 그렇지 않을까 싶어요. 일반적으로 '볶음'이라는 조리법은 재료를 기름과 열기로 볶는 방식이잖아요. 그런데 떡볶이 중에 우리가 흔히 먹는 고추장을 넣은 떡볶이는 물에 떡을 넣고 삶은 후 거기에 재료를 추가하는 방식이라 볶음 같지는 않은데……

영지 떡전골(?)이랄까요? 아니면 떡찌개?

구루 말 그대로라면 서촌 통인시장의 '기름 떡볶이'가 가장 가깝겠네요. 무쇠 팬에 기름을 두르고, 떡을 볶아 만드는 거니까 그야말로 '떡볶이'죠.

영지 그렇네요!

구루 제가 일본에서 생활할 때 인상적이었던 것 가운데 하나가 하나미花見(벚꽃을 구경하면서 야외에서 음식을 먹고 즐기는 축제) 때 먹었던 야키소바예요. 꽃구경을 하러 가면 정말 많은 사람이 야키소바를 먹고 있는데요. 그래서 하나미가 열리는 장소에는 대개 야키소바를 직접 만들어 먹을 수 있는 장비가 갖춰져 있어요. 재료만 준비해 가면 바로 볶아 먹을 수 있죠.

영지 장비도 있다고요?

구루 네, 캠핑장에서도 봤던 기억이 있어요. 우리는 캠핑 갈 때 고기를 구워 먹을 바비큐 장비를 들고 가잖아요. 일본 사람들은 사각형의 넓은 판 같은 걸 들고 가서 거기에 야키소바도 볶고, 소시지도 볶고 하는 거죠.

밀 우리나라에서도 요리를 중요하게 생각하는 캠핑객들은 볶음판 같은 걸 들고 가지 않을까요?

영지 고기 불판이랑, 볶음용 팬까지 들고 간다면 짐이 엄청나겠군요.

밀 겨울엔 난로도 들고 캠핑을 가더라고요. 캠핑을 몇 번 해봤지만 저는 짐이 늘어나면 힘들어서 움직이지 않게 되던데, 프로 캠핑객들은 뭔가 달라도 다르더라고요.

구루 어찌 되었건 밖에서 먹는 음식이 맛있으니까요. ㅎㅎㅎ

영지 맞아요. 날씨 좋은 날 밖에서 먹는 음식은 다 꿀맛이죠.

밀 그래서 한강이나 해변 같은 곳에서 배달 음식이 발달했는지도 모르겠고요.

구루 그런 곳에서 먹고 마시는 치맥은 상상만으로도 좋지 않나요?

밀 야외 치맥은 진리죠.

구루 그래서, 야키소바는 아웃도어 음식이라고 할 수 있는데요. 맥주와 함께 먹어도 좋지만, 차가운 매실주랑 곁들이면 정말 환상적이죠. 야키소바와 함께 마시는 술. 그런 풍경이 일상적인 축제의 모습이에요.

영지 우리나라에 치맥이 있다면, 일본엔 야키소바와 맥주가 있는 거군요.

밀 축제라든지, 캠핑이라든지, 축구나 야구 경기장이라든지……

구루 한마디로 야외에서 신나는 일이 벌어질 때면 야키소바가 자동으로 연상되곤 하죠. 예전에 아오야마에 있는 메이지신궁구장이라는 야구장을 자주 갔는데, 입구에서 파는 야키소바 도시락을 꼭 사서 입장하곤 했어요.

영지 야구장에서도 맛있을 거 같아요.

구루 맞아요. 간단하게 먹기 좋죠. 게다가 저렴하게 먹을 수 있는 음식이에요.

밀 면 위에 마요네즈를 듬뿍 뿌리잖아요. 그 모습을 보면 행복해요!

영지 마요네즈으으-!!

구루 자, 그럼 이제 마요네즈 듬뿍 발라 먹을 수 있는 야키소바를 만들어볼까요?

재료 준비

구루 야키소바는 우리나라 잡채처럼 간장이 들어갔나 싶을 정도로 갈색빛이 도는 것이 특징인데요. 우스터소스가 들어가서 그렇답니다.

밀 우리 어머니가 잘하는 요리 중 하나가 잡채인데요. 나중에 알고 보니, 그 윤기 나고 맛있어 보이는 색의 비결이 시판 캐러멜인 걸 알고 조금 배신감이 들었습니다.

영지 어머니들은 쪼끔씩 쓰잖아요, MSG.

밀 쪼끔이니까 괜찮다 하면서요. ㅎㅎㅎ

구루 야키소바엔 우스터소스가 들어가는데요. 우스터소스는 영국이 원산지인데 어쩐 일인지 일본에서 흔히 쓰이는 소스가 됐어요. 일본에서는 가정이나 식당에서 상비하고 있을 정도로 흔한 조미료입니다.

영지 아— 일본에서는 흔한 조미료인가요? 신기하네요.

구루 메이지 유신 이후에 전해졌다고 해요. 재밌는 건, 이 우스터소스를 처음에는 새로운 맛간장으로 홍보하다가 실패했대요. 전통적인 간장이랑 맛이 너무 달라서 사람들이 좋아하지 않았다가 다른 업체가 서양식 간장으로 홍보하면서 인기를 얻기 시작했고, 지금은 대중화된 조미료가 되었다고 합니다.

영지 그럼 야키소바는 한마디로 중국식 면에 영국식 소스로 만든 음식이네요.

구루 그렇죠. 그러면서도 완전히 일본에서만 볼 수 있는 독자적인 음식이죠. 재료만 섞였을 뿐 일본 특유의 창의성이 발휘된 음식이라고 할까요?

밀 그런데…… 우리 레시피에는 왜 돈가스 소스가……?

구루 사실 우스터소스가 반드시 써야 하는 재료는 아니에요. 이 소스 대신 간장에 미림, 설탕 등을 넣고 만들어도 되고, 유사한 소스를 사용해도 좋아요. 중요한 건 '볶음면'을 꼭 사용해야 한다는 점이에요.

밀 색깔은 중요하지 않을까요?

구루 그다지 중요하지 않아요. 시오야키소바鹽焼きそば(우스터소스 대신 소금으로 간을 한 야키소바)라고 소금 간으로만 한번 만들어본 적이 있는데, 담백하고 꽤 맛있었어요. 그래서 소스를 빼도 충분히 맛있기는 한데, 오늘은 가장 대중적인 레시피로 재현해볼 거예요. 우스터소스 대신 돈가스소스를 사용한다는

것만 좀 다르죠. 둘 다 흔하게 사용되는 가정용 소스이기도 하고, 또 우리 입맛에는 돈가스소스가 더 잘 맞지 않을까 생각해서. 아, 불고기 양념장도 맛있지 않을까요? 문득 떠오른 건데.

영지 그것도 맛있겠다! 시판 소스를 사용하면 누구나 쉽게 도전해볼 수 있을 것 같아요.

밀 맞아요. 거기에 불고기도 살짝 얹어서 먹으면 정말 맛있겠네요. 이름은 불고기 야키소바, 히히.

구루 네, 여러 아이디어가 샘솟고 있습니다. ㅎㅎ 오늘 사용할 돈가스소스는 풍미와 깊은 맛이 어우러져 우리 입맛에 더 잘 맞을 것 같아요. 양은 기호에 따라 조절하면 되고요.

영지 중요한 건 면이라고 했는데, 중화면을 사용하는 거죠?

구루 네, 맞아요. 중화면은 시중에서 냉동 판매되는 걸 쉽게 구할 수 있는데, 의외로 먹을 만해요.

영지 어디서 팔아요?

밀 대형마트에 있어요. 우동면이나 칼국수 등 면을 파는 코너에.

구루 이게 없으면 그냥 라면을 사용해도 돼요. 대신 꼬들꼬들하게 삶은 뒤 찬물에 헹궈서.

밀 그렇군요! 꼬불꼬불한 면이어야 잘 어울릴 것 같아요. 소면은 안 어울릴 듯하고요.

구루 꼬불꼬불한 면이 양념을 더 잘 붙들어 매요. 매끈한 면보다는.

영지 아— 가능하면 중화면을 쓰고, 없으면 라면처럼 꼬불꼬불한 면을 쓴다!

구루 다음 재료는 삼겹살이에요. 마트에서 파는 삼겹살은 구이용이기 때문에 좀 두꺼워요. 두꺼우면 식감이 딱딱해져서 별로거든요. 그래서, 정육 코너에 부탁해 샤부샤부용처럼 얇게 저며달라고 했습니다. 불고깃감 정도 두께면 딱 좋아요. 삼겹살이 가장 맛있지만 대신 불고깃감 돼지고기를 사용해도 괜찮아요.

영지 샤부샤부용 돼지고기를 판다면 그걸 사면 되는군요.

구루 그렇죠. 그게 없다면 가능한 한 얇게 저민 돼지고기를 고르세요.

다음은 양배추입니다. 야키소바의 대표적인 재료로 꼭 들어가야 하는데요. 녹색이 도는 겉잎이 많이 들어가야 좀더 먹음직스러운 색감이 납니다.

밀 양배추가 빠지면 야키소바가 아니죠!

구루 맞아요. 필수 재료라고 할 수 있죠.

영지 레시피만 보고 그냥 양배추를 넣었는데, 색감도 고려해야 하는군요.

구루 되도록이면 맛있게 보이는 게 좋잖아요. 다음은 숙주나물. 콩나물보다 좀더 부드럽고 보기에도 깔끔해요. 조리과정이 길지 않고 센 불에 짧은 시간 익히는 재료이기 때문에 콩나물보다 더 금방 익는 숙주가 좋아요.

밀 콩나물보다 숙주가 빨리 익나요? 비슷할 것 같은데……?

구루 숙주가 좀더 부드러워요. 콩나물은 대가리를 익히는 데 시간이 오래 걸리고, 그게 아니면 대가리를 일일이 떼어내야 하기 때문에 번거롭고요.

영지 그렇구나.

구루 그리고, 가다랑어포,

베니쇼가 紅生薑(생강초절임)는 곁들이는 재료입니다. 집에 두고 쓰기에는 낯선 재료죠? 사실 이 재료들은 없어도 괜찮아요.

영지 베니쇼가가 뭐예요?

구루 베니쇼가는 빨갛게 초절임한 생강 채인데 새콤한 맛이 나요.

밀 일본 덮밥집에 가면 있는?

구루 네. 규동집 같은 곳에 가면 항상 갖춰둔 밑반찬이죠. 이게 왜 들어가냐면……

밀 색깔이 예뻐서인가요?

구루 색깔도 예쁘지만 생강채가 입을 헹궈주잖아요. 야키소바는 맛이 강한 편이에요. 입을 한 번씩 헹궈주기에 좋아서 곁들입니다.

밀 베니쇼가가 없으면 뭘 사용하면 되나요?

구루 피클이나 백김치 등 새콤한 것들이 잘 어울리겠죠. 장아찌는 좀 짜지 않을까 싶고요. 오늘은 이전에 준비해두었던 생강초절임이 있어서 꺼내봤습니다.

밀 베니쇼가가 없다면 피자 먹을 때 받은 오이 피클도 좋을까요? 한번 실험해봐야겠어요.

구루 네 ㅎㅎ 그리고, 파래 가루. 좀 낯설 수도 있는 재료인데…… 그래서 김자반을 준비했습니다. 우리 입맛에 훨씬 더 맛있을 것 같아요.

밀 김자반도 없으면, 조미김을 부셔서 사용해도 되나요?

구루 그것도 좋은 방법이죠.

영지 재료가 없으면 다른 재료로 대신하고…… 상황에 맞게 구해 쓰니까 좋네요. 저 같은 요리 초보자들은 레시피에 나온 재료 중에 하나라도 없으면 요리가 완성되지 않을 것 같은 불안한 기분이 들거든요.

구루 재료를 생각할 때는 그 재료로 어떤 맛을 내고 싶은지를 연결 지어 생각해보면 의외로 답을 찾기 쉬워요.

밀 아하!

구루 다음으로, 양념. 여기에서 핵심이 되는 게 우스터소스겠죠? 우스터소스의 풍미가 야키소바의 맛을 증폭시켜주긴 하지만…… 사실 저는 소금만 쳐도 맛있더라고요.

밀 면과 재료를 볶는 거니까 거기에서 이미 모든 맛이 완성되는 게 아닐까 합니다.

영지 동감합니다. ㅎㅎㅎ

구루 맞아요, 기름으로 볶으면 대부분 맛있죠. 면 말고도 삼겹살에 양배추, 숙주 등을 넣고 볶으니, 웬만하면 맛이 나요. 여기서 좀더 일본 가정식을 맛보고 싶다면 우스터소스를 사용하면 좋고요. 오늘처럼 돈가스소스를 사용해도 되고, 굴소스를 써도 돼요. 다만 굴소스는 느끼하기 때문에 너무 많이 넣지 않도록 주의하고요.

밀 굴소스는 어느 정도 넣어야 할까요? 레시피 대비해서요.

구루 레시피 대비 3분의 2 정도로 줄여주세요.

밀 넵, 알겠습니다.

구루 마지막으로 닭 육수가 있는데, 국물을 살짝 넣어주면 볶으면서 수증기가 발생해 재료의 맛을 더 잘 어우러지게 해줘요. 닭 육수가 없다면 그냥 물을 사용해도 됩니다.

영지 맹물을 넣으면 깊은 맛이 안 날 것 같고, 그렇다고 닭 육수를 만들자니 너무 번거로운데요.

구루 그럴 때는 시판용 치킨스톡을 하나 사두고 사용하면 편리합니다. 오늘도 빠른 진행을 위해 치킨스톡으로 준비해봤어요.

영지 스톡 한 개에 물 양이 얼마나 되나요?

구루 물 한 컵 기준이면 살짝 진한 농도예요. 혹시 다른 질문 있나요?

밀 없어요, 빨리 해요!

구루 모든 조리의 시작은 뭐라고 했죠?

밀 손 씻기?

영지 재료 다듬기?

구루 그렇죠. 양배추, 숙주, 삼겹살을 다듬고 냉동 면을 바로 사용할 수 있도록 데쳐두는 밑 작업을 하겠습니다. 양배추부터 다듬어볼게요. 양배추 좋아하나요?

영지 네!

구루 평소에 어떻게 먹어요?

영지 삶아서도 먹고 생으로도 먹고 볶아서도 먹고……

구루 양배추는 값도 저렴하고 맛도 있어서 저도 즐겨 사용하는 재료예요. 겉잎 색깔이 예쁜데 요즘은 너무 많이 떼어내고 팔아서 개인적으로 좀 아쉬워요.

영지 예쁘게 생겼다!

구루 자, 그럼 다듬어보죠. 양배추의 겉잎을 벗기고 밑동의 줄기를 끊어주세요. 밑동의 심을 원뿔 모양으로 파내도 되고요.

영지 앗, 저는 맨날 반대로 했어요. 우지끈우지끈 잎이 부러져버려서.

구루 맞아요. 잎이 단단해서 잘 부러져요. 이렇게 단단한 재료에 칼질을 할 때는 찬찬히 조금씩 해야 해요. 한 번에 푹푹 칼질을 하다 보면 크게 다칠 수도 있으니까 조심하세요. 심을 파내면 줄기 부분이 다 분리돼서 잎을 쉽게 떼어낼 수 있어요. 물론 오늘은 잎 모양을 살리는 요리가 아니니까 좀 부러져도 상관없겠죠? 양배추 쌈같이 잎의 모양을 살리면서 벗길 때는 끓는 물에 심을 도려낸 양배추를 넣고 데쳐지는 잎을 하나씩 떼어내면 좋아요.

밀 오, 그런 방법이!

구루 양배추를 넣어두고 계속 삶으면 겉은 너무 익어서 뭉그러져버리고, 속은 안 익거든요. 오늘 메뉴는 대충 뜯거나 토막 내서 다듬어도 돼요.

영지 야키소바용 양배추는 대충 다듬어도 되니 안심이네요.

밀 ㅎㅎㅎㅎ

구루 일본 어느 골목에 있는 이자카야居酒屋에 갔는데, 기본 안주로 이 양배추를 내더라고요. '생양배추를…… 이런 성의 없는!' 속으로 성질이 났지만, 종지에 같이 나온 간장에 한 장씩 떼어서 찍어 먹는데, 정말 맛있는 거예요.

영지 오— 저는 생김이랑 간장 주는 것도 좋아요. 어떤 바에 갔더니 맥주 안주로 그걸 주는 거예요. '이게 뭐야!' 그랬다가 나중에 더 시키고…… ㅎㅎㅎ

밀/구루 (웃음)

구루 양배추 맛을 한번 볼까요? 배고플 테니 많이 드세요.

(아삭아삭, 양배추를 뜯어먹는 세 사람.)

양배추는 단맛이 꽤 강해요. 그냥 먹는 것보다 이렇게 간장에 찍어 짠맛을 조금 더해주면 단맛을 더 맛있게 즐길 수 있죠.

밀 단맛을 증폭시키기 위해 짠맛을 더한다고 하니 생각나는 게, 동남아시아에서는 과일을 소금에 찍어 먹잖아요.

영지 엥? 설탕이 아니고요?

밀 네, 소금요. 수박도 소금에 찍어 먹던데.

구루 맞아요. 수박을 소금에 찍어먹는 것도 같은 원리예요. 간을 할 때 짠맛이 얼마나 중요한지 알 수 있죠. 저는 심 부분이 더 맛있어요. 배고프니까 더 맛있네. ㅎㅎ

밀/영지 (웃음)

구루 양배추는 심과 잎을 다듬는 방법이 달라요. 유달리 심이 두꺼운 채소여서 적당히 잘라주어야 하거든요. 그래야 볶아서 익히는 시간을 비슷하게 맞춰줄 수 있죠. 심 부분은 어떻게 잘라야 할까요?

영지 저며요!

구루 맞아요! 저며서 크기를 맞춰주면 돼요. 자, 함께 다듬어볼까요? 채소는 넉넉하게 준비하세요. 숨이 죽으면서 양이 줄어들거든요.

밀/영지 네!

구루 손으로 대충 찢어도 되는데 예쁘게 잘 안 끊어져서 칼로 다듬는 게 편해요.

밀 (양배추를 다듬으며) 그런데 배추들은 왜 유독 겨울에 달까요?

구루 추우니까. 단맛이 오를 때 날씨의 특징이 일교차가 크다는 거예요. 낮에는 햇볕이 강하지만 밤이 되면 추워지잖아요. 그 일교차가 크면 클수록 채소의 단맛이 올라가거든요.

밀/영지 아하?!

구루 숙주는 흐르는 물에 한 번 헹궈서 사용하면 됩니다. 그다음은 돼지고기인데…… 돼지고기를 다듬는 동안 준비한 냉동 중화면을 데칠게요.

밀 면을 요리하니 본격적인 느낌이 드는군요.

영지 큭큭.

구루 고기 맛은 식감과 육즙이 중요하죠. 삼겹살은 맛있는 지방과 고기가 적절하게 어우러진 부위라서 야키소바에 쓰기 좋은 재료입니다. 가격이 좀 부담스럽다면 불고깃감 다리살을 사용해도 괜찮아요.

영지 살코기와 지방이 적절히 어우러진 부위를 찾으면 되는 거군요.

구루 맞아요. 그리고, 도마를 사용할 때 요령을 하나 알려줄게요. 이렇게 흐르는 물에 한 번 적셔서 물기를 살짝 털어내고 생선이나 고기를 다듬으면 도마의 냄새나 찌꺼기를 훨씬 더 깔끔하게 씻어낼 수 있어요.

영지 이런 건 어디서 배우나요?

구루 (고기를 자르며) 그동안의 시행착오죠. 어디서 배웠다기보다 음식을 계속 다루다 보면 얻게 되는 노하우가 꽤 있어요.

돼지고기는 1인당 100그램 기준으로 기호에 맞게 양을 조절해주세요. 삼겹살도 비슷한 크기로 잘라주고요.

밀 이제 면을 삶는 건가요?

구루 중화면은 냉동 제품이니까 끓는 물에 1분 정도 데친 뒤 찬물에 헹굽니다. 중화면의 특징이 노란 면 색깔인데 달걀노른자를 넣어서 반죽하기도 해요. 면을 끓는 물에 넣고 저으면서 풀어주면 짧은 시간 안에 익힐 수 있어요.

밀 라면이랑 비슷한 조리법이네요.

구루 라면도 좀 급하게 당긴다 할 때 요렇게 저으면서 풀어주면 되겠죠. 데친 면은 이렇게 찬물에 헹궈주어야 면이 퍼지지 않아요. 자, 이제 준비된 재료로 조리에 들어가겠습니다.

조리 시작

밀 야키소바는 맥주랑 잘 어울린다고 하잖아요?

구루 맛이 짭조름하잖아요.

밀 그렇구나.

구루 얼큰하면?

영지 소주!

구루 그렇죠.

밀 맥주는 오징어랑 먹으면 맛있는데.

영지 짭짤하잖아요.

밀 그렇네. 진리.

영지 햄버거랑 먹어도 맛있던데.

구루 사실 맥주는 어디에나 잘 어울려서, 특정한 맛에만 잘 어울린다고 하기가 애매하죠. 일본에서 야키소바를 먹어보면 꽤 짠 편이에요. 그래서 일본 현지의 레시피보다는 간을 조금 심심하게 하는 게 좋아요. 양념을 추가하다 보면 입맛에 따라 레시피를 조금씩 조절하게 되는데…… 여러분에겐 아직 무리겠지요?

영지 무리입니다. ㅎㅎ

구루 오늘처럼 우스터소스나 돈가스소스를 쓸 때는 이미 상당히 많은 조미료가 소스에 혼합돼 있어서, 굳이 후춧가루 같은 향신료를 추가할 필요가 없어요. 그런데 시판 소스를 사용하지 않고 직접 간장, 미림, 설탕, 소금 같은 기본 조미료로 음식 맛을 조절한다면 마늘, 후춧가루 등의 양을 개인의 취향에 따라 섬세하게 조절해야겠지요. 양념을 준비해서 따로따로 추가해가며 조리할 수도 있는데, 저는 한 번에 사용하도록 섞어둘게요. 전체적인 조리과정을 보고 가장 손이 많이 가는 부분이 무엇일까 생각하다 보면 요령이 조금씩 생겨요. 이렇게 밑 작업과 양념 준비가 모두 끝났습니다. 이제 볶으면 되겠네요. 해볼까요?

밀/영지 네!

볶기의 기술

구루 앞에서 얘기했듯이 야키소바는 '센 불에 빠르게 볶아낸다'가 포인트입니다. 팬을 충분히 뜨겁게 달궈준 다음에……

밀 충분히 뜨겁게 달궈진 건 어떻게 알아요?

구루 팬에서 연기가 피어오르기 시작하죠. 이때 코팅된 팬은 지나치게 달구면 안 됩니다. 주물팬이나 웍을 기준으로 이야기한 거고요. 가정용 가스레인지는 화력이 약하기 때문에 팬이라도 가능한 한 뜨겁게 해주어야 해요. 중화요리는 화력이 어마어마해서 음식이 나오면 거기 들어간 채소에서 식감과 향이 고스란히 느껴지잖아요. (지지직— 채소 넣는 소리) 달궈진 팬에 식용유를 두르고 양배추부터 넣습니다. (채소를 볶으며) 식용유가 잘 미끄러지면 팬이 뜨겁다는 거예요. 자, 몇 번 뒤적이면서 1분 정도 볶다가 숙주를 넣고 30초 정도만 더 볶아주세요. 이렇게 단시간에 볶는 이유는 채소의 식감을 살리려는 거예요. 잠시 덜어두었을 때 남은 열기에 익을 것까지 고려해서요.

밀 오— 맛있는 기름 냄새!

구루 일단 팬에 재료를 가득 채우지 않고 절반 정도만 넣고 조리합니다. 재료에 골고루 열이 가야 하거든요. 또 재료를 가득 넣으면 뒤집기도 어려워서 아래 있는 재료가 탈 수 있어요. (채소를 계속 볶다가) 채소가 익었는지는 언제 알 수 있을까요?

밀 채소에 코팅된 기름을 보고요?

구루 채소마다 다르긴 하지만, 이 양배추는 잎이 조금 나긋나긋해졌죠?

영지 네.

구루 이 정도면 익은 건데 여기서 더 익히면 아삭한 식감이 죽어버려요. 짧은 시간에 적절히 익히려면 불이 셀 수밖에 없어요. 재료를 골고루 뒤집을 때 젓가락이 불편하면 집게를 이용해보세요. 좀더 편합니다.

밀 그래서 웍이 좀더 유리한 건가요?

구루 맞아요. 바닥이 둥글어서 이런 볶음 요리에서 재료를 뒤집고 익히는 데는 딱 맞죠. 사용해보면 아! 하고 감탄하게 됩니다. 레시피에는 없지만, 소금으로 밑간을 살짝 해도 돼요. 소스의 맛이 강한 편이라 이 단계는 건너뛰어도 괜찮아요. 이렇게 한쪽에 덜어두고, 이제 고기를 볶아볼게요. (고기를 웍에 넣는다.)

밀 한 번 더 해야 하니까 채소를 추가로 볶는 게 좋지 않을까요?

구루 아니에요. 잔열 때문에 채소 숨이 죽어버리니까 빨리 끝내고 처음부터 다시 하는 게 좋아요.

밀 아!

구루 왜 채소를 덜어내고 고기를 따로 볶을까요?

밀 너무 어려운데……

구루 채소와 고기를 따로 볶는 이유는 재료의 익는 속도가 매우 달라서예요. 면도 넣어야 하는데 셋이 한꺼번에 들어가면 고기가 익는 동안 나머지 재료들은 엉망진창이 돼버려요. 그래서, 센 불에 각각을 적절하게 익혀 다시 합치는 요령이 필요합니다.

밀 야키소바는 좀 바쁜 요리 같아요.

영지 맞아.

구루 준비만 잘해두면 금방 끝나는 게 야키소바예요. 이제 고기가 익었으면 면과 양념을 추가해서 뒤섞어주고 볶아둔 채소를 넣어주세요.

그다음 센 불에서 두어 번 뒤섞어줍니다.

밀 끝인가요?

구루 네, 그릇 위에 먼저 면을 깔아주고 뭐가 들어갔는지 알 수 있도록 부재료들은 위로 올려주세요. (플레이팅을 한다.)

영지 김이 모락모락…… 중화요리 느낌이다!

밀 맞아요.

구루 이제 토핑을 올릴게요. 파래 가루 대신 김자반을 부셔서 살짝 뿌리고 가다랑어포를 듬뿍 올립니다. 베니쇼가 없어도 새콤한 반찬을 옆에 곁들이면 완성입니다!

밀/영지 와! (짝짝짝!)

갓 볶은 면의 풍부한 감칠맛

밀 얼른얼른, 맥주! 참, 그런데 마요네즈는 안 뿌리나요?

구루 마요네즈는 기호에 맞게 뿌리세요.

밀 필수는 아니군요.

구루 네, 필수는 아닌데 도시락 같은 걸 사면 꼭 들어 있더라고요. 다코야키의 영향인가 싶기도 해요.

영지 잘 먹겠습니다.

구루/밀 잘 먹겠습니다!

밀 (먹어보며) 중화면 식감이 생각보다 좋네요. 파스타면이나 쫄면 같을 줄 알았는데, 적당히 탱탱하면서 부드럽게 씹혀요. 양배추도 식감이 살아 있어 좋고요.

영지 저는 가다랑어포가 꼬들꼬들 씹혀서 더 맛있는 것 같아요. 향도 풍부하고요.

구루 그렇죠? 가다랑어포는 감칠맛이나 풍미를 주는 재료이지만, 이렇게 토핑 재료로 활용했을 때는 씹히는 맛이 매력적인 재료예요.

밀 감칠맛이 좋아서 저도 모르게 조금씩 속도를 높여가며 먹게 돼요.

구루 ㅎㅎㅎ

밀 저는 음식을 먹을 때 식감이나 온도, 너무 뜨겁지도 차갑지도 않은 적당한 온도를 중요하게 생각하거든요. 오늘 만든 야키소바는 막 볶아내서 김이 모락모락 나는데도, 먹어보면 은근하게 따끈해서 기분이 좋아요. 갓 튀긴 튀김이 맛있듯, 갓 볶은 면도 맛있네요.

구루 야키소바는 식어도 맛있지만, 아무래도 프라이팬에서 접시에 막 담았을 때가 최고죠.

밀 음, 그리고 탄력이 있으면서도 부드러운 면! 또 들어간 재료들의 식감이 다양해서 정말 씹는 즐거움이 있네요. 토핑으로 올린 가다랑어포나 김은 연약한 느낌이지만 재료 각각에서 은은하게 퍼지는 향이 좋아요. 탱탱함, 부드러움, 야들야들한 감촉, 아삭함…… 우리가 음식을 먹을 때 느끼는 다양한 식감을 야키소바 한 그릇에서 모두 느낄 수 있어요.

영지 느끼하지 않을 만큼의 기름기도 좋고, 윤기가 넘쳐 더 맛깔스럽네요. 전혀 생각하지 못했는데, 돈가스소스도 잘 어울리는 듯해요.

구루 맞아요. 저는 개인적으로 우스터소스를 별로 안 좋아해요.

영지 왜요?

구루 소스 맛에 특별히 매력을 못 느끼겠어요. 그 톡 쏘는 신맛도 적응이 안 되고요. 차라리 다른 걸 선택한다면 굴소스가 좋고……

영지 옛날에 동네 백화점에서 오무소바オムソバ(볶은 소바를 달걀프라이로 감싼 요리)를 포장했는데, 지금처럼 베니쇼가를 올려주더라고요.

구루 여기서 좀더 폼을 내고 싶으면 달걀 반숙을 올려서 노른자를 터뜨려 먹으면 맛있어요. 오늘 진행한 야키소바 만들기 어때요? 어렵나요?

밀 머리로 이해할 땐 쉬운데, 막상 만들어보려니 기름이랑 불이 좀 무서워요.

구루 센 불에서 미친 듯이 1분만 볶으면 돼요. 다만, 주변이 좀 지저분해진다는 것.

밀 그러고 보니 예전에도 야키소바를 먹을 때 프라이팬이 크지 않아서 두어 번 나눠서 계속 만들어 먹었어요. 집에서 야키소바를 먹을 때는 계속 감질나게 먹었던 기억이 나기도 하고요.

구루 도구의 문제라기보다는 불의 문제죠. 화구가 작으니까. 다양한 요리를 한 번에 해야 하면 가정용이어도 여러 개의 화구가 있는 가스레인지가 있어야 하죠.

밀 그럼 「삼시세끼」 차승원은 대단한 거네요?

구루 대단한 거죠. 하지만, 음식은 조리 말고도 먹는 타이밍이 중요하잖아요. 음식들이 한 번에 딱 끝나서 가장 맛있을 때 먹어줘야 하는데, 현장 여건상 절대 무리겠죠.

영지 맞아, 음식이 식어버릴 것 같아요.

밀 야키소바는 뭔가 후다닥 만들어내는 요리라서, 착착 끝내려면 미리 계획해서 잘 준비해야 할 것 같아요.

구루 요리하는 기분 제대로 느낄 수 있죠. 재료들은 어느 정도 익은 상태니까 많이 볶을 필요가 없어요. 다만, 식은 재료가 들어가니까 불을 좀 올려주고 맛이 서로 어우러지도록 짧게 볶아주는 거예요. 너무 오래 볶으면 채소 숨도 확 죽어버리고 면도 불어버리니까 주의해야 합니다.

영지 야키소바는 쉬운 듯하면서도 적절히 볶아내기가 어려운 거 같아요. 특히 저는 이런 요리 만들 때 좋아하는 재료를 왕창 넣어서 망쳐버릴 때가 많거든요.

구루 한 번만 실패해보면 그다음에 잘할 수 있는 요리예요. 이번 요리는 재료를 따로따로 볶아서 합치는 거니까 나중에 조절할 수 있을 거예요.

밀 인스턴트 라면처럼 나오는 야키소바는 엄청 짜던데 이 레시피는 짜지 않아 좋네요.

구루 네, 적당히 레시피를 조절했으니까요.

영지 맛있어, 맛있어.

구루 야키소바는 밖에서 먹으면 더 맛있다고 하니 이번 여름에 기회가 되면 야외로 소풍을 가서 이 메뉴를 만들어봅시다.

밀/영지 와, 좋아요!

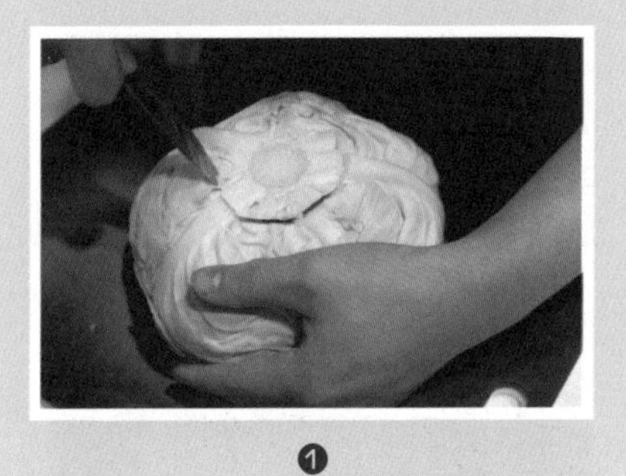

❶
양배추 겉잎이 부서지지 않도록 벗겨내려면
우선 밑동의 줄기 부분을 도려내주세요.
겉잎은 아랫부분부터 벗겨주세요.
벗겨낸 잎은 한입 크기로 자릅니다.

↓

❷
두꺼운 줄기 부분은 얇게 저며주어야
익는 시간이 비슷해집니다.

↓

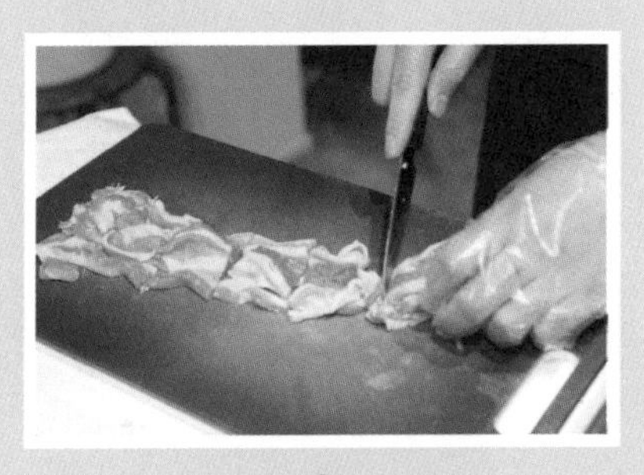

❸
돼지고기는 한입 크기로 잘라주세요.

❹
냉동 중화면은 끓는 물에서 풀어질 정도로
살짝 데친 뒤, 바로 찬물에서 식힙니다.

↓

❺
양념은 미리 볼에 넣고 섞어두면
조리하기 편해요.

↓

❻
센 불에 팬이 충분히 달궈지면
양배추와 숙주를 볶아서 덜어둡니다.

❼
같은 팬에 고기를 중불에서
노릇하게 구워주세요.

❽
익은 고기에 중화면과 양념을 더해
골고루 섞어가면서 볶습니다.

❾
덜어두었던 채소를 넣고
맛이 잘 어우러지도록 뒤섞어줍니다.

❿
그릇에 중화면을 먼저 올린 뒤,
건더기를 소복하게 쌓듯이 얹어주세요.

⓫
나머지 재료를 올려주면 완성.

비프스튜

Beef Stew

생색 포인트

여러분은 크리스마스를 기념하나요? 매년 크리스마스가 되면, 올해는 어떻게 보내야 좋을지 막막할 때는 없나요? 저는 그럴 때 '크리스마스엔 무얼 먹을까?'를 생각해요. 그러다 보면 다른 계획도 자연스레 세워지곤 하거든요. 겨울은 따뜻한 냄비에 푹푹 끓인 음식들이 유독 맛있는 계절이죠. 그래서 비프스튜는 특히 12월과 잘 어울리는 음식이란 생각이 들어요. 오래 끓여야 하기 때문에 만드는 데 시간이 필요한 요리지만, 끓여두면 여러모로 활용할 수 있는 유용한 음식이기도 합니다. 와인이나 뱅쇼·글뤼바인 등 끓인 와인과 함께 안주로 먹을 수 있고, 카레처럼 밥이나 빵에 올려 식사로 먹기에도 좋죠.

스튜stew는 갖가지 재료를 넣어 오랜 시간 끓이는 요리예요. 수프와 비슷하다고 생각할 수도 있지만, 재료를 좀더 굵직하게 잘라 넣고, 국물을 자작하게 만든다는 점이 다르죠. 또 수프는 식전이나 식간에 먹는 게 일반적이지만, 스튜는 메인 요리로 즐긴다는 것도 다르고요. 스튜는 각종 재료와 물을 넣고 끓이는 요리라는 점에서, 우리나라의 곰탕, 일본의 돈지루 같은 국물 요리, 독일의 아인토프(소시지와, 콩, 감자 등을 넣고 뭉근하게 끓여 만드는 수프 요리)와 비슷합니다. 오랜 시간 뭉근히 끓인 국물을 소스처럼 곁들여, 부드럽게 익은 쇠고기 결을 찢어 호호 불며 먹으면 건강해지는 느낌이 절로 들죠. 좋은 재료를 선택한다면, 보양식으로도 제격입니다. 비프스튜를 직접 만들어 먹어보면, 시간과 정성으로 만든 요리만이 주는 특별한 맛을 느낄 수 있습니다.

#연말연시 #겨울 #초대음식 #파티음식 #크리스마스 #찌개 #아인토프 #수프 #보양식 #와인 #뱅쇼 #글뤼바인

비프스튜

재료(2~3인분)
소고기 300g
레드와인 1C
물 1C
버터 2Ts
당근 1/2개
표고버섯 3개
양파 1개
토마토페스토 1/2C
케첩 2Ts
다진 마늘 2Ts
콩소메 1개
월계수 잎 1장
소금 조금
후춧가루 조금
데친 브로콜리(가니시 용) 적당량

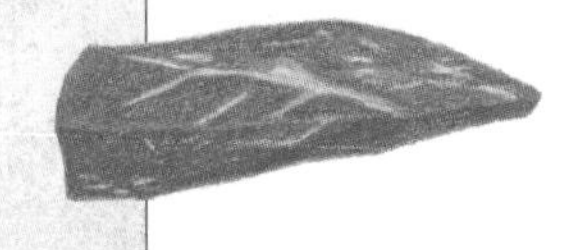

밑 작업
양파는 굵게 채 썰어둔다. 소고기, 당근, 표고버섯은 한입 크기로 자르고 소금, 후춧가루를 골고루 뿌린다. 프라이팬을 센 불에 올려 연기가 피어오를 때쯤 식용유를 두르고 소고기를 겉면이 노릇해질 때까지 익힌 후 꺼내둔다.

조리하기
바닥이 두꺼운 냄비를 중불에 올려 식용유를 두르고 양파, 다진 마늘을 넣고 부드러워질 때까지 볶은 다음 쇠고기와 월계수 잎, 레드와인, 물을 부어 골고루 섞어준다. 센 불로 올려서 내용물이 끓어오르면 불순물을 걷어내고 토마토페스토, 케첩을 넣는다. 뚜껑을 덮은 후 약한 불에 한 시간 정도 끓여준다. 당근, 표고버섯을 넣고 중불에서 끓이다 스튜가 끓어오르면 약불로 30분 정도 더 끓인다. 버터를 추가하고 중불에서 3~4분 정도 뒤섞어준 다음 소금, 후춧가루로 간을 해 마무리한다.

담기
접시 한쪽에 밥을 담고 그 옆에 스튜 건더기를 적당히 올린다. 국물을 건더기 위로 끼얹고 준비한 가니시를 보기 좋게 곁들인다.

Tip!
- 불에 올려서 장시간 익히는 요리는 두꺼운 냄비가 좋다.
- 케첩과 토마토페스토를 넣어 달콤한 맛을 강조한다.
- 넉넉히 만들어 파스타에 부어 먹거나 빵과 함께 브런치로 먹어도 좋다.
- 저녁에는 와인 안주로 분위기를 살릴 수도 있다.

요리에 들어가기 전에

구루 오늘 만들어볼 메뉴는 비프스튜예요. 레시피부터 살펴볼까요?

영지/밀 네!

구루 비프스튜는 찌개나 전골 같은 음식과 비슷한 면이 있어요. 뭉근하게 끓여서 두고두고 먹는 카레와도 닮았죠. 조리는 비교적 간단한데 다용도로 이용할 수 있어 활용도가 높고, 재료의 풍미가 깊이 우러나 맛도 정말 훌륭합니다.

밀 기대돼요!

구루 비프스튜는 길게는 3일까지도 먹을 수 있어요. 카레처럼 단순하게 밥에 올려 먹기만 하는 게 아니라 파스타에 이용한다든지 빵을 곁들인다든지 할 수도 있고요. 접시에 예쁘게 올리기만 해도 근사한 요리가 되니까 활용할 수 있는 폭이 굉장히 넓죠. 여러분은 비프스튜 좋아하나요?

영지 음, 비프스튜를 그렇게 자주 먹어보지는 못했어요. 카레로 얘기하자면 저는 채소만 넣어서 처음에는 스튜처럼 막 떠먹어요. 그다음에는 밥에 올려 먹고.

구루 오– 그렇게 드세요? 혹시 우동에는 안 올려 먹어요?

영지 시중에 파는 면은 맛이 약간 아쉬워서요.

밀 무라카미 하루키가 그랬어요. 카레우동은 음식으로 좀 그렇다고요.

구루 왜요? 저는 좋은데.

밀 카레랑 우동은 각자가 나아가야 할 방향(?)이 있는데 그걸 굳이 묶어놨냐는 뜻이겠죠. ㅎㅎㅎ

구루 그런 의견도 존중하지만, 맛있던데. ㅎㅎㅎ

영지 예전에 카레를 스파게티에 넣어본 적이 있어요. 망했지만.

구루 아…… 그건 정말 아닌 것 같은데.

밀/영지 (키득키득)

밀 저는 스파게티로 만든 막국수를 먹어본 적이 있는데, 그건 진짜 아니었어요.

영지 으엥?

밀 (웃음) 진짜 아니었어. 못 먹겠더라고요.

구루 요리마다 어울리는 재료가 있는 거죠. 자, 그럼 재료부터 볼까요? 비프스튜니까 먼저 소고기가 필요하겠죠. 스튜는 물에 넣고 끓이는 방식이니까 기름기가 많이 포함된 부위보다는 사태나 앞다리살, 뒷다리살 같은 살코기가 많은 부위를 넣고 뭉근하게 끓여야 해요. 기름기가 많으면 끓이면서 조직이 다 풀어져버리고 기름도 뜨거든요. 그래서 안심 같은 고기는 절대 물에 넣는 게 아닙니다. 우리나라에서는 일반적으로 스튜용 고기를 많이 팔지 않으니까 카레용이나 국거리로 사는 게 간편해요. 비프스튜용 쇠고기는 그렇게 질이 좋지 않아도 상관없습니다. 물에 넣고 다른 양념을 넣어서 뭉근하게 끓이는 요리라서 고급재료를 쓸 필요는 없어요.

영지 아, 그러면 일단 지방이 적은 부위, 카레용이나 국거리를 사면 되겠네요.

구루 그렇죠. 스튜는 조리 특징이 약한 불에서 오래 끓여 맛을 우려낸다는 거예요. 그래서 국거리나 찌개용으로 쓰이는 사태, 소 힘줄처럼 질긴 부위, 누린내가 나는 내장 같은 부위가 많이 사용됩니다. 반면 스테이크는 짧은 시간에 약하게 익혀서 먹는 요리죠. 그러니 지방 함량이 적고 감칠맛이 좋은 고기를 써야 하고요. 안심, 등심, 꽃등심, 티본 부위가 대표적인 스테이크용 고기죠. 그중에 가장 단가가 높은 게 안심입니다.

밀 그렇군요.

구루 다음은 생표고버섯입니다. (표고버섯을 건네며) 다들 냄새 한번 맡아볼까요? 정말 신선하지 않나요?

밀 흠…… 솔직히 잘 모르겠는데요. ㅎㅎ 신선한지 아닌지 기준을 잘 모르니까…… 그냥 풀 냄새 같기도 하고요.

구루 바로 그거예요. 우리가 산속이나 비온 뒤 잔디밭에 누워 있을 때 나는 싱그러운 향기. 산속에서보다는 약하겠지만 신선한 채소라면 그런 싱그러운 향을 맡을 수 있어요. 오늘 아스파라거스도 꽤 싱싱해서 냄새를 맡아보면 은은한 향이 느껴질 거예요.

밀 네, 확실히 풀 냄새가 나요.

구루 뭔가 느껴지죠? 표고버섯은 향이 뛰어난 버섯으로 인기가 많아요. 그런 데다 식감도 좋고요. 오늘은 생표고버섯을 사용하지만, 건표고버섯이 있으면 그걸 쓰세요. 마르면서 버섯의 구아닐산이 내는 감칠맛이 생표고버섯에 비해 다섯 배나 높아져요. 맛이나 식감에서 월등하게 차이가 나죠.

영지 재료는 신선한 게 무조건 좋다고 생각했는데, 꼭 그런 건 아니군요.

구루 그렇죠. 오늘은 건표고버섯이 없기도 하고, 또 마침 좋은 생표고버섯이 있어서 이걸 쓰도록 하겠습니다. (표고버섯을 보여주며) 표고버섯은 표면이 이렇게 갈라진 것이 좋습니다. 표고버섯 표면을 보면 매끈한 게 있고 보기 좋게 갈라진 게 있는데 잘 갈라진 게 상품上品이에요. 하지만 반드시 갈라진 걸 고집할 필요는 없고, 다만 고를 때 표면이 반질반질한 것보다는 갈라진 것 위주로 고르라는 뜻이죠.

영지 제가 요리를 안 하기는 안 하네요. ㅎㅎ 이렇게 생긴 애는 처음 봐요.

구루 그다음은 아스파라거스인데 오늘 준비한 건 중간 크기예요. 더 얇은 것도 있고, 더 굵은 것도 있죠. 아스파라거스는 굵기에 따라 다듬는 방법이 달라집니다.

다음은 당근. 당근은 얇은 게 좋아요. 너무 두꺼우면 안쪽에 심이 굵어지는데 그러면 식감이나 맛이 떨어져요. 얇은 것은 심도 가늘고 살이 많아서 좋죠.

브로콜리는 신선한 게 좋은데 어떻게 구분할까요?

밀 윗부분이 노랗고 꽃이 피면 신선하지 않은 거예요.

구루 오- 제법이네요. 맞아요. (브로콜리 윗면을 가리키며) 이 오돌토돌한 게 다 꽃이에요. 간혹 윗부분이 노랗게 변한 것들도 있어요. 이런 건 신선하지 않은 거니까 되도록 윗부분까지 녹색인 브로콜리를 고르세요.

영지 브로콜리는 어떤 역할을 하나요?

구루 아, 이 브로콜리는 가니시(요리나 음료에 장식 또는 곁들임으로 사용되는 식재료. 한식의 고명과 비슷한 역할을 한다)로 쓸 거예요.
가니시는 준비할 수 있으면 해도 좋지만, 없어도 상관없어요. 브로콜리는 제가 참 좋아하는 식재료 중 하나인데요. 몸에도 좋지만, 데쳐두면 이 녹색 부분이 참 예뻐요. 모양도 독특하고.
다음은 버터인데요. 버터는 풍미를 살려주기도 하지만 요리에 매끈매끈한 질감을 줘요. 전분을 넣으면 음식에 윤기가 돌듯이, 버터도 비슷한 역할을 합니다. 버터는 사용하기 전 실온에 꺼내두면 좋아요.

밀 실온에 미리 꺼내두는 이유가 있나요?

구루 보통 큰 덩어리째 냉장고에 넣어서 보관하는 경우가 많은데 미리 꺼내서 쓸 만큼만 나눠두면 부드러워져서 조리하기 편해요.

밀 오호!

구루 그리고 마늘이 빠질 수 없죠. 이건 제가 사용하는 방법인데요. 마늘을 다져서 올리브유에 재어두면 시판용처럼 오래 보관할 수 있으면서도 풍미가 좋아져요.

영지 이렇게 두면 얼마나 오래 쓸 수 있나요?

구루 거의 한 달? 좀더 작게 소분해서 냉동해두면 세 달 정도는 마늘 걱정 없이 요리할 수 있죠. 작은 보관 용기도 좋고, 얼음 틀도 좋아요. 큰 볼에 마늘을 다져서 올리브유를 버무리고 용기에 나눠 냉장고에 넣어서 사용하면 편해요.

밀 짬 날 때 만들어두면 어떤 요리에나 편리하게 사용할 수 있겠네요.

구루 네, 그리고 마지막으로 토마토케첩과 페스토를 사용할 건데, 원래는 잘 익은 생토마토를 사용하면 훨씬 더 맛있어요. 케첩을 쓰는 이유는 어느 정도 간이 되어 있으니까 맛을 조절하기도 편하기 때문인데요. 그냥 페스토만 사용해도 괜찮지만, 케첩의 새콤한 맛이 포인트가 될 수 있어서 함께 넣으려고 합니다.
이렇게 재료들을 살펴봤어요. 하지만 이게 절대적인 건 아니에요. 물론 비프스튜이니까 쇠고기가 들어가고 스튜에 맞는 양념인 토마토, 버터, 마늘, 양파 정도는 기본으로 들어가요. 하지만 나머지는 그냥 부수적인 겁니다. 이 정도 재료는 준비할 수 있겠죠?

재료 다듬기

구루 그럼 재료 설명은 됐고, 이제 조리에 들어가봅시다. 먼저 버터를 꺼내놓고. 밑 작업을 시작해볼까요? 사실 모든 요리는 밑 작업이 반이라고 할 수 있어요. 한마디로 재료를 사고, 밑 작업을 해서, 조리해 먹는다고 할 수 있죠. 여기서 세부적으로 들어가면 그때부터 자신만의 흐름이 생겨요.
먼저 양파를 다듬어볼게요.

밀 양파가 매울 것 같아 걱정이에요. (웃음)

구루 양파는 냉장고에 넣어 차게 해두면 매운 게 조금 약해져요. 시간을 들여서 뭉근하게 끓여내는 거니까 크게 자를 필요가 없어요. 굵게

생토마토 소스 만들기

프라이팬을 중불에 올려서 올리브유 1큰술을 두르고 다진 마늘 1작은술을 추가해 마늘 향이 올라오면 씻어서 물기를 털어둔 토마토 600그램과 물 1컵을 붓고 끓여준다. 토마토 껍질이 갈라질 정도로 익으면 꼼꼼하게 으깬 뒤 5분 정도 저어가며 뭉근하게 끓인다. 소금, 후춧가루로 간을 조절한 뒤 불에서 내린다. 이물감 있는 껍질만 골라내서 보관해도 되고, 믹서기에 넣고 곱게 갈아서 보관해도 된다.

다진다는 느낌으로. 먼저 반을 자르고…… 왜 반을 자르느냐. 양파가 둥그런 모양이니까 결대로 자르면 움직여요. 칼질을 할 때 재료가 움직이면 위험하거든요. 그래서 이렇게 반을 자른 뒤에 자른 면이 바닥을, 양파 밑동 부분은 바깥을 향하게 해서 엎어놓습니다. 반을 자르면 평평한 면을 바닥에 둘 수 있으니까 고정이 되죠. 그리고 양파 결을 생각하면서 자르면 되는 거예요.
먼저 채를 썰듯이 자르는데 밑동 부분을 조금 남겨두세요. 한 번 더 칼질할 때까지 흐트러지지 않고 모양이 그대로 유지되도록 해야 하니까요.

영지 (양파를 자르며) 이렇게 하면 될까요?

구루 아뇨. (양파 윗면을 붙잡고 중심축 기준에서) 칼질은 바닥과 칼의 각도가 45도가 되도록.

영지 45도.

구루 그렇게 칼을 기울여 앞으로 밀듯이 썰거나, 당기듯이 썰면 움직이는 힘이 더해져서 한결 가볍게 자를 수 있어요. 두부 같은 부드러운 재료는 그냥 툭툭 수직으로 잘라도 되지만 당근이나 무같이 단단한 재료들은 이렇게 기울여서 하는 게 좋습니다.

영지/밀 (계속 양파를 자르며) 음― 오호!

구루 끊어낸다는 느낌이 아니라, '잘라낸다'는 느낌으로. 양파는 요리마다 자르는 법이 다양해요. 한 번 배워두면 여기저기 써먹을 수 있으니 잘 잘라보세요.

밀 이렇게요?

구루 자, 거기까지 되었으니까 이제는 반대로 밀어주면서 잘라요. 아까는 몸 쪽으로 당기듯이 칼질했다면 이제는 평소처럼 바깥쪽 방향으로 밀듯이 하면 됩니다.

영지 끅…… 양파가 분리되고 있어요.

구루 해보면서 요령이 생기는 거라 어쩔 수 없어요. 그 정도면 충분해요. 어차피 냄비에 넣고 끓일 재료니까 모양은 크게 상관없어요.

밀 (들쑥날쑥하게 잘린 양파를 보며) 윽, 큰일이군.

구루 가능하면 손질한 재료들의 크기가 비슷비슷해야 볶거나 삶을 때 같이 익어요.
그다음은 당근인데요. 당근을 고를 때는 굵기가 일정한 걸 고르세요. 줄기가 나는 머리 쪽이 너무 굵으면 안쪽에 맛없는 심 부분도 커서 별로예요. 사실 오늘 당근은 껍질이 세척되어 나온 거라, 그냥 써도 문제는 없어요. 하지만 저는 재료를 씻고 다듬는 습관이 있어서 세척 당근도 얇게 벗겨서 사용합니다. 지금 이 당근은 굵기가 고르잖아요. 그래서 다듬기가 편한데 윗부분이 훨씬 더 굵은 당근은 좀 까다롭죠. 오늘 들어갈 당근은 덩어리감이 남아 있어서 한입에 들어갈 크기로 잘라야 해요. 굵기가 고르니까 뚝뚝 같은 길이로 잘라도 되지만, 살짝살짝 돌려가며 잘라볼게요.

밀/영지 넵.

구루 이런 형태를 마구썰기라고 하는데 이렇게 모양이 제각각인 게 좋을 때가 있어요. 자를 때는 45도씩 굴려가면서. 높은 경사로에서 차가 미끄러지듯이.

밀 몸이 돌아가고 있어요. ㅋㅋㅋ

영지 손가락이 부들부들……

구루 다음 재료는 버섯이에요. 버섯은 물로 씻으면 향이 날아가요. 그래서 물에 씻기보다는 버섯 사이사이에 지저분한 것들만 털어내서 준비해요. 엉겨 붙은 것들은 떼어내고, 갓 안쪽에 있는 것들도 손가락으로 튕겨가며 툭툭 쳐서 털어주세요. 줄기 부분은 지저분한 끄트머리만 잘라내고 사용하면 돼요. 이 부분을 버리는 사람들도 있는데 생각보다 맛있거든요. 이것만 따로 볶아서 반찬으로 먹기도 하는데, 기가 막히게 맛있어요.

(모두 버섯 털기에 집중한다. 탁탁! 툭툭!)

구루 자, 버섯을 다 털어냈으면 역시 먹기 좋은 크기로 잘라주세요. 그런데 버섯은 스튜가 끓으면서 어떻게 될까요? 뭉그러져서 없어질까요?

밀 약해서 뭉그러질 것 같은데.

영지 크기가 작아지면서 쪼그라들 것 같아요.

구루 조리법에 따라 쪼그라들 수는 있지만 뭉그러지지는 않아요. 버섯의 섬유질도 상당하거든요. 스튜 같은 요리는 국물이 있어서 표고버섯이 물기를 흡수하니까 덩어리 감이 잘 유지됩니다. 한입 크기로 잘라야 하니 4등분을 할게요. 자를 때는 줄기와 갓이 함께 씹히도록 잘라주면 좋겠죠.

영지 작은 것도 4등분하나요?

구루 작은 버섯은 2등분하는 게 좋겠어요. (버섯 자르는 것을 보며) 좋아요, 잘했어요. 크기를 비슷하게 자르는 것, 그게 요령이라면 요령이에요.

영지 네.

구루 다음은 브로콜리입니다. 좋아하세요?

영지 초장에 찍어 먹는 건 좋아해요.

구루 크- 초장. 많은 사람이 줄기 부분은 잘 먹지 않는데, 꽃이 피지 않은 신선한 브로콜리는 줄기 부분도 데치면 식감이 좋거든요.

영지 (브로콜리 자르는 것을 보며) 뭔가 고난도다!

구루 브로콜리를 손질하는 요령은 송이들을 하나씩 따내는 거예요. 남은 줄기는 적당히 잘라서 데치면 되고요. 가지치기하듯이 가지 부분을 쳐내면 되는데, 이럴 때는 작은 칼이 작업하기 편해요. 하나씩 떼어내고 덩어리가 큰 것은 잘라서 크기를 맞춰주세요. 한번 해볼까요?

영지 (브로콜리를 손질하며) 재밌어, 재밌어.

구루 브로콜리 송이를 떼어내고 남은 줄기는 적당한 크기로 잘라줍니다. 밑동은 잘라내고 그 위 껍질은 도려내주세요. 그 부분은 소시지 껍질처럼 질기거든요. 그렇다고 먹다가 큰일 나는 건 아니니까 먹어보고 먹을 만하다 싶으면 다음에는 그냥 사용해도 되고요. 음식을 해 먹는 데 익숙하지 않은 사람들은 재료를 손질할 때도 머뭇거릴 때가 많은데 편하게 마음먹는 것이 좋아요.

밀 (손질한 브로콜리를 들고) 이 줄기 부분도 같이 끓이나요?

구루 그렇죠. 줄기는 송이들보다 단단하니까 30초 정도 먼저 넣어줘요.

다음은 아스파라거스. 크기별로 손질하는 법이 다른데요. 이건 중간 크기니까, 아랫부분은 브로콜리처럼 밑동을 손가락 한 마디 정도 잘라내요. 껍질도 질긴 편이기 때문에 밑동을 포함해 손가락 하나 정도의 길이만큼 필러로 벗겨냅니다.

영지 아— 아스파라거스는 필러를 쓰는 게 좀더 편하겠네요.

구루 이것도 요령이 있는데 아까 칼을 사용할 때 45도로 비스듬하게 쓰라고 했죠? 마찬가지예요. 필러 날이 날카로울 때는 상관없지만 날이 무뎌지면 불편해지니까요. 45도 정도 살짝 틀어서 쓰면 훨씬 자연스럽게 잘 벗겨지죠.

영지 칼질은 45도를 기억하면 되겠군요.

구루 자르고 벗기면서 '아, 이 부분은 잘되네 이 부분은 뭔가 거칠다' 생각하며 재료를 손끝으로 느끼는 재미를 알아가고 요리과정 자체를 즐기는 기분도 중요해요. 그럼 확실히 요리가 맛있어집니다.

밀 (웃음) 그런데 브로콜리는 가니시라고 했잖아요. 가니시로 사용할 재료가 없으면 안 써도 되는 거죠?

구루 그럼요. 폼 내고 싶을 때 요런 재료를 추가하는 거죠.

영지 생색내고 싶을 때 스튜는 참 좋은 음식인 것 같아요. 한꺼번에 만들어둬도 괜찮으니까. 아마 만들어두면 내가 다 먹을 것 같지만……

밀 (아스파라거스 껍질을 벗겨내며) 아랫부분을 잘라야 해요.

구루 이렇게 해서 세 줄기. 한 사람 앞에 하나씩. 이것도 먹기 좋은 크기로 자르면 돼요.

구루 자— 마지막 남은 재료는 뭐가 있나요?

밀 쇠고기!

구루 고기를 가장 나중에 손질하는데 왜 그럴까요?

밀 채소를 손질할 때 고깃기름이 남아서 그런가요?

구루 그렇죠. 고기 먼저 손질하면 채소를 다듬을 때 또다시 씻어야 해서 번거롭거든요.

영지 과외 받으셨나 봐요. ㅎㅎㅎ

밀 그건 아니고, 일종의 직관? ㅋㅋㅋ

구루 그런데 고기를 가장 먼저 손질해두는 게 좋을 때도 있어요. 밑간을 해야 할 때. 소금, 후추를 뿌려두고 어느 정도 시간이 지나야 고기가 그걸 흡수해서 밑간이 들어가는데, 고기 손질을 가장 나중에 하면 간이 밸 여유가 없죠. 하지만 오늘 만들 스튜는 뭉근하게 끓여지는 동안 다양한 양념 맛이 고기 깊숙이 배어들기 때문에 순서는 별 의미가 없습니다. (도마에 키친타월을 올리고 고기를 자른다.)

밀 밑에 키친타월은 왜 까나요?

구루 핏물이 배어나잖아요. 핏물 하니까 생각이 난 건데요. 도축과정에서 핏물이 어느 정도 제거되어 정육되니까 조리할 때 다시 물에 담가서 핏물을 빼내지 않아도 됩니다. 핏물을 과도하게 빼면 육즙까지 함께 빠져나와서 아무래도 맛이 떨어지거든요. 고기 겉면에 있는 핏물을 닦아주는 정도라고 생각하면 될 것 같아요. 외국에서는 고기 본연의 맛을 중시해서 핏물을 상대적으로 덜 빼기도 합니다. 그래서 수입 쇠고기를 조리할 때는 핏물을 적당히 빼고 사용하는 것이 우리 입맛에 더 맞을 수도 있죠.
(고기를 가리키며) 우선 3등분을 할게요. 잘린 단면과 바깥쪽의 색이 어때요?
밀 다르네요?
구루 왜 이럴까요?
밀 공기 접촉 때문에?
구루 공기 접촉이 왜요?
밀 공기가 닿으면 부패가 되니까요.
구루 부패가 되면 고기 색이 더 나빠져야 하는 거 아닐까요?
밀 음…… 왜 예쁘지? (웃음)
구루 왜냐하면, 이렇게 잘라두면 잠시 뒤에 선명한 붉은색이 올라와요. 공기 접촉의 영향이긴 한데 부패는 아니고 그 반응 현상인 거죠. 정육점에 가서 신선하다고 내온 고기를 자르면 '고기색이 왜 이래?' 생각할 때 있잖아요? 그런데 조금만 기다리면 흔히 보는 것처럼 빨개져요.
영지 그렇구나!
구루 재료를 볼 때 그런 재미도 있다는 것. 또 한 가지, 고기에도 결이 있어요. 이걸 끊어주면 식감이 부드러워지고 살리면 쫄깃해집니다.
영지 으흠.
구루 잘라보니까 지방질이 나름 촘촘하네요. 이런 고기는 구워 먹어도 맛있겠네요. 앞다리나 뒷다리 부위의 살은 지방질이 적고 근육질이 대부분이에요. 그런 부위는 구우면 식감이 단단해져버리니까 스튜처럼 물에서 오래 익혀 식감을 부드럽게 하는 요리에 적당한데요. 이것도 크기를 고려해서 자를게요. 오늘은 세 명이 먹을 양으로 준비하죠. 크기는 3센티미터 정도면 적당할 것 같아요. 잘라보세요.
밀 (칼을 잡으며) 결대로 잘라야 하나요?
구루 끊어주는 게 더 좋죠. 살려주면 장조림에 더 맞고요. 자, 다 됐으면 소금, 후추로 살짝 버무려보죠. 보세요, 칙칙했던 속살이 빨갛게 변했죠?
밀/영지 오, 정말 그렇네요.
구루 소금이랑 신선한 후추가 기본 밑간이에요.
(밑간을 한다.)
영지 후추 냄새!
구루 후추 말고 로즈메리, 오레가노 같은 다양한 허브도 있는데 요리에 따라 적절하게 사용하면 잡내도 잡아주고 더 풍부한 향을 즐길 수 있어요. 요렇게 밑간을 해두면 맛이 확실히 더 좋아집니다. 음식을 하다 보면 향이 주는 영향이 참 큰 것 같아요. 향신료 중에 월계수 잎이나 통후추처럼 입자가 큰 건 요리과정 초반에 사용해서 은은하게 향이 우러나오도록 하는 게 좋고요. 반면에 입자가 작은 가루 형태는 요리를 내기 직전에 톡톡 뿌려주면 향을 온전히 느낄 수 있답니다. 향신료의 맛은 입보다 몸으로 느끼는 맛이라고 할 수 있어요. 음식을 만들다 보면 '소금 한 꼬집' '물 쪼끔' 이렇게 미묘하게 양을 조절할 때가 있는데, 이런 정도의 양은 맛이라기보다는 느낌에 가깝죠. 자, 이렇게 밑 작업이 다 끝났어요.

볶고 끓이기

구루 재료가 눌어붙지 않으려면 바닥이 두꺼운 냄비가 좋아요. 그리고 센 불에 달궈주어야 해요. 고기를 올렸을 때 겉이 노릇해질 정도로 빠르게 익혀야 겉면이 굳으면서 육즙을 가둘 수 있습니다. 스테이크를 구울 때 굉장히 중요한 조리 포인트죠. 스튜를 만들 때는 그 정도까지 중요하지는 않지만, 그래도 맛에 영향이 있기 때문에 살짝 익히도록 할게요.

밀 꼭 카놀라유를 사용해야 하나요?

구루 좋은 질문이에요. 꼭 카놀라유를 사용할 필요는 없어요. 하지만, 엑스트라버진 올리브유나 참기름, 들기름같이 높은 온도에 약한 기름은 안 쓰는 게 좋아요. 지금처럼 프라이팬을 뜨겁게 달궈서 사용할 때와는 맞지 않죠.
바닥이 뜨거워졌으면 고기를 넣을게요.
(치이익, 고기를 불에 올리는 소리.)

구루 이 소리! 이런 소리가 나야 팬이 잘 달궈진 거예요.

밀 그냥 이대로 먹으면 안 될까요?!

영지 우와— 예쁘다!

구루 팬이 제대로 달궈지지 않은 상태에서 고기를 구우면 고기가 눌어붙기 쉬워요.

영지 아— 그렇구나— 저는 나쁜 팬을 사용해서 그런 줄 알았죠……

구루 스테이크를 레어로 즐긴다면 이렇게 붉은색이 살아 있는 상태에서 먹겠죠.

영지 오호 맞아요! 이 상태로 그냥 먹고 싶다.

구루 그렇게 원한다면. 소금에 살짝 찍어서.
(구운 고기를 함께 나눠 먹는다.)

영지 읍— 진짜, 진짜 맛있다. 고소한 고기 향이 입안 가득 퍼져요!

밀 (냠냠) 저는 스테이크 먹을 때 레어가 덜 익은 느낌이라 항상 웰던으로 먹었거든요.
가끔 너무 심한 웰던으로 조리돼 나오면 어찌나 딱딱하던지요.

영지 맞아, 턱이 아플 정도로 씹어야 하고……

밀 레어가 이런 맛이라면 이제부터는 무조건 레어로 먹어야겠어요.

영지 그런데 막상 스테이크 집에 가면 어느 정도 '레어'로 해줄지 겁나긴 하잖아요.

구루 그렇죠. 셰프마다 편차가 있긴 해요.

밀 네, 어느 정도 '레어'일지…… 내가 예상하는 레어랑 셰프가 생각하는 레어가 같을지…… 좀 걱정되죠.

영지 이 정도의 레어라면 자신 있게 "레어로 주세요." 할 수 있겠어요.

밀 (끄덕끄덕)

구루 ㅎㅎ 이런 게 바로 음식 만드는 사람의 특권이자 즐거움 아닐까요?
이제 불을 좀 줄이고 고기는 덜어놓겠습니다. 이 위에 양파, 마늘을 볶아줍니다. 고기가 눌어붙은 부분을 함께 긁어서 볶아주세요. 양파, 마늘을 부드럽게 익히면 매운맛은 사라지고 단맛의 감칠맛이 올라옵니다. 이 과정이 생각보다 오래 걸리는데요. 조급하게 생각하지 말고 느긋하게 볶아주세요. 파스타를 만들 때도 마찬가지예요.

마늘, 양파는 느긋하게 확실히 볶아주어야 맛있게 완성됩니다.

밀 그렇군요.

구루 저는 요리를 할 때 어떻게 하면 좀더 맛있어질까를 생각해요. 여기다 뭘 더 넣어볼까? 스튜를 준비하다가 갑자기 카레로 바꿔보고 싶은데! 생각하기도 하고요. 이렇게 냄새를 맡고, 맛을 그려보면서 요리를 하면 확실히 완성된 음식도 맛있거든요.

지금 올라오는 향은 마늘 향이 좀 강하죠? 조금 있으면 사라지면서 또 다른 냄새가 느껴질 거예요. 익힐 때는 재료를 한 번씩 뒤적여주어야 타지 않습니다. 눋는 것과 탄 것은 완전히 달라요. 이 점에 주의해가며 볶아주세요. 볶을 때 불을 조절하고 오일을 조금씩 추가하는 것 같은 세부 과정은 레시피에 안 나올 때가 많아요. 그냥 볶으라고만 하죠. 그래서 "레시피를 보고 따라해봤는데 그 맛이 안 나요" 하는 분들이 있어요. 바로 이런 부분들을 놓치기 때문인 것 같아요. 결국 자주 해보면서 스스로 감을 찾아가는 게 좋습니다.

지금 양파가 조금 눌었는데, 혹시 짜장면 냄새 안 나나요?

밀 (냄새를 맡으며) 오- 그러네요!

구루 짜장면은 양파를 센 불에 강하게 볶아내는 요리죠. 그 주된 향이 양파에서 나오는 게 아닌가 추측해볼 수 있어요.

밀 설명을 들으니까 이해가 돼요.

구루 이제 물을 추가하고 나머지 재료들을 넣어봅시다.

영지 와인은 어떤 것을 사용하나요?

구루 그냥 저렴한 와인이면 돼요. 마시다 남은 와인도 괜찮아요.

월계수 잎은 박하 향도 나면서 향이 강한 허브여서 많이 넣으면 안 좋아요. 향도 더하면서 고기 잡내를 없애주기 위해 넣는 거예요.

와인도 한번 맛볼까요?

영지 (와인을 맛보며) 음, 나쁘지 않아요. 그냥 마셔도 좋을 것 같은데요?

구루 맛이 없지는 않은데…… 확실히 매력적이지도 않네요.

영지 저는 좋아요. 옅은 걸 좋아해서. 이렇게 말하니까 취향이 있는 것 같네요.

구루/밀 ㅎㅎㅎ

구루 콩소메를 추가합니다. 고형으로 된 치킨 육수예요.

영지 게임의 치트키 같은?

밀 치트키?

구루 아, 그럴 수 있겠다! ㅋㅋ 일종의 찬스 같은 것.

영지 이건 큰 마트에 가야 살 수 있겠죠?

구루 네, 대형 마트에 가면 있어요.

물이 끓어오르면 불순물이 거품에 뭉쳐 올라와요. 꼼꼼히 걷어주세요. 그리고, 토마토소스를 더해줍니다.

영지 이건 일반 토마토소스와는 다른 건가요?

구루 네, 좀더 진한 페스토예요. 농도를 진하게 해서 압축한 느낌이죠.

영지 일반 토마토소스를 넣어도 되나요?

구루 그럼요. 더 맛있겠죠. 그건 소스고, 이건 그냥 토마토 응축한 거니까. 맛을 보면 토마토의 새콤한 맛이 날 거예요.

영지 (페스토를 맛보며) 음, 맛있어.

밀 생각보다 새콤하네요.

구루 생토마토보다 차라리 이게 더 맛있을 수 있어요. 간이 되어 있으니까요.
지금 보니까 페스토 때문에 물을 좀더 추가해야 할 것 같아요. 이런 스튜 같은 음식은 국물의 농도가 정해져 있지 않죠. 너무 묽다 싶으면 조금 졸여서 소금, 후추로 간을 조절하면 되고 너무 되직하면 물이나 육수를 추가해주면서 입맛에 맞게 조절하면 돼요.
이제 뚜껑을 덮고 중약불에서 한 시간 정도 뭉근하게 끓여주세요.

영지 (레시피를 살펴보며) 한 시간이 끝이 아니야…… 30분이 더 남았어……

구루 ㅎㅎ 인고의 시간을 가져야 맛있는 음식이 되는 거예요. 그래서 비프스튜를 할 때 일부 과정은 하루 전에 준비해두면 맛도 좋아지고, 조리과정도 좀더 편해집니다.

영지 음— 향이 좋아요.

밀 월계수 잎은 나중에 빼는 거예요?

구루 네. 월계수 향이 충분히 배어들도록 뒀다가 빼낼 거예요.

맛의 한 끗

구루 자, 이제 가니시용 채소를 데쳐볼까요.
넉넉한 냄비에 물을 채우고 소금을 적당히 녹여줍니다. 소금을 넣으면 밑간도 되고 채소의 색을 산뜻하게 살려주기도 하죠. 물의 끓는점이 조금 올라가는 효과도 있어요. 채소를 넣으면 끓고 있는 물의 온도가 순간적으로 조금 낮아지는데 끓는점이 높으면 물 온도가 유지되니까 빨리 데치는 데 도움이 돼요. 채소는 한 번에 넣기보다 물의 양을 봐서 나눠 데치는 것이 좋습니다. 소금을 넣고 물이 끓어오르면 채소를 넣어요.

밀 물이 먼저 끓어야 하는군요.

구루 그렇죠. 그 전에 버터를 조금 넣을게요. 채소에 버터의 고소한 풍미를 살짝 입혀주는 거예요. (재료를 넣으며) 브로콜리 줄기를 먼저 넣고 조금 뒤에 송이를 넣어주세요. 브로콜리는 살짝 삶아서 식감이 살아 있어야지, 너무 데쳐서 물컹해지면 맛이 뚝 떨어져요. 대개는 이렇게 데쳐서 바로 찬물에 헹궈 더 익지 않도록 해주는데, 그렇게 하면 버터 풍미가 씻겨버리니까 데치는 시간을 짧게 하고 그대로 식힐 겁니다.

밀 색이 진하다!

구루 (브로콜리를 건네며) 맛을 볼까요.

밀 맛있어요.

영지 부드러운데 아삭함도 있어요.

밀 오돌토돌한 꽃봉오리 부분은 포슬포슬하고, 줄기는 아삭하고 탱탱해서 반전이 있네요.

구루 두꺼운 줄기는 한입 크기로 잘라서 데쳐야

먹기 좋습니다.

밀 사실 브로콜리 꽃봉오리는 씹을 때 입안에서 잘게 부서져 퍼지기도 하고 향도 있어 좋은데, 두꺼운 줄기 부분은 다이어트 때문에 할 수 없이 먹는 저칼로리 음식 같아요.

영지 ㅎㅎ 맞아요. 다이어트를 하느라 먹어야만 하는……

구루 요리가 단순해지면 단순해질수록 요리의 품격도 높아지는 느낌이 들 때가 있어요. 이것으로 가니시 끝, 스튜 한 시간 뭉근히 끓여주기도 끝! 이제 버터를 넣고 섞어줍니다. 아까 제가 약간의 소금, 후추는 미각이 아니라 몸으로 느껴지는 감각이라고 했죠? 같은 소금의 짠맛이라도 재료에 스민 짠맛과 그 주위를 겉도는 짠맛은 또 다르잖아요? 계속 음식을 하다 보면 이런 감각적인 경험들이 요리의 매력으로 다가옵니다. 이것으로 비프스튜 완성!

영지/밀 (짝짝짝!)

구루 이왕이면 확실하게 생색을 낼 수 있도록 플레이팅에도 공을 들이면 좋겠죠. 맛있는 음식을 만들었다면 좋은 그릇에 올리는 것도 중요한데, 초대용으로 한두 개 정도는 집에 갖춰두도록 해보세요.
오늘은 덮밥이니까 그릇에 먼저 밥을 펼쳐 담아야겠죠? 밥을 얹고 스튜를 얹고 가니시를 올리면 끝이에요.

밀 드디어!

구루 (밥통의 밥을 뒤적이며) 밥이 맛있게 된 것 같아요. 밥이 다 되면 반드시 주걱으로 골고루 뒤집어줘야 하는데 왜 그럴까요?

밀 떡이 되니까.

구루 왜 떡이 될까요?

밀 수분이…… 없어서일까요?

구루 밥을 주걱으로 뒤섞어주면 밥알이 머금고 있던 증기가 빠져나오면서 뜨겁던 밥알 표면이 순간적으로 식어요. 그러면서 여분의 수분이 밥을 먹기 좋은 질감으로 만들어주죠. (주걱에 있는 밥을 보여주면서) 이렇게 고슬고슬한 상태가 되는 겁니다.

영지 오!

구루 (접시에 플레이팅을 하며) 스튜를 얹었을 때 밥이 살짝 보이도록 봉긋하게 담습니다. 하나는 완전히 덮이도록 얇게 펴서 담아보죠. 그리고 스튜를 얹을게요. 이때 건더기의 배분을 잘해야 싸움이 안 나요.

밀/영지 ㅋㅋㅋ 맞아요!

구루 고기, 당근, 버섯을 고르게 나눠 담고, 국물을 담아주세요. 먹는 사람이 봤을 때 어떤 재료가 들어갔는지 알 수 있도록 중요한 재료는 위로 올려주고요. 그다음에 가니시용 브로콜리와 아스파라거스를 귀퉁이에 올립니다.
자, 이제 각자 먹고 싶은 그릇을 골라서 식탁으로 갈까요?

부드럽게 씹히는 고기의 색다른 맛

구루 오랜 시간 참느라 수고하셨습니다.

비프스튜가 느끼할 수 있어서 음료는 맥주, 와인 또는 오늘처럼 탄산수 등을 곁들여서 입안을 한 번씩 산뜻하게 해주면 좋아요. 먹어볼까요?

영지/밀 잘 먹겠습니다!

영지 (비프스튜를 맛보며) 음…… 새콤한 맛이 입안에 감돌아요.

밀 새콤한 건 케첩 때문일까요?

구루 케첩도 그렇고, 페스토까지 더해서 그래요. 입맛에 따라 비프스튜가 느끼할 수 있어 추가한 건데 비율은 여러분 취향껏 조절하면 되겠죠?

밀 (먹어보며) 제 입맛에는 괜찮아요.
요리 초보자들에겐 구원투수일 것 같아요.
생토마토라면 어려웠을 텐데……

구루 장단이 있죠. 조리가 간편해지고 음식의 맛도 올려줘서 초보자들에게 도움이 돼요.
하지만 요리에 익숙해지면 토마토를 직접 사서 만들어봤으면 해요.

영지 밥도 꼬들꼬들 맛있어요.

밀 이런 덮밥류는 특히 밥이 중요한 것 같아요. 밥이 질게 되면 보기도 안 좋잖아요.

구루 그렇죠. 밥알이 탱글탱글 살아 있어야 해요. 밥알과 소스가 골고루 버무려져야 식감도 풍미도 조화롭습니다.

밀 잘 지은 밥은 단맛도 더 잘 느껴지는 듯해요. 그럴 땐 반찬이 간소해도 식사가 참 즐거워요.

구루 (비프스튜의 건더기를 먹으며) 고기의 식감, 채소의 식감도 비교해보세요.

영지 고기가 정말 부드럽게 씹히네요.

밀 먹자마자 입안에서 스르르 허물어져요. 과장 조금 보태서, 푸딩이나 카스텔라처럼요. 고기가 질겨서 열심히 씹어야 할 때의 압박감이 전혀 없어요. 그냥 스르르 녹는 느낌.

구루 오랫동안 뭉근히 끓인 덕분이지요.

영지 고기라면 이런 식감이다 하는 선입견이 있었는데, 비프스튜는 반전이 있는 요리 같아요. 고기도 이렇게 부드러울 수 있다니.

밀 이런 식감을 만들어내려면 많은 시간이 필요하고요. ㅋㅋ

구루 비교적 쉽지만 시간과 정성이 꽤 들어가는 요리죠.

영지 저는 오히려 버섯이 더 고기같이 느껴져요.

밀 (버섯을 먹으며) 음…… 우리가 상상하는 고기를 씹을 때의 질감이 오히려 버섯에서 더 잘 느껴지네요.

구루 버섯의 섬유질 때문이에요. 고사리나물이나 육개장에 들어가는 토란대도 섬유질이 매우 풍부해서 고기처럼 씹는 맛이 즐겁죠.

밀 친구를 초대한다면 스튜를 만든 다음 날 하는 게 좋은가요?

구루 상관없어요. 하루 묵은 카레가 맛있는 것처럼, 비프스튜도 이튿날 먹으면 맛있어요.

밀 그런데 가니시는 언제 먹는 게 좋아요?

구루 아무 때나 드세요. 여기에 맥주나 와인, 식전 빵 몇 개 정도를 준비하면 괜찮은 생색요리가 되겠죠. 어때요? 할 수 있겠죠?

영지/밀 네, 할 수 있을 거 같아요!

❶
쇠고기는 한입 크기로 잘라 소금, 후춧가루,
올리브유에 버무려둡니다.

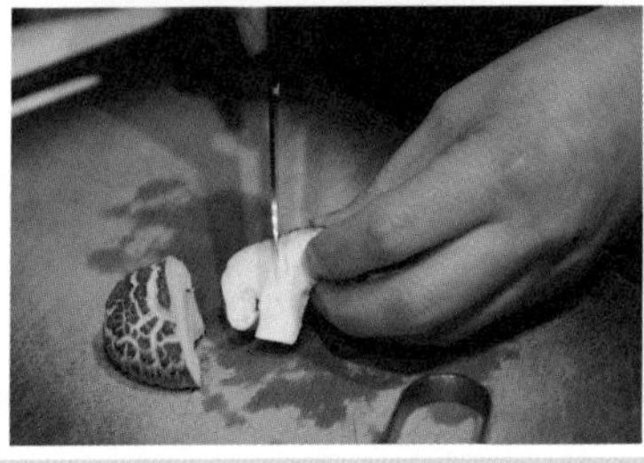

❷
양파는 굵게 다지고,
당근과 버섯은 한입 크기로 마구썰기 해주세요.

❸
바닥이 두꺼운 팬을 센 불에 올려서
고기를 노릇하게 구워줍니다.

❹
구운 고기를 덜어내고 중불에서 양파,
다진 마늘을 추가해 골고루 볶아주세요.

❺
양파가 충분히 익었으면 덜어둔 고기와
나머지 재료를 넣고 끓여줍니다.
스튜가 끓어오르기 직전에 약불로 줄이고
토마토페스토와 레드와인 등을 넣어줍니다.

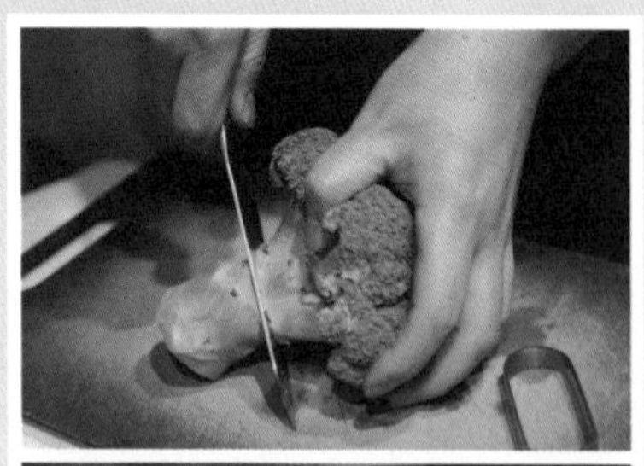

❻
가니시로 사용할 브로콜리는 단단한 밑동을 잘라내고
한입 크기로 자릅니다. 아스파라거스도 단단한 줄기
부분의 껍질을 벗겨내고 5센티미터 길이로 잘라주세요.

↓

❼
끓는 물에 버터를 녹여서 가니시에 풍미를 더해줍니다.
채소는 아삭하게 익힌 뒤 식혀주세요.

❽
스튜에 버터를 녹이고
소금과 후추로 간을 조절합니다.

❾
그릇에 밥을 펴서 담고,
스튜를 적당히 올립니다.

❿
준비해둔 가니시를 더해주면
완성.

파에야
Paella

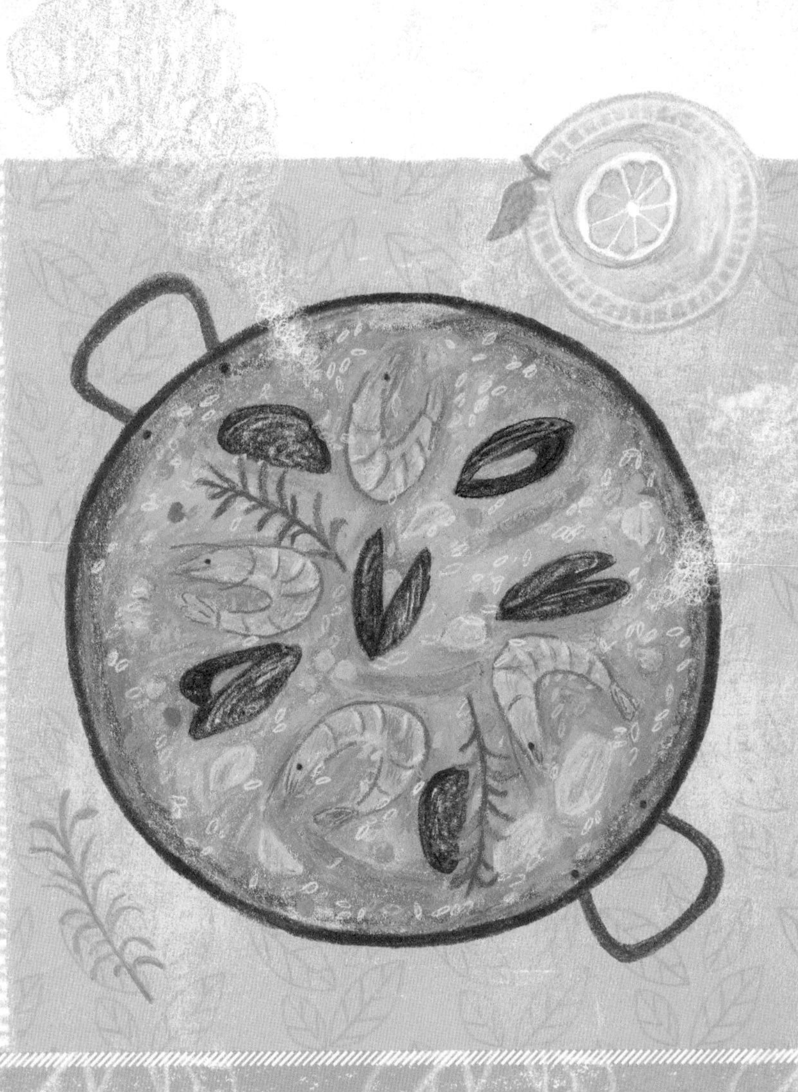

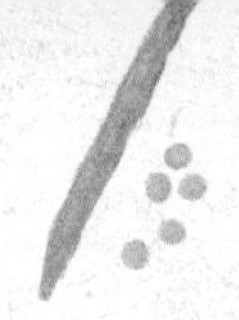

생색 포인트

호사스러운 요리 하면, 저는 단연 '파에야'가 떠오릅니다. 황금빛으로 물든 쌀밥 위에 갖가지 해산물이 가득! 파에야를 앞에 두고 여럿이 나눠 먹는 테이블은 생각만 해도 즐겁거든요. 결혼식 피로연처럼 화려한 축하 장소나 즐거운 모임에 파에야가 놓여 있다면, 그만큼 잘 어울리는 음식도 없을 것 같습니다.

파에야는 스페인의 쌀 요리입니다. 정확히 이야기하자면, 스페인 발렌시아 지역의 요리죠. 유럽의 쌀 요리는 조금 생소하게 느껴지지만, 과거 스페인을 지배했던 무어인을 통해 이슬람 문화가 전파되면서 쌀을 먹기 시작했다고 해요. 파에야 역시 쌀 요리가 발전하면서 등장한 요리로, 스페인 지방에 전파되면서 다양한 형태로 발전했습니다. 우리나라의 새참 음식인 양푼비빔밥처럼 스페인에서도 파에야를 힘든 노동 중간에 다 같이 둘러앉아 먹곤 했다고 해요.

가장 기본적인 재료인 홍합, 새우를 사용하는 것 외에 여러 해산물과 고기를 함께 올리기도 합니다.

생쌀을 팬에서 조리하는 방식은 리소토와 비슷하지만, 육수를 조금씩 나눠 붓고, 저어서 만드는 방식이 차이가 있어요. 파에야가 생쌀 씹히는 느낌이라면, 리소토는 질척이는 느낌이어서 씹는 맛에도 차이가 있죠. 그래서 파에야를 요리할 때는 쌀을 적당히 익히는 것이 가장 중요해요. 쌀을 잘 익히겠다고 뒤집어주고 싶은 충동을 참아내는 것이 관건입니다.

아울러, 사프란을 사용하면 가장 맛있고 예쁜 황금빛 쌀을 만들 수 있지만, 혹 재료를 구하기 어렵거나 비싸서 망설여진다면 카레 가루로 대신해도 됩니다. 맛은 좀 다르더라도 적당히 맛 좋은 파에야를 만들 수 있을 거예요.

특별한 요리를 대접하고 싶을 때, 파에야를 만들어보는 건 어떨까요? 함께하는 식사가 더 즐거워질 거예요.

#스페인음식 #발렌시아지방 #파티요리 #축하요리 #결혼식 #모임 #이슬람문화 #무쇠팬 #쌀 #사프란

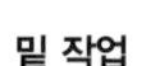

파에야

재료(4~5인분)
닭 다리살(정육) 300g
돼지 갈비살 250g
생새우(중) 5마리
홍합(중) 4~6마리(크기가 작은 것은 8~10마리)
쌀 2C
소금 적당량
후춧가루 적당량
올리브유 적당량
양파(중) 1개
토마토(중) 1개
줄 콩, 완두콩 150g(합쳐서)
다진 마늘 1Ts
고운 고춧가루(또는 파프리카 가루) 1Ts
닭 육수 1L
사프란 0.5g
로즈메리 3줄기
레몬 적당량

밑 작업
닭고기와 돼지고기는 한입 크기로 3~4등분해 소금, 후춧가루, 올리브유에 버무려둔다. 양파는 잘게 다지고, 토마토는 반으로 잘라 강판에 갈아서 즙을 낸 후 남은 껍질은 버린다. 홍합과 새우는 깨끗하게 씻고, 홍합의 수염과 새우의 내장을 제거한다.

조리하기
파에야 팬을 센 불에 올려 뜨겁게 달궈지면 올리브유 3테이블스푼을 두르고, 닭고기와 돼지고기부터 겉면이 진한 갈색이 날 때까지 굽는다. 새우를 추가해 빨갛게 익으면 따로 덜어둔다. 콩, 토마토, 다진 마늘을 넣고 고춧가루를 더해 골고루 버무려 가며 약 2분간 볶아준다. 준비한 닭 육수와 사프란, 쌀을 넣고 팬 바닥에 쌀이 골고루 퍼지도록 주걱으로 저어준다. 센 불에서 10분, 약불에서 5분 정도 끓인다. 국물이 거의 졸아서 팬 가장자리에만 자작하게 남았을 때쯤 새우와 홍합, 로즈메리 줄기를 올리고 뚜껑이나 포일로 덮은 후 약한 불에서 5분, 불을 끄고 5분 정도 더 뜸을 들인다.

담기
완성된 파에야는 팬의 한가운데서 가장자리까지 바닥의 누룽지인 소카라트와 함께 골고루 담아 레몬 조각을 곁들여 낸다.

Tip!
- 홍합은 지저분한 수염을 떼어내고 새우는 등의 내장을 제거, 닭고기는 껍질을 그대로 사용해야 좀더 진한 맛을 즐길 수 있다.
- 쌀은 육수를 추가하고, 냄비 전체에 골고루 펼칠 때만 한두 번 저어주되 이후에는 절대 젓지 않는다.
- 파에야를 제대로 즐기려면 맛을 듬뿍 흡수한 쌀알을 냄비의 안쪽부터 바깥쪽, 바닥의 누룽지까지 골고루 덜어 맛본다.

발렌시아의 쌀 요리, 파에야

영지 오늘 만들 요리는 파에야네요. 예전부터 참 궁금했던 요리예요.

밀 저도 파에야 매우 매우 기대 중입니다!

구루 만들기 쉬워 보이지만, 의외로 좀 까다로운 요리가 바로 이 파에야예요.

영지 정말요?

구루 네, 파에야는 쌀과 육수가 아주 중요한데요. 이따가 레시피를 보며 설명하겠지만, 이걸 조절하는 게 초보자들에겐 어려울 수 있어요. 먼저, 요리에 들어가기 전에 파에야가 어느 나라 음식인지는 알죠?

영지 네! 스페인 요리잖아요.

구루 맞아요. 스페인 요리입니다. 그런데, 스페인 현지에서는 스페인의 대표 요리라기보다는 발렌시아 지방의 토속 요리로 통해요.

밀 발렌시아 요리요?

구루 네, 발렌시아 지방에서 탄생한 요리가 스페인 전역으로 퍼졌다고 볼 수 있죠. 그리고 스페인을 넘어 미국으로도 전해졌는데 미국식 파에야는 쌀이 리소토와 좀더 가깝고, 양이 더 푸짐한 편이에요.
오늘 소개할 파에야는 육류와 해산물이 섞인 퓨전 파에야입니다. 스페인 정통 파에야는 발렌시아 지역에서 인정하는 이런저런 구성을 갖추어야 한다고 해요. 하지만, 우리가 떠올리는 파에야는 황금빛으로 물든 밥알 위에 홍합, 새우 같은 해산물이 그득하게 올려진 모습이죠. 저 역시 화려하고 먹음직스러운 요즘 파에야를 좋아해서 그 레시피로 만들어보았어요.

밀 이런 형태의 파에야도 흔히 만나볼 수 있는 건가요?

구루 그럼요. 관광업이 발달하면서 지역 음식에 불과했던 파에야도 관광객을 유혹하는 화려한 형태로 점점 진화했어요. 비교적 소박한 발렌시아 스타일이 카탈루냐 지방에서는 새우, 가재, 홍합, 바지락, 오징어 같은 해산물을 듬뿍 올린 파에야 데마리스코paella de marisco로 재탄생했죠. 사람들이 더 좋아하게끔, 더 다양한 재료와 더 자극적인 맛, 더 효율적인 조리 방식으로요. 파에야가 점점 효율성 위주의 요리가 되어가면서 파에야를 비롯해 발렌시아 전통 쌀 요리를 문화유산으로서 보전하기 위해, 그 역사적 의미에 깊이를 더하고, 영양 가치를 끌어올린 파에야를 소개하는 위키파에야WikiPaella라는 비영리 단체가 생기기도 했어요.

영지 유럽에서 쌀 요리를 먹었다는 게 좀 특이해요.

구루 저도 궁금해서 알아봤는데요. 스페인이 지배하던 이베리아반도에 8세기경 북아프리카 무어인들이 들어오면서 쌀도 함께 전해졌다고 합니다. 이후 약 800년간 이슬람 왕조가 이 지역을 통치하면서 스페인에 쌀 문화가 자리 잡았고, 그 후 이탈리아로 전파되면서 리소토 같은 음식이 탄생했어요. 정리하면 무어인의 이슬람 문화가 스페인을 통해 이탈리아 등으로 퍼져 나가면서 쌀 문화도 함께 전파되었다고 할 수 있습니다.

그러니 파에야는 어찌 보면 유럽에서 탄생한 음식이라기보다는 이슬람 음식 문화가 섞인 요리라고 할 수 있죠.

밀 그런데, 파에야가 무슨 뜻인가요?

구루 여러 설이 있는데 그중 '요리에 사용하는 넓적한 팬'이라는 뜻의 라틴어 파텔라patella에서 유래했다는 얘기가 있어요. 그게 지금은 그 팬으로 만든 음식을 아울러 이르는 말로 쓰인다고 해요.

영지 우리나라로 치면 해물 뚝배기 같은 거네요?

구루 네, 말하자면 해물 무쇠팬 내지 닭고기 무쇠팬이 되겠죠.

재료 손질하기

구루 그럼 슬슬 요리를 시작해볼까요? 오늘 저는 이것저것 준비했지만, 심플하게 파에야를 즐기고 싶다면 냉동 해물 믹스에, 시판 토마토소스를 이용해도 좋아요. 육수는 맹물로 써도 되고요.

밀 비슷한 비주얼은 나오겠지만 맛은 좀 다르겠죠?

구루 아무래도 신선하고 질 좋은 재료를 쓴다면 재료의 맛이 좀더 풍성하게 느껴지겠죠.

영지 음…… 요리 수업을 하면 할수록 재료의 중요성을 깨닫게 돼요.

구루 맞아요. 이제 재료를 하나씩 준비해보죠. 완두콩은 껍질을 까서 콩만 빼두고, 길쭉한 줄콩은 3~4등분으로 잘라줍니다. 그다음, 완숙 토마토는 강판에 갈아서 껍질과 씨를 걸러내고 즙만 사용할 거예요. 이물감을 주지 않도록 껍질과 씨를 분리하는 밑 작업을 하면 한 번에 끝낼 수 있죠. 토마토 과육을 살려야 하는 요리가 아니면 꽤 유용한 팁이에요.

영지 파에야는 토마토 과육을 쓰지 않나요?

구루 과육을 쓰지 않는다기보다는 으깨서 사용한다고 봐야겠네요.

스페인식 요리 단계에는 다진 채소를 기름에 볶아 맛을 응축시키는 소프리토sofrito라는 과정이 있어요. 양파, 파프리카, 마늘, 토마토 등 채소로 미리 준비해두었다가 필요할 때 쓰는 일종의 만능 양념장 같은 거죠. 파에야에서 토마토 역시 이렇게 맛의 베이스 역할을 하는 거예요.

영지 그렇군요.

구루 다음은 홍합을 준비해볼게요.

밀 홍합은 값이 저렴해서 좋긴 한데…… 홍합탕 해 먹자고 왕창 샀다가 손질하느라 애를 먹은 적이 있어요.

구루 홍합 손질이 좀 번거롭긴 하죠. 막 사온 홍합은 전체적으로 지저분해요. 사실 양식이 더 깨끗한 편인데요. 자연산은 조개껍데기나 해초 등 이런저런 게 많이 붙어 있거든요. 수염도 붙어 있고요. 소금물에 담가놓으면 지저분한 것들이 좀 떨어져요. 그 뒤 손질을 할 때는 홍합 수염을 떼어내고 겉에 붙어 있는 지저분한 것들을 제거해줘야 해요. 수염은 잡고……

영지 뜯어요?

구루 그렇죠, 밖으로 나온 수염 부분을 잡아당겨서 끊어내세요.

그리고 겉의 지저분한 것들은 껍질을 서로 비벼가면서 긁어내면 돼요. 붙은 게 많으면 깨끗한 쇠 수세미로 제거하면 더 수월합니다. 자연산에 비하면 양식은 깨끗해서 손질하기가 편해요.
손질하면서 껍질이 깨진 홍합은 버리는 게 좋아요. 물에 동동 뜨는 것도 안 좋고요. 속이 비어 있거나 상했을 가능성이 크거든요. 상한 조개 하나 때문에 요리를 망칠 수 있습니다. 신선한 홍합은 묵직하고 두드려보면 둔탁한 소리가 나요. 씻을 때는 뜨겁거나 미지근한 물을 쓰지 말고, 찬물에 헹구세요.
그다음, 양파를 다져볼게요. (양파를 다지며) 칼이 좀 무뎌져 있네요. 약하면 힘이 들어가서 다칠 수 있으니 칼이 잘 안 들 때는 조심해서 사용하세요. 양파가 너무 크면 반만 사용해도 돼요.
이제 닭고기를 자를게요. 닭고기 껍질을 싫어하는 분도 꽤 있는데, 껍질도 중요합니다. 맛있는 기름이 나오거든요. 그래서 가능하면 껍질도 함께 잘라서 사용합니다. 일단 세 쪽이면 될 것 같은데요.

영지 큼지막하게 썰어요?

구루 네.

밀 이게 토핑처럼 위에 올라가는 거죠? 좀 푸짐해 보이려고 이렇게 크게 자르는 건가요?

구루 사실 유럽 사람들은 포크와 나이프를 사용하잖아요. 이걸 이렇게 통째로 내면 앞 접시에 덜어서 썰어 먹게 되죠. 그런데 먹기 편하자고 잘게 썰면, 다 섞여버리니까 사실 주재료가 눈에 띄지 않아요. 그러니 적당한 크기로 나눠서 나이프로 잘라 먹는다든지 하면 좋겠죠. 그리고 우리 취지가 '생색'인 만큼, 퍼포먼스가 중요하니까요.

밀 이거 자를 때 적어도 머릿수에 맞춰서 잘라야겠다.

구루 네, 이제 밑 작업은 거의 끝났어요. (새우를 꺼내며) 다음으로 새우를 손질해볼게요. 사실 새우는 손질할 때 껍질을 벗기기도 하지만, 오늘은 그대로 사용할 거니까 소금물에 한 번, 찬물에 한 번 헹궈줄게요. 그다음엔 내장을 제거해야 해요. 내장이 어디 있냐면, 등 쪽 중간에 검은 선 같은 게 보이나요?

밀 네, 보여요. 검은색으로.

구루 머리에서 등 쪽으로 세 번째 등껍질 사이를 꼬지로 살짝 찔러서 이 검은 내장을 밖으로 당기면 길게 내장이 딸려 나오죠? 그걸 빼내면 돼요. 이 내장을 빼내지 않으면 씹을 때 이물감이 있고, 씁쓸해서 새우의 단맛을 방해해요. (내장을 꺼내며) 쉽죠? 이어서 꼬리지느러미 부분이 지저분하니까 손톱으로 긁어내주세요. 특히 뾰족한 부분에는 물이 차 있어요. 찔리지 않게 조심하면서 눌러서 물기를 짜주세요. 새우튀김 할 때 이 물기를 안 짜고 그냥 튀겼다가 물이 터져서 혼이 나는 분이 많아요. (건네주며) 해보세요.

영지 네.

구루 이미 소화가 다 되어 내장이 비어 있는 경우도 있어요. (새우를 살피며) 이것도 거의 없네요.

밀 내장이 등에 있구나. 신기하네요.

파에야 만들기

구루 그럼 이제 볶아볼게요.

밀 와, 볶아요, 볶아요!

영지 큭큭큭……

구루 프라이팬은 충분히 달궈주세요. 해산물은 일반적으로 요리 후반에 뜸 들일 때쯤 넣는데, 저는 좀 다르게 초반에 구워서 새우의 감칠맛을 끌어올려볼게요. 프라이팬에서 고기를 먼저 익히고 새우를 추가해서 구우면 거기에 새우의 풍미와 맛이 더해져서 맛이 굉장히 풍부해져요. 저는 이렇게 고기와 새우의 맛이 가미된 오일을 사용할 거예요. 홍합은 굳이 같이 넣을 필요가 없으니까 뜸 들일 때만 넣고요.

영지 홍합은 새우만큼의 풍미가 나오지 않나 보죠?

구루 새우, 닭고기, 돼지고기로도 이미 충분하니까요. 오늘 요리에서 홍합은 파에야를 더 풍성하게 보이도록 하는 역할이죠.

밀 아하!

구루 다음은 밥인데요. 우리가 밥을 할 때 보통 밥솥이 없으면 밥을 할 수 없다는 고정관념이 있어요. 그런데 옛날에는 냄비 밥이라고 해서 냄비에도 얼마든지 밥을 했잖아요. 캠핑 가면 코펠에 지어 먹기도 하고요. 하지만 냄비 밥을 하면 냄비가 얇기 때문에 밥이 맛있게 돼도 밑바닥은 꼭 타기 마련이에요.

영지 그 덕에 누룽지, 잘 익은 밥, 고두밥까지 다 경험할 수 있죠.

구루 맞아요. 냄비가 얇으니까 생기는 당연한 현상인데요. 이렇게 두꺼운 팬이라면 그렇게 해도 타지 않죠, 눋긴 해도. 우리가 누룽지라고 하는 이 부분을 스페인 사람들은 파에야 중에서도 가장 맛있는 부분 중 하나, 소카라트socarrat라고 불러요.

밀 소카라트?

구루 돌솥비빔밥도 먹고 나면 바닥에 바삭바삭한 누룽지가 생기잖아요. 파에야도 냄비 바닥에 누룽지가 생겨요. 이게 있어야 제대로 된 파에야라고 한답니다. 돌솥비빔밥은 안에 비빔밥을 모두 먹고 나서 나중에 누룽지를 맛본다면, 파에야는 처음부터 소카라트를 함께 즐긴다는 점이 조금 다르죠.
다시 피자로 예를 들면 한 조각 안에 모든 맛이 다 들어 있잖아요. 도우의 바깥 테두리, 안쪽 부드러운 도우, 토핑까지. 파에야 역시 바닥의 소카라트까지 골고루 긁어서 접시에 담아 맛을 보는 게 정석입니다. 열기가 전해지는 부분이 모두 달라서 자연스럽게 다양한 맛을 볼 수 있어요.

밀 냄비 밥은 못 먹는 부분은 걷어내고 먹는데, 파에야는 익힌 형태에 따라 모두 맛볼 수 있는 거군요. 한 판으로 다양한 맛을 느낄 수 있게, 피자처럼.

구루 네, 그래서 덜어 먹을 때 그 부분들을 잘 고민해서 접시에 던 다음, 취향에 맞게 먹는 거예요. 골고루 특징이 있는데 그 맛을 다 음미해야 파에야가 맛있게 느껴지는 거죠. 우리가 늘 먹는 볶음밥은 맛이 균일해서 어떻게 먹어도 상관없지만, 파에야는 서빙을 할 때 항상 이렇게

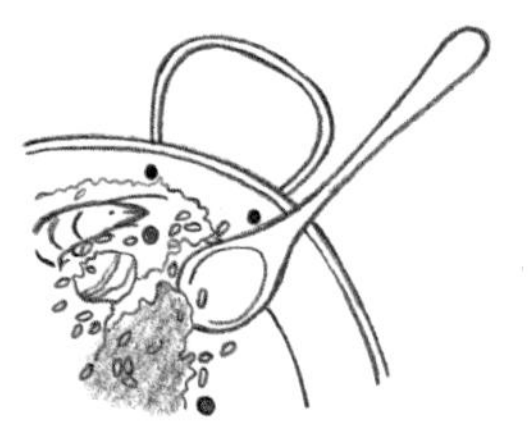

위에 걸 떠내고 바닥도 긁어서 좀 넣고 그다음에 주재료 넣고, 마지막에 레몬 좀 뿌려서 먹는 식이에요.

자, 이제 기름을 두르고 재료를 볶아볼게요.

영지 기름을 둘렀더니 팬이 예뻐졌어요.

구루 닭고기와 돼지고기는 소금, 후춧가루로 밑간을 해뒀는데 소소한 과정이지만 음식의 완성도가 훨씬 높아져요. 이제 고기를 넣고 구워줄게요.

영지/밀 이것만 먹어도 될 것 같은데……

구루 고기를 올릴 때 '촤아아아악' 소리가 나야 돼요. 팬이 충분히 달궈졌다는 얘기거든요. 불이 약하면 이런 소리가 안 나고 안에 있는 육즙이 스멀스멀 빠져나와요. 그러면 맛있는 육즙은 다 빠져서 증발해버리고 고기는 딱딱해져요. 불이 세야 이런 소리가 나고 팬이 계속 뜨겁게 유지되죠. 그래야 캐러멜색이 돌도록 잘 구워져요. 이 상태에서 6분 정도 구워줍니다.

밀 고기가 팬에 달라붙는데요?

구루 중요한 질문이에요! 고기가 충분히 달궈지고 팬이 코팅이 되면 안 달라붙어요. 하지만 지금처럼 달라붙어 있다고 해서 억지로 뗄 필요는 없어요. 요 상태로 5분 정도 놔두면 안에서 기름이 쫙 빠져나오면서 프라이팬이랑 분리가 돼요.

밀 자연스럽게?

구루 네. 삼겹살 같은 고기를 먹으러 가서도, 고기 올려놓고 조급해져서 살점 다 떨어져나가게 뒤집는 분이 많은데, 그냥 가만히 놔두면 돼요. 가만히 놔두면 기름이 나오면서 싹 분리됩니다.

밀 아 ㅎㅎ 그런데 가만히 못 놔두잖아요. 계속 막 찢고 억지로 뒤집고.

구루 ㅎㅎㅎ 맞아요. 보세요, 지금 식용유만 넣었는데, 고기랑 닭 껍질에서 육즙이 빠져나오면서 점점 더 맛있는 기름이 되어가고 있어요.

밀 그런데 닭고기랑 돼지고기 기름이 섞여도 좋아요?

구루 더 풍부해지죠, 맛이.

영지 고기는 한 번만 뒤집어요?

구루 노릇하게 구운 색이 나도록 골고루 구워주세요. 초벌에는 이렇게 갈색이 돌도록 구워줘야 해요. 아까보다 기름이 더 많아졌죠.

영지/밀 네.

구루 닭고기와 돼지고기에서 빠져나온 기름이에요. 바닥에 보면 눌어붙은 것도 보이죠. 흘러나온 육즙과 기름이 맛있는 조미료 역할을 합니다. 뒤에 육수를 추가하고 디글레이즈deglaze(고기를 굽거나 튀긴 후 팬에 남아 있는 국물을 뜨거운 물로 헹구는 것)하면 농후한 맛의 육수가 됩니다.

밀 그런데 쌀은 언제 넣어요?

구루 쌀은 제일 나중에.

밀 이렇게 두면 안 타요?

구루 불을 조금 줄여서 이제 새우를 넣을게요.

구루 새우도 앞뒤로 잘 구워줍니다. 다진 양파도 넣고, 콩도 넣고.

밀 이건 콩꼬투리 안에 들어 있는 콩이에요?

구루 아, 이건 줄 콩이에요.

밀 맛이 달라요?

구루 줄 콩은 콩을 씹는다기보다 콩 껍질을 씹기 위해 넣는 거예요.
지금은 불을 좀 약하게 조절해주세요. 냄비 바닥에 육즙이나 눌어붙은 것들이 타지 않도록. 육수를 넣기 전까지 추가 재료를 넣고 조금 더 볶아주면서 맛을 낼 거예요. 미역국 끓일 때 참기름에 소고기와 미역을 볶은 다음 국을 끓이면 미역의 잡내는 날아가고 고기의 감칠맛은 육수를 더 진하게 해주는 것과 비슷한 원리예요.

영지 불 조절이 안 되면 탈 수도 있겠어요.

구루 그렇죠. 지금은 우리가 얘기하느라 시간이 걸리는 건데 볶는 시간은 잠깐이에요. 불을 살짝만 줄여주고 볶다가 바로 육수를 부으면 눌어붙은 것들도 녹아서 괜찮아요.

밀 육수를 넣고 쌀을 넣는 거예요?

구루 네. 그리고, 파프리카 가루 대신 고춧가루를 넣을 텐데 붉은 색감도 내고 우리 입맛에 맞게 칼칼한 맛을 더할 거예요. 우리는 약간 매콤한 걸 좋아하니까 색깔도 넣고 약간의 매콤함도 더해주는 거죠. 이때 고춧가루는 굵은 고춧가루 말고 메주용이 있거든요. 아주 고운 거. 굵은 고춧가루를 넣어버리면 고춧가루가 눈에 띄어서 안 좋아요. 그리고 다음은 갈아둔 토마토를 넣을게요.

구루 이 상태에서 무슨 요리를 해도 맛있을 것 같지 않나요? 일단 새우는 덜어두고 육수를 추가합니다. 사프란도 넣고 한 번 저어주세요.
새우 풍미를 우려냈으니까 덜어두고 뒤에 뜸 들이는 순서에 홍합과 함께 다시 넣을 거예요. 계속 두면 식감이 너무 단단해지니까요.
육수는 채소 육수도 괜찮고 고기 육수도 괜찮아요. 일단 이번엔 치킨스톡으로.
다음으로, 이제 쌀을 넣을게요. 파에야를 만들 때는 쌀을 한두 번 저어주면 그걸로 끝내야 해요. 계속 저으면 쌀이 물을 먹으면서 약해지거든요. 그러면 쌀이 부서지기도 하고, 쌀에서 전분이 나와서 질척거리게 돼요, 리소토처럼. 그래서 넣고 골고루 평평하게 깐 뒤에 그대로 놔두면 됩니다. 15분 정도. 이렇게 계속 끓이면 물이 증발하겠죠?
쌀은 물을 머금으면서 점점 익어갈 거예요.
이렇게 센 불로 쌀을 익히는 건, 열을 받으면서 쌀뿐만 아니라 모든 재료가 팽창하기 때문이에요. 팽창하면서 수분을 더 잘 흡수하게 되거든요.

영지 아하?

구루 밥솥에 밥을 올릴 때 처음에는 센 불로 막 끓이잖아요. 그다음에 중간 불로 낮추고, 다시 약한 불로 줄여서 뜸을 들이죠?
마찬가지라고 보면 돼요.
국물이 끓으면서 사프란의 노란색 물이 골고루 퍼지고 있죠. 육수에 사프란을 넣어두어 미리 색을 내는 것도 좋아요.

밀 가장 비싼 식재료, 사프란. 생색!

영지 트러플 같은 것도 비싼 재료죠? 그건 맛이 어때요?

구루 트러플은 향이에요, 맛이 아니라. 한마디로 환상적인 향이 나요. 음식에서 제일 중요한 게 몇 가지 있는데 간(짠맛), 향, 그다음이 식감이죠. 트러플은 향에 속해요.

밀 홍합이랑 해산물은 언제 넣어요?

구루 이따가 뜸 들일 때 넣어요. 한 번 익혔으니까 불에 오래 올릴 필요는 없어요.

밀 이제 눌어붙기 시작했네요. 쌀이 막 올라오는 듯해요.

구루 옛날에는 파에야를 지름 1미터나 되는 프라이팬에 만들어 먹었대요.

영지 와, 그렇게 큰 데다 해도 돼요?

구루 옛날에 농민들이……

영지 아, 혹시 새참?

구루 네, 일하다 중간에 먹었던 요리죠. 그래서 막 집어넣고 볶아서 나눠 먹었다고 해요. 우리나라 양푼비빔밥이랑 비슷하지 않을까요?

밀 홍합은 어떻게 넣어요? 위에 올려놓는 거예요?

구루 네.

밀 안 익지 않을까요? 그나저나 쌀만 있는 상태를 보니까 꼭 쌀로 만든 피자 같아요.

구루 물기가 날아가서 뽀글뽀글한 상태가 되면 약한 불로 5분 정도 더 익혀주세요.
이 부분은 경험이 중요한데요, 쌀을 보면 안에 하얀 심지가 보이죠? 이 상태면 거의 생쌀에 가까운 거예요, 우리 입맛에는. 하지만 레시피대로라면 파에야는 이 정도만 익혀요. 여기서 물 조절을 얼마나 더 하느냐, 쌀을 얼마 더 익히느냐, 불 조절을 어떻게 하느냐가 굉장히 중요하죠. (물을 조금 넣으며) 제가 보기엔 지금 물이 조금 부족한 것 같으니까, 좀더 넣어볼게요. 일단 아직도 물기가 남아 있기 때문에 다 졸이면 심지 부분도 부드러워질 듯해요. 5분 정도 졸이고 나서, 뚜껑을 덮고 다시 5분 정도 뜸을 들이면 끝이에요.

밀 쌀이 어느 정도 익었는지 먹어보고 싶어요. 그런데 홍합은 준비한 걸 다 넣는 거예요?

구루 네. 오늘 홍합의 크기가 작아서 많이 넣을게요. 나머지 재료들도 보기 좋게 올린 다음 포일을 씌워주세요. 이렇게 덮어두면 열기와 수분이 갇히면서 위쪽에 올려둔 재료들이 빨리 익어요. 풍미도 전체적으로 잘 어우러지게 되고요.

구루 그래서 리소토가 약간 된 죽 같은 느낌이라면 파에야는 고슬고슬한 고두밥처럼 질감에서 차이가 있어요.

밀 리소토도 이렇게 만드나요?

구루 아뇨, 좀 달라요. 결정적으로 리소토는 이런 얇은 팬이 아닌 깊은 냄비 팬에 쌀을 넣고 육수를 조금씩 조금씩 부어가면서 계속 저어서 만들어요. 파에야는 육수를 넣은 뒤 계속 젓지 않고 가만히 두죠. 리소토 먹어봐서 알겠지만 질척거리면서 약간 찐득찐득하잖아요. 파에야는 쌀이 부서져요.

영지 쌀이 밥으로 완성되는 과정이 다른 거군요.

구루 네. 파에야에 주로 쓰이는 쌀은 칼라스파라Calasparra, 봄바Bomba 등 단립종short grain이에요. 우리가 먹는 쌀도 자포니카Japonica라는 단립종이죠. 같은 단립종이니 비슷한 맛을 내기에 적절하다고 볼 수 있습니다. 다만, 전분이 빠져나오니까 미리 물에 씻거나 육수를 넣고 젓는 것만 피하세요. 그러면 적당히 고슬고슬한 파에야를 즐길 수 있어요.

영지 그렇군요.

함께 먹기

구루 오래 기다리셨습니다. 드디어 파에야 완성!

영지/밀 와아—!

구루 맛있게 먹을 수 있게 나눠 담아볼게요. 이런저런 식감을 맛볼 수 있도록.

영지 기대돼요.

구루 한국인 입맛에 맞추려면 너무 생쌀 느낌이 나지 않도록 중간에 육수를 조금 더 부어줘도 돼요. 진 게 싫다면 원래 레시피대로 하는 편이 좋고요.

영지 저는 이 정도가 딱 좋아요.

구루 음…… 그래도 제 생각엔 위에 올라간 재료들이랑 함께 먹으려면 쌀이 조금 꼬들꼬들한 편이 더 좋을 것 같네요.

밀 그래도 쌀이 좀 된 편이라 질감에 호불호가 있을 듯하긴 해요. 우리나라 사람들이 먹는 밥의 질감이랑 다르니까요.

구루 조리과정은 해볼 만한가요? 어때요?

밀 이게 보기보다 어렵네요.

구루 저는 스튜보다 더 만들기 쉬운 것 같은데. 밀 손질이나 불 조절이 좀 까다롭긴 하겠지만요.

밀 요리 자체가 어렵지는 않은데 육수를 분량에 맞게 조절하기가 어려워 보여요.

영지 맞아요.

구루 그렇군요. 고기는 어때요? 바짝 구웠는데?

영지 적당히 잘 익어서 맛있어요.

구루 아쉬운 점은?

밀 누룽지가 더 많이 나왔으면 좋겠어요. 그러면 위에 바짝 구운 고기랑 같이 와그작와그작 씹기 좋을 텐데.

영지 사프란을 안 넣으면 이런 맛이 안 나죠?

구루 사실 맛이라기보다는……

영지 향인가요?

구루 약간의 향도 더해지지만 사프란의 역할은 아무래도 황금빛을 내주는 게 제일 중요해요.

밀 하긴 황금빛이 아닌 파에야는 뭔가 어색해요.

구루 맞아요. 비싸고, 구하기도 쉽지 않지만 그만큼 제 역할을 하는 재료예요. 저도 레시피를 작성하면서 처음에는 집에서 더 쉽게 즐길 수 있는 방식으로 정리를 해볼까 했어요. 그런데, '모처럼 해 먹는 음식이라면 제대로 해보자'는 생색요리 취지를 살리는 편이 좋겠다는 생각에 최대한 본래의 레시피에 맞춰서 정리했습니다.

밀 그런데, 찾아보니까요. 사프란이 없으면 카레 가루를 넣기도 한다던데요?

구루 그냥 색감만 봤을 땐 비슷할지 모르겠지만 아무래도 맛이 달라지겠죠? 그래서 가능하면 사프란을 사용하는 편이 좋을 것 같아요.

구루 (파에야를 나눠주며) 피자 한 조각 떼어내 먹는 것처럼 먹어볼까요?

밀 (맛보며) 음— 처음부터 이렇게 먹을걸……

구루 (맛보며) 이렇게 먹으니까 밥알의 다양한 식감을 느낄 수 있죠?

밀 네, 처음엔 리소토처럼 부드럽다가, 누룽지처럼 바삭한 부분이 느껴져요. 씹는 질감은 역시 누룽지 쪽이 더 좋긴 한데, 부드러운 밥알들은 고기 같은 재료들과 함께 먹기에 좋네요.

영지 우리도 집에서 새우볶음밥처럼 비슷한 요리를 가끔 먹잖아요. 비교하면 쌀의 식감이 다양해서 파에야 쪽이 훨씬 더 개성 있는 음식으로 느껴져요.

구루 캠핑을 가면 냄비 밥을 해 먹기도 하잖아요. 좀더 간단하게 준비해서 파에야를 만들어봐도 좋겠죠.

밀 오– 그렇네요. 야외에서 먹는다면 더 맛있을 것도 같고요.

구루 낯설어서 그렇지 만드는 요령만 익히면 그렇게 어렵지 않아요. 모임 음식으로 이만한 게 또 없고요.

밀 그러게요, 맛있어요!

구루 쌀을 적당히 익히는 법만 안다면 파에야가 그렇게 어려운 음식은 아닐 거라 생각해요.

영지 네, 그 부분만 마스터한다면 괜찮을 것 같네요.

밀 축하할 일이 있을 때나 근사한 한 끼를 차려주고 싶을 때 만들어보고 싶네요.

구루 긴 시간 수고 많으셨습니다! 오늘 파에야 수업은 여기까지입니다.

영지/밀 수고하셨습니다!

❶
양파는 잘게 다지고, 고기는 한입 크기로 잘라서
소금, 후추, 올리브유에 버무려주세요.

❷
홍합은 수염과 겉의 지저분한 이물질을
제거해주세요.

❸
토마토는 강판에 갈아
즙을 냅니다.

❹
팬을 센 불에 올려 뜨겁게 달궈지면
올리브유를 두르고 고기를 노릇하게 익혀줍니다.

❺
새우를 추가해 뒤집어가며
골고루 익혀주세요.

❻
콩, 토마토, 마늘, 양파 등을 넣고
골고루 섞어가며 익혀줍니다. 바닥에 재료의
농축된 맛이 눌어붙어 있으니,
타지 않도록 불 조절을 잘해주세요.

❼
준비해둔 육수를 붓고,
쌀을 넣은 뒤 바닥에 뭉치지 않도록
골고루 펴주세요.

❽
국물이 가장자리에 자작하게
남을 때까지 졸여준 뒤, 미리 다듬어놓은
홍합과 새우를 골고루 얹어줍니다.

↓

❾
뚜껑이나 알루미늄포일로 덮고
뜸을 들이면 완성.

↓

❿
완성된 파에야는 가장자리부터 한가운데까지
골고루 긁어서 덜고, 새우와 고기 등
건더기를 적당히 곁들여주세요.

파스타샐러드

Pasta Salad

생색 포인트

파스타샐러드를 처음 접해본 건 '마카로니샐러드'였어요. 도시락 한쪽에 마요네즈에 뒤섞여 있는 그 반찬 말입니다. 정체 모를 재료로 만든, 마요네즈 맛 외엔 별맛도 느껴지지 않던 그 재료를 저는 '곤약'과 비슷한 무언가로 생각했습니다. 한참이 지난 후에야 그 재료의 이름이 마카로니라는 것, 그리고 쇼트파스타의 한 종류라는 것을 알게 되었죠. 파스타는 스파게티가 거의 전부였던 시절이었으니, 파스타의 종류가 그렇게나 다양하리라고는 생각지도 못했어요.

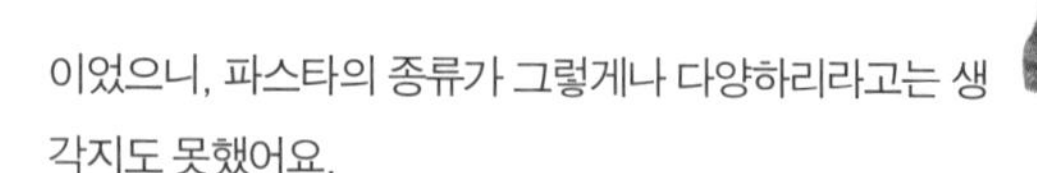

오늘 함께 만들 요리는 '파스타샐러드'입니다. 쇼트파스타와 샐러드용 채소, 그리고 프로슈토를 이용해 조금은 화려한 플레이팅을 해보겠습니다. 샐러드처럼 뜨거울 때 먹는 게 아니기 때문에 '파스타샐러드'라는 말 대신 '콜드파스타'라고 부르기도 합니다. 콜드파스타를 만들 때는 재료에 맛이 충분히 배어들 수 있도록 하는 것이 무엇보다 중요합니다.

레몬이나 발사믹 등이 들어간 드레싱으로 산뜻한 향을 살리고, 체력 보충에 도움이 되는 해산물, 신선한 채소, 치즈 등을 곁들이면 잠시나마 더위에 지친 몸을 회복하는 데 도움이 됩니다. 식욕이 없는 한여름 점심 메뉴로 좋겠죠? 브런치처럼 즐겨도 되고, 예쁜 용기에 담아 공원 등 야외에서 먹어도 근사하겠네요.

#파스타 #콜드파스타 #쇼트파스타 #샐러드 #여름 #브런치 #데이트 #도시락 #산책

파스타샐러드

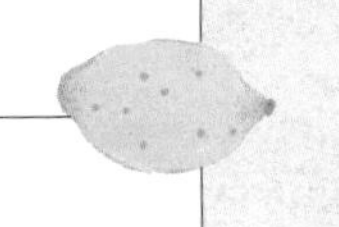

재료(4인분)

방울양배추 16개
쇼트파스타 500g
엑스트라버진 올리브유 2Ts
마늘 4톨
프로슈토(생햄) 8장
레몬 제스트 2Ts
레몬 즙 2Ts
소금, 후춧가루 적당량
그라나파다노(또는 파마산치즈) 적당량
어린잎 채소(2~3종류) 적당량

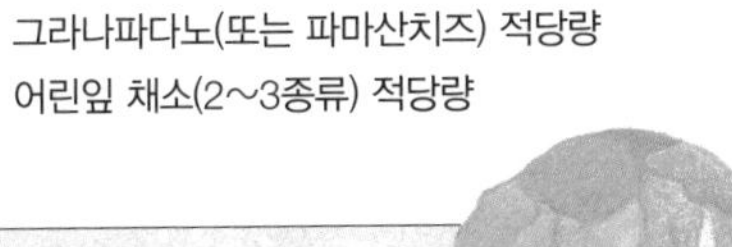

밑 작업

방울양배추는 지저분한 겉잎을 떼어내고 작은 것은 2등분, 큰 것은 4등분한다. 껍질을 벗겨 손질한 마늘은 2밀리미터 정도 크기로 얇게 저미고 가운데 심 부분은 꼬치로 빼낸다. 어린잎 채소는 찬물에 5분 정도 담가두었다가 물기를 완전히 털어내고 레몬은 잘 씻어서 즙을 내고 레몬 제스트를 만들어둔다.

조리하기

파스타는 포장지에 있는 조리 팁을 참고해 알덴테로 삶아준다. 파스타가 익는 동안 프라이팬을 약한 불에 올리고 올리브유를 두른 다음 마늘 슬라이스를 노릇하게 구워서 키친타월 위에 놓고 기름기를 뺀다. 같은 프라이팬에 올리브유를 조금 더 두르고, 방울양배추를 노릇해질 때까지 골고루 볶은 뒤 뜨거울 때 넓은 볼에 넣어 레몬 즙, 소금, 후춧가루와 함께 버무려 냉장실에서 식혀준다. 적당히 익은 파스타는 건져내서 넓은 쟁반에 펼쳐 담고 올리브유와 약간의 소금으로 버무려 식히고, 마리네이드한 방울양배추를 더해 뒤섞어준다.

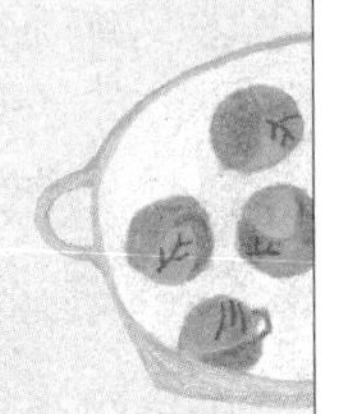

담기

파스타 접시에 방울양배추와 파스타, 프로슈토를 적절하게 나눠 담고 엑스트라버진 올리브유를 두른다. 어린잎 채소, 레몬 제스트, 그라나파다노 순으로 토핑한다. 드라이한 화이트와인 또는 라거 맥주를 곁들인다.

Tip!

- 차가운 샐러드 요리의 특성상 파스타에 밑간이 잘 배어들도록 충분히 마리네이드한다.
- 가능한 한 신선한 재료를 사용해서 식감과 향을 최대한 살리는 것이 중요하다.
- 샐러드 맛의 포인트가 되어주는 프로슈토와 치즈 역시 품질이 좋은 것을 선택해 요리의 완성도를 높이자.

샐러드도 요리다

구루 오늘은 파스타샐러드를 만들어볼게요. 그냥 파스타를 만들어봐도 좋겠지만, 샐러드와 파스타가 조합된 형태로 색다르게 즐겨보는 것도 재미있을 듯해요.

밀 저는 처음에 이름만 듣고, 파스타로 샐러드를 만들 수 있다는 게 신기했어요.

영지 왜요?

밀 음…… 파스타는 식사고, 샐러드는 사이드 메뉴나 애피타이저 같은 느낌이잖아요. 그 둘을 합쳐서 만드는 요리라고 하니까요.

구루 어느 쪽 비중이 높아지느냐에 따라 파스타가 될 수도 있고, 샐러드가 될 수도 있는 음식이에요.

밀 그렇군요.

영지 가령 다이어트 중이라면 샐러드의 비중이 높을 테니까, 샐러드에 좀더 가까워지겠네요?

구루 그렇죠. 그런데 파스타를 함께 넣으면 탄수화물이 들어가니까 식사로도 괜찮아요. 다이어트 중이라면 파스타를 많이 넣을 순 없겠지만요.

밀 여름에 아침이나 점심으로 먹기 좋을 것 같아요.

구루 맞아요. 가벼운 식사 용도로 좋죠. 오늘 요리는 샐러드라서 조리과정이 그렇게 복잡하지 않아요. 레시피는 미리 살펴보셨나요?

영지/밀 네, 어제 보고 왔어요.

구루 샐러드에 대한 각자의 인상이 있을 것 같은데, 어때요?

영지 다른 음식과 함께 먹는 음식이라는 생각이 있어요.

밀 저도요. 왠지 샐러드만 먹으면 배가 고플 것 같아요.

구루 저 역시 오랫동안 그렇게 생각했죠. 외국 여행에서 정말 제대로 된 푸짐한 샐러드를 먹어보기 전까지는.

영지 '푸짐한 샐러드'라는 것도 있군요?

구루 네. ㅎㅎ 우리는 식사 전에 작은 접시에 담아 먹는 음식으로 샐러드를 접해왔는데요. 한 끼 식사 혹은 그보다 더 푸짐한 샐러드도 있어요.

밀 흔히 샐러드를 식사로 먹는다고 하면 다이어트를 한다고 생각하잖아요.

영지 드레싱도 꿀이나 설탕이 들어간 건 안 되잖아요. 간장이나 식초처럼 칼로리가 낮은 것 위주로 써야 하고.

밀 그래서 그런지 샐러드로 끼니를 때운다고 생각하면 허기가 져요.

구루 샐러드 하면 채소만 먹는 식단으로 생각하기 쉬운데, 오늘 요리처럼 파스타나 쌀국수를 넣어서 탄수화물을 추가할 수 있어요.

영지 그런 형태라면 식사로도 충분히 가능할 것 같아요.

구루 네, 그래서 오늘 준비한 음식이 바로 파스타샐러드인데요. 이번 요리를 통해 '샐러드도 충분히 단독으로 즐길 만한 음식'이라는 것을 보여드리고 싶어요.

재료 살펴보기

구루 레시피를 보면 알겠지만, 전체적인 재료가 가볍고 담백한 느낌이에요. 여기에 여러 종류의 쇼트파스타를 넣어 볼륨감을 주고요. 다양한 어린잎과 허브 채소는 샐러드 고유의 신선함을 더해줘요. 그리고 프로슈토와 그라나파다노 치즈, 와인 비니거는 샐러드의 품격을 높여주는 맛의 악센트 역할을 하게 됩니다.

밀 프로슈토는 꼭 베이컨 같기도 해요.

구루 비슷하게 생겼죠? 프로슈토도 저장용 햄으로, 유구한 역사가 있어요. 지역마다 다양한 이름이 있는데 브랜드와 가격 차이가 천차만별인 고급 식재료 가운데 하나예요. 오늘 메뉴의 주연이라고 할 수 있죠. 프로슈토는 특별하게 사육된 돼지 뒷다리살을 염장해서 짧게는 6개월, 길게는 3년까지 숙성해 만들어요. 고기가 익어가는 동안 단백질이 아미노산으로 분해되면서 감칠맛이 증폭됩니다.

영지 아, 고긴데 익는다고 표현하는 게 재미있어요.

밀 훈연과정 등을 거치지 않고 생 재료를 소금에 발라두는 방식은 김치 같은 발효법인가요?

구루 김치는 발효이고 프로슈토는 숙성으로 구분하는 게 맞아요. 발효와 숙성을 혼동하는 경우가 많은데 엄연히 다른 과정입니다. 발효는 새로운 물질이 만들어지는 과정이라고 할 수 있고, 숙성은 원래의 물질이 다른 형태로 변화하는 것이라고 할 수 있어요. 김치를 예로 들면 배추, 무, 양념 등을 버무린 겉절이를 며칠 익혀 맛이 들게 하는 과정이 발효입니다. 그러면 유산균의 활동으로 신맛, 감칠맛, 단맛, 톡 쏘는 맛을 내는 새로운 물질들이 만들어지면서 진정한 김치가 되는 거죠.
프로슈토의 숙성은 좀 달라요. 도축된 돼지고기는 사후경직 때문에 굳어 있어요. 이를 적절한 조건에서 저장하면 단백질 효소의 활동으로 부드럽고 풍미가 좋은 고기로 변화하는 거죠. 우리나라에서 그리 많이 찾지 않는 이 돼지 뒷다리 고기가 이탈리아나 스페인에서는 굉장히 귀한 부위로 대접받는다는 것도 흥미로워요. 스페인의 하몬은 다루는 방식이나 활용도를 보면 프로슈토와 매우 비슷한데, 현지인들의 표현에 따르면 프로슈토는 섬세한 여성적 풍미, 하몬은 자극적인 남성의 풍미로 구분할 수 있다고 해요.

영지 그렇군요.

구루 레시피만 봤을 때 이 샐러드에서 포인트는 뭐라고 생각했나요?

밀 그냥 샐러드가 아닌 파스타샐러드인 게 새로워요. '샐러드를 배운다니 신기하다?'

구루 샐러드를 배운다?

밀 네, 샐러드는 배워서 하는 요리가 아니라고 생각했거든요. 그냥 다들 알아서, 자신의 스타일로 만드는 음식이라고 생각했어요. 그런데 이건 파스타를 넣은 새로운 요리를 만드는 거라 참신하게 느껴져요.

구루 음…… 샐러드가 쉬워 보이긴 하지만, 재료가 적게 들어가는 요리일수록 더 어려울수도 있어요.

밀 제가 샐러드를 너무 가볍게 봤네요. ㅎㅎ

영지 저는 소스를 잘 만들어야겠다는 생각을 했어요.

구루 네, 그것도 중요한 포인트죠.

밀 어떤 드레싱을 쓰느냐에 따라 샐러드의 인상이 달라지니까요.

구루 네. 특히 이번 요리처럼 단순한 레시피에서는 재료의 특징이 잘 살아야 해요. 그래서 특별한 드레싱을 사용해 악센트를 주고, 전체적인 맛의 균형을 잡는 게 핵심이죠. 전에 만들어본 비프스튜는 모든 재료를 한 시간 이상 푹 끓였기 때문에 각각의 재료 맛이 하나로 응축되어 있다면, 이 샐러드는 막 만들어낸 생김치처럼 처음에는 재료 각각의 맛을 느끼다가 마지막에 재료들이 함께 어우러지면서 다른 맛을 만들어내는 게 포인트예요. 그 점을 생각하면서 조리를 해보면 재밌어요.

영지 파스타는 익혀놔도 소면이나 칼국수처럼 잘 퍼지지 않는 게 신기해요.

구루 그렇죠. 파스타는 일반 밀가루가 아닌 듀럼밀을 사용하는데, 특유의 글루텐이 파스타만의 탄력 있고 매끈한 질감을 살려준다고 해요. 파스타면은 건조 시간이 길어서 수분 함량이 상대적으로 적은 편인데, 바로 이 차이가 익히는 시간이나 퍼지는 정도를 다른 밀가루 음식과는 확연히 다르게 해줍니다. 소면이 2~3분이면 익는 데 반해 파스타는 8~9분 정도가 걸리니까 상당한 차이죠? 참고로 일반 소면은 찬물에 헹궈야 퍼지는 걸 막을 수 있는데, 파스타면은 적당히만 삶으면 찬물에 헹구지 않아도 돼요.

밀 오늘 만들 요리를 '콜드파스타'라고도 할 수 있나요?

구루 그렇죠. 파스타를 충분히 식혀서 완성하니까요.

밀 오늘 요리는 큰 볼에 잔뜩 해서 덜어 먹고 싶어요!

영지 재료도 레시피에 있는 것 외에 이것저것 넣고 싶고요!

구루 네. ㅎㅎ 오늘 사용할 파스타는 나비넥타이 모양의 '파르팔레'인데요. 익혀보면 주름이 진 안쪽은 씹히는 맛이 있고 평평한 바깥쪽은 상대적으로 부드러워요. 겉면은 부드럽고 안쪽은 딱딱하다고 할 수 있죠. 익히는 정도는 끓일 때 하나씩 맛을 보면서 기호에 맞게 조절하면 됩니다.

영지 쇼트파스타 중 파르팔레 말고 다른 종류도 많죠?

구루 그럼요. 마카로니는 많이 보셨을 거고요. 나선형으로 꽈배기 모양처럼 생긴 푸실리도 유명하죠. 그 외에 다양한 모양의 파스타가 많아요.

밀 마트에서 동물 얼굴 모양 파스타도 봤고, 크리스마스 즈음엔 산타할아버지 얼굴 모양 파스타도 봤어요.

구루 요즘엔 정말 다양한 파스타를 볼 수 있죠? 파르팔레가 필수는 아니니, 원하는 형태의 파스타가 있다면 그걸 이용해도 좋아요.

밀 파스타를 삶을 때 소금을 넣는 건 밑간을 하는 건가요?

파스타샐러드에 어울리는 쇼트파스타

파스타는 실로 다양한 종류가 있다. 우리에게는 스파게티나 링귀니 같은 롱파스타가 익숙하지만 사실 쇼트파스타의 종류가 훨씬 더 많다. 상대적으로 조리가 간편하고 샐러드에도 잘 어울리는 쇼트파스타 가운데 펜네, 푸실리, 콘킬리에, 파르팔레 등이 한입에 쏙 들어가고 소스가 골고루 묻도록 굴곡이 있어 좋다.

파르팔레Farfalle

나비넥타이 모양의 건조 파스타. '나비'라는 뜻을 지닌 파르팔레는 토마토소스 같은 가벼운 소스나 치즈소스, 생크림소스 등과 잘 어울리며 차가운 샐러드에도 많이 사용한다.

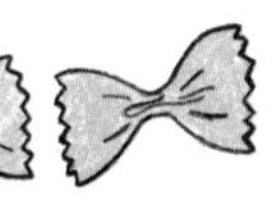

콘킬리에Conchiglie

조개 모양 파스타. 콘킬리에는 아르셀레Arselle나 로마식 뇨키Gnocchi alla Romana라고도 불린다. 보통 가는 가로로 줄무늬가 새겨져 있다. 토마토소스나 제노바식 페스토(바질의 풍미를 강조한 페스토로서 제노바 지역에서 시작되어 이탈리아를 대표하는 소스가 됐다)와 잘 어울린다.

루마케Lumache

루마케는 '달팽이'라는 뜻. 생김새가 달팽이 같아 붙은 이름이다. 콘킬리에와 비슷하지만 줄무늬가 세로로 나 있으며, 자른 형태가 다르다.

오레키에테Orecchiette

오레키에테는 '작은 귀'라는 뜻으로 귀같이 생긴 모양 때문에 붙은 이름이다. 손으로 직접 만드는 풀리아 지방의 전통 파스타다.

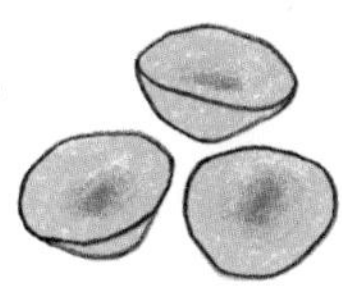

루오테Ruote

루오테는 마차 바퀴를 닮은 파스타로 토마토를 기본으로 한 가벼운 소스와 잘 어울린다.

푸실리Fusilli

푸실리처럼 비비 꼬인 모양을 하고 있는 파스타들은 토마토소스는 물론 육류나 해산물소스, 채소소스 등 다양한 소스와 잘 어울린다. 샐러드나 차가운 파스타, 그라탱 요리를 만드는 데도 적합하다.

라디아토리Radiatori

주름진 대롱을 반으로 갈라놓은 듯한 모양. 독특한 모양을 하고 있는 라디아토리는 '라지에타'라는 뜻을 지니고 있다. 작고 앙증맞은 모양이 샐러드 요리에 잘 어울린다.

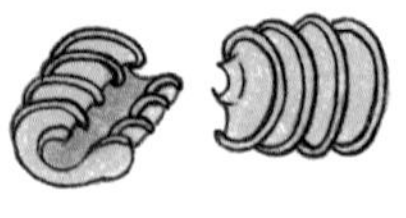

리치올리Riccioli

리치올리는 '곱슬곱슬하다'는 뜻이다. 이름처럼 볼록볼록한 모양을 하고 있다. 토마토소스나 채소소스 등과 잘 어울린다.

말탈리아티Maltagliati

생파스타를 돌돌 만 후 지그재그로 잘라 불규칙한 삼각형이나 마름모꼴로 만든 파스타. 주로 미네스트로네(이탈리아의 가장 대중적인 야채수프)에 넣어 먹거나 토마토소스 같은 간단한 소스를 얹어 먹는다. 집에서는 탈리아텔레(파스타면의 일종) 등을 만들고 남은 반죽을 이용해서 만든다.

구루 맞아요. 앞서 얘기했듯이 파스타가 워낙 단단하니까 수분 흡수가 느리고 간이 잘 배어들지 않거든요. 나중에 파스타 소스가 더해지지만, 면에 밑간이 되어 있으면 맛이 훨씬 좋으니까 삶는 과정에서 소금을 왕창 넣어주어야 합니다. 또 소금이 미세하게나마 끓는 물의 온도를 높여주는 역할도 해요. 순수한 물은 100도에서 끓어오르는데, 소금물은 끓는 온도가 높아지게 되는 거죠. 라면을 끓일 때 스프를 언제 넣느냐에 따라 맛이 달라진다고 하잖아요? 작은 차이지만 섬세한 미식가들에게는 중요한 포인트가 되는 겁니다.

밀 소금을 얼마나 넣어야 하나요?

구 물이 1리터라고 하면, 두 큰 술 정도.

영지 헉, 그렇게 많이 넣어요? 한 꼬집 정도 넣을 줄 알았는데 아니네요.

구루 익숙하지 않은 분은 과하다고 생각하겠지만, 실제 면에 흡수되는 소금의 양은 극히 적으니까 괜찮아요.

밀 아, 그런가요?

구루 네. 그리고 허브들도 사용하기 전에 각각 맛을 한번 보세요. 화이트와인 비니거도 일반 식초와 맛이 어떻게 다른지 체크하고요.

밀 화이트와인 비니거는 뭔가요?

구루 화이트와인 비니거는 포도로 만든 식초입니다. 다른 식초에 비해 과일향이 매력적이어서 샐러드 드레싱으로 잘 어울려요.

영지 시중에서도 쉽게 구할 수 있나요?

구루 식품 전문 매장에 가면 종류가 많으니 보고 결정하면 돼요.

영지 화이트와인 비니거가 맛있고 좋긴 한데 일반 식초는 안 되나요?

구루 괜찮아요. 다만 일반 식초는 신맛이 강하니까 설탕이나 꿀, 시럽처럼 향이 있는 단맛을 더한 다음 사용하면 좋을 듯해요.

치즈 맛도 미리 확인하세요. 재료랑 친해지는 게 중요하니까요.

영지/밀 (허브, 치즈, 화이트와인 비니거의 맛을 본다.) 못 보던 허브도 있네! (먹어보며) 이 프리세는 좀 쌉싸래하고 한련 잎은 꼭 후추 같은 매콤한 맛이 나요. 처빌은 상큼한데 끝에 향긋함이 감도네요.

구루 (흐뭇한 미소를 지으며) 레몬은 거의 수입산을 사용하죠. 겉면에 발린 왁스는 레몬을 신선하게 유지해주지만, 제스트처럼 껍질을 음식에 사용할 때는 꼭 깨끗이 세척해야 합니다.

밀 꼭 레몬 제스트로 해야 하나요? 레몬 즙은 안 되고?

영지 저는 레시피를 보고 제스트라는 단어를 처음 찾아봤어요.

구루 제스트라는 단어가 조금 낯설죠? 레몬의 상큼한 신맛은 레몬 즙, 향긋한 레몬

향은 겉껍질에서
나오는데요. 껍질로
레몬 향을 내는 걸 제스트라고
해요. 제스트 전용 도구가 없으면 치즈 강판을
사용해도 됩니다. 오늘 요리에서는 레몬을
사용해서 향을 내고, 플레이팅할 때 살짝살짝
느껴지는 컬러감을 줄 거예요. 노란 껍질의 색감이
매력적이랍니다.

밀 레몬은 그냥 물에 씻으면 되나요?

구루 아뇨. 좀더 꼼꼼하게 씻어야 해요. 우선, 레몬은 끓는 물에 30초 정도 데쳐서 겉에 있는 왁스를 녹여요. 그다음 꺼내서 바로 굵은소금이나 베이킹파우더로 꼼꼼하게 문질러줍니다. 마지막으로 흐르는 물에 씻어내면 끝. 자, 이제 재료 준비가 끝났으니 본격적으로 요리해보죠.

파스타샐러드 만들기

영지 마늘 칩을 만드나요?

구루 우선 재료들 밑 작업부터.

영지/밀 아, 맞다.

구루 방울양배추는 적당한 크기로 자르고 베이비 리프는 찬물에 담가둡니다. 수분을 흡수해서 생생하게 살아나요. 식물 세포벽에 수분이 채워지면서 다시 팽창되는 거죠. 그래서 아삭한 식감을 살릴 수 있어요. 다음으로 마늘은 얇게 슬라이스하고, 안쪽 심은 빼주세요.

영지 마늘은 자르긴 했는데 심을 어떻게 빼요? 심이 막 부러지는데……

구루 그렇게 세로로 자르지 말고…… (심 빼는 것을 보여준다) 뾰족한 부분을 머리, 밑둥을 발이다 생각하고 가로로 눕혀서 착착착 편으로 썰어주세요. 그러면 한가운데 마늘 심이 보이는데 꼬치 같은 뾰족한 것으로 톡 쳐서 빼주면 됩니다.

영지 아— 꼬치로 가운데 심을 빼내면 되는구나!

구루 네…… 마늘 심을 빼내지 않으면 기름에 쉽게 타버려서 탄 맛이 나니까 꼼꼼하게 제거해주세요.

밀 (방울양배추를 자른다.)

구루 아니, 아니. 가로가 아니라 사과 자를 때처럼 세로로 잘라주세요. 밑동이 붙어 있도록. 이렇게 가로로 자르면 잎이 다 풀어져버려요. 어린잎 채소도 찬물에 잠시 담가서 빳빳해지면 꺼내고요.

영지 (볶으며) 탄다! 어떡해…… 탄다!

밀 으악! 연기—!

영지 괜찮아, 나 탄 거 좋아하니까……

구루 그럴 땐 불을 줄이고 기름을 넣어주면 순간적으로 온도를 빨리 내릴 수 있어요. 자, 마늘을 다 구웠으면 방울양배추를 구워주세요.

밀 넵!

구루 그리고 레몬 즙, 소금, 후춧가루로 밑간을 해서 냉장고에 넣어둡니다. 이제 파스타를 삶아야죠. 각자 원하는 파스타를 골라서 준비해주세요.

구루 파스타 삶을 때 미리 준비해둘 게 뭐가 있죠?

영지 소금, 파스타.

밀 넓은 쟁반도 필요해요.

구루 맞아요. 밑간은 뜨거울 때 해야 맛이 깊게 배요. 양념한 파스타는 빨리 식혀야 서로 들러붙지 않으니까 넓은 쟁반이 필요합니다. 쟁반에 널어서 냉장고에 넣어두면 훨씬 좋겠죠!

밀 그런데 어린잎 채소는 언제 건져요?

구루 너무 오래 두면 안 되고요. 10분 안에 건져서 헹궈주고 물기를 깨끗하게 털어주세요. 파스타, 방울양배추가 완전히 식었으면 큰 볼에 같이 넣고 화이트와인 비니거를 추가한 다음 뒤섞어줍니다.

영지 얼마나 넣어야 되지…… 악, 너무 넣었다!

구루 이쯤 되면 요리가 성공인지 실패인지 감이 오죠……

영지 우리 성공한 것 같아요.

밀 흐흐흐……

구루 플레이팅하기 전에 자리를 정리해주세요.

플레이팅

구루 자, 이제 어느 정도 요리는 끝났고, 플레이팅을 해볼까요?

영지 네.

구루 오늘은 각자의 스타일로 플레이팅을 해봐요. 먼저 마음에 드는 접시를 골라주세요.

영지/밀 (접시를 고른다.)

구루 조언을 좀 하자면 파스타와 방울양배추를 올리고, 가장 비중 있는 재료인 프로슈토가 눈에 띄도록 채소들은 가능한 한 녹색으로 통일해요. 그러면 프로슈토의 붉은색이 도드라지면서 중심을 잡아주거든요. 나머지 재료들은 포인트로 살짝살짝 얹으면 좋을 것 같아요. 볼륨감이 없으면 밋밋하니까 가운데가 볼록하게 재료들을 쌓아 올려주면 됩니다.

밀 오렌지 같은 걸로 프로슈토를 대신해도 좋겠네요. 빨간색 대신.

구루 그렇죠. 대신 메인 컬러는 샐러드이기 때문에 '녹색'의 비중을 잘 생각해서 플레이팅하는 게 중요해요.

밀 그냥 한꺼번에 부어버렸어요. 피자처럼. 플레이팅의 핵심은 푸짐해 보이는 거니까요.

영지 ㅎㅎ 그것도 중요하죠.

악센트의 마법

밀 음…… 상큼한 게 맛있어요.

구루 레시피 확인하세요!

밀 아, 맞다. 치즈를 빼먹었네?

영지 (레시피를 보며) 레몬 제스트도!

구루 어린잎 채소, 구운 마늘 칩, 레몬 제스트, 치즈 순으로 적절하게 토핑하면 돼요. 그리고 마늘 칩까지 올린 다음 엑스트라버진 올리브유를 뿌려주면 반짝반짝 윤기가 나서 맛깔스럽고 보기에도 먹음직스러워요.

영지/밀 아하!

구루 각자 완성된 샐러드 맛을 볼까요?
(플레이팅을 손보며) 볼륨감도 있고 좋은데
파스타가 거의 안 보이니까 살짝 형태가 드러나게
해주세요.

영지 파스타, 양배추, 프로슈토를 같이 먹으니까
훨씬 더 맛있어요.

밀 살짝살짝 느껴지는 레몬 향이 좋고 짭조름한
치즈의 감칠맛은 꼭 스테이크에 뿌려둔 굵은
소금을 씹었을 때처럼 감동적이에요.

구루 두 분은 이전에 비해서 맛을 즐기는 수준이
굉장히 높아졌어요! ㅎㅎ

영지/밀 그런가요? ㅎㅎ

구루 파스타는 어때요? 식감은 적절한가요?

밀 네, 샐러드에는 심지가 느껴지는 알덴테의
식감보다 이렇게 좀더 부드러운 편이 좋은 것
같아요. 아삭한 채소의 식감과도 잘 맞고요.

영지 맛도 그렇고 식감도 조화가 중요하네요.

구루 그렇죠. 특히 오늘처럼 비교적 담백하고
산뜻한 샐러드에는 재료가 지닌 각자의 개성이
조화를 이루는 게 중요해요. 파스타가 포만감을
주기도 하지만, 찌개 속 두부나 샌드위치의 빵처럼
모든 재료의 맛을 포용하는 역할도 하거든요.

밀 강약의 밸런스가 중요하다는 말이죠?

구루 맞아요. 그리고 먹기 직전에 올려야 하는
치즈나 레몬 제스트처럼 타이밍을 조절해야 하는
재료도 있고요.

영지 그래서인지, 레몬과 치즈의 향이
은은하지만 존재감 있게 느껴졌나 봐.

밀 요리 마무리에 후추를 뿌리는 것처럼 말이죠.

구루 찰떡같이 알아듣네요. 플레이팅이나 맛이
우려했던 것보다 잘 나와서 기쁘네요.

영지 해냈다! ㅋㅋ

밀 직접 해보니까 정말 정신없었지만, 꽤
자신감도 생겨요. 플레이팅이 재밌었어요.

영지 맞아요. 그리고 같은 재료로 만들었는데
미묘하게 맛이 다른 것도 흥미롭고요.

구루 걱정을 많이 했는데 잘해줘서 저도 정말
즐거웠습니다. 수고하셨습니다!

❶
재료를 잘 정리해두면 조리를
효율적으로 할 수 있어요.

↓

❷
방울양배추는 크기에 따라
2~4등분해주세요.

↓

❸
마늘은 얇게 편으로 썰어주되,
금방 타버리는 심은 제거해줍니다.
심을 빼지 않으면 기름에 탄내가 배기 쉬워요.

❹
채소는 찬물에 담가두었다가,
모양이 싱싱하게 살아나면 물기를 털어줍니다.

↓

❺
파스타는 기호에 맞는 것으로 다양하게 고른 뒤
포장지에 있는 조리 방법을 기준으로
입맛에 맞게 삶아서 식힙니다.

❻
마늘은 타지 않도록
약한 불에서 익히고,
방울양배추는
노릇노릇하게 구워주세요.

↓

❼
따뜻할 때 레몬 즙, 소금, 후추로 버무린 다음
냉장고에 넣고 차갑게 식혀요.

❽
파스타와 방울양배추를 버무린 뒤,
접시 바닥에 넓게 올려주세요.

↓

❾
프로슈토를 적당한 크기로 잘라 접시에 담고,
채소는 큰 것부터 올린 뒤
나머지를 볼륨감 있게 그 위로 쌓아주세요.

❿
치즈를 넉넉히 갈아 올리고,
레몬 제스트는 먹기 직전에 흩뿌려줍니다.

데바사키
手 羽 先

생색 포인트

퇴근길, 그냥 집에 돌아가기 허전한 날엔 동네 선술집에 들러 잠깐 놀다 가고 싶은 기분입니다. 안주는 한잔하기 적당한 양이면 괜찮아요. 일본식 선술집이라면 자리에 앉자마자 채 썬 양배추와 간장 또는 에다마메枝豆(줄콩을 삶아서 소금으로 간한 요리)가 먼저 나오겠죠? 아직 특별한 요리가 준비되지 않은 테이블이지만, 그 정도만으로도 마음이 나긋해집니다. 그리고 이어지는 따뜻한 요리와 술 한잔이면 하루의 피로가 싹 날아가죠.

오늘 소개할 데바사키는 일본식 술안주입니다. 가라아게唐揚げ(일본식 닭튀김)와 함께 잘 알려진 닭 요리죠. 잘 튀긴 닭 위에 짭조름한 양념을 바르는 요리법이 우리나라 양념 통닭과 비슷하지만, 닭 날개만 사용한다는 점이 다릅니다.

데바사키는 일본 나고야의 한 식당에서 시작되었다고 알려져 있습니다. 두 번 튀기는 조리법과 짭조름한 양념으로 큰 인기를 얻은 데바사키는 이후 일본 전역으로 퍼져나갔으며, 어디에서나 만날 수 있는 요리가 되었습니다. 주로 이자카야나 포장마차처럼 가볍게 한잔할 수 있는 곳에 가면 찾아볼 수 있는데, 야키토리라고 하는 꼬치구이와 함께 안주로 인기가 높습니다.

일본 이자카야에서는 맥주뿐 아니라, 위스키로 만든 하이볼, 무알코올에 가깝지만 그래도 술 마시는 분위기를 내고 싶을 때 마시는 홋피ホッピー(알코올 1도 미만의 저알코올 음료로 보통 술에 섞어 마신다), 사와サワー(알코올이 3~5도 정도 되는 가벼운 술로 소주에 과즙과 탄산수를 섞은 것) 등 고를 수 있는 술이 많아 행복합니다. 술을 잘 못 마시는 사람은 얼음을 채운 잔에 우롱차를 부어 마시며 사람들과 어울려도 좋지요. 좁은 테이블에서 어깨를 맞대고 마시는 술 한잔은 하루의 피로를 걷어내기에 충분합니다.

'치맥'보다 좀더 특별한 안주를 직접 만들어보고 싶다면 오늘 저녁엔 『심야식당』 분위기로, 데바사키 어때요? 일본 현지의 분위기를 내보고 싶다면, 채를 썬 양배추와 간장을 함께 준비해도 좋습니다.

#일본음식 #나고야 #퇴근길 #혼술 #이자카야 #선술집 #포장마차 #안주 #치킨 #가라아게 #야키토리 #에다마메 #하이볼 #사와 #홋피 #맥주 #우롱차

데바사키

재료(3~4인분)
닭 날개 20개
밀가루 적당량

양념장
간장 2Ts
청주 1Ts
미림 1Ts
설탕 2Ts
다진 마늘 1ts
다진 생강 1ts
페페론치노 조금
식용유 넉넉히
통깨 적당량
후춧가루 적당량

밑 작업
닭 날개는 흐르는 물에 씻어서 닦아내고 소금 간을 한 뒤 박력분에 버무려 털어낸다. 작은 팬에 조림장의 모든 재료를 넣고 섞어둔다.

조리하기
센 불에 조림장을 올려서 끓어오르면 약한 불에서 반으로 졸아들 때까지 끓인다. 튀김용 팬에 식용유를 넉넉하게 붓고 온도를 160도 정도로 낮게 맞춘 다음, 닭 날개를 앞뒤로 3분씩 튀긴다. 건져내 채반에 5분 정도 두었다가, 다시 190도의 뜨거운 기름에 1분 정도 튀긴 뒤, 채반에서 기름기를 뺀다.

담기
양념장을 앞뒤로 골고루 바른 다음 통깨, 후춧가루를 넉넉하게 뿌려준다.

Tip!
- 닭 날개는 흐르는 물에 깨끗하게 씻어서 사용해야 잡내가 잡히고, 맛있다.
- 씻은 닭 날개에 물기가 남아 있으면 튀길 때 기름이 튀어서 위험하다.
- 데바사키는 껍질을 바삭하게 튀기고, 후춧가루를 매운맛이 느껴지도록 넉넉하게 뿌려야 그 매력을 살릴 수 있다!

양배추 샐러드

재료
양배추 적당량
마요네즈
- 달걀 2개
- 레몬 즙 2Ts
- 다진 마늘 1ts
- 올리브유 2/3C
- 소금 조금
- 후춧가루 조금

밑 작업
양배추는 한 장씩 포개서 얇게 채썰기를 한 다음 찬물에 5분 정도 담가둔다. 작은 볼이나 병에 마요네즈 재료를 모두 넣고 핸드믹서로 곱게 섞어준다.

담기
채 썬 양배추를 건져 물기를 완전히 제거하고 그릇에 소복하게 담은 뒤 마요네즈를 곁들인다.

Tip!
- 핸드믹서만 있으면 언제든지 필요한 만큼 만들 수 있는 마요네즈는 허브 등 기호에 맞는 재료를 더하는 것만으로 다양하고 건강하게 즐길 수 있는 드레싱이다.

토마토수프

재료(3~4인분)
방울토마토 40개
마늘 2개
엑스트라버진 올리브유 적당량
후춧가루 적당량
소금 적당량

밑 작업
토마토는 꼭지를 제거하고 찬물에 깨끗하게 씻어서 물기를 뺀다. 마늘은 칼날 부분으로 한 번 눌러 으깨준다.

끓이기
냄비에 손질한 토마토, 마늘을 넣고 물을 자작하게 부은 다음 강불에서 잠시 동안 끓인다. 토마토가 익으면서 껍질이 벗겨지고 부드럽게 으깨져 국물이 붉게 물들면 소금, 후춧가루로 맛을 조절한다.

담기
그릇에 나눠 담고 후춧가루 조금, 엑스트라버진 올리브유를 살짝 뿌려준다.

Tip!
- 시간은 다소 걸리지만 간단하게 토마토의 감칠맛을 즐길 수 있는 메뉴. 뭉근하게 끓이는 것만으로 토마토의 자연스러운 감칠맛을 즐길 수 있다.

데바사키, 닭 날개

구루 이제 시작해볼까요? 오늘 진행할 요리는 데바사키입니다. 혹시 데바사키라는 이름을 들어봤나요?

영지 저는 처음 들어요.

밀 저도 잘 모르겠어요.

구루 데바사키란 닭 날개의 끝부분을 말합니다. 닭 날개 전체 부위에서 닭 봉 부분을 제외한 바깥쪽 부위가 데바사키죠. 데바사키는 오래전에는 인기가 없던 부위여서 잘 안 먹었는데, 일본 나고야에서 독특한 방식의 조리법으로 먹기 시작하면서 인기 부위가 되었다고 해요. 지역 명물이 사랑받는 식재료가 된 거죠.

밀 요즘은 닭다리나 날개가 귀하지 않나요? 치킨 시켜 먹으면 그 부위가 인기가 많기도 하고요.

영지 따로 그 부위만 모아서 더 비싸게 팔기도 해요.

밀 저는 먹기 귀찮아서 날개든 다리든 별로 좋아하지 않은데요. 다리나 날개가 인기가 많은 건 아무래도 식감 때문일까요?

구루 날개는 쫀득한 식감이 매력적이지 않나요?

영지 식감도 식감인데, 지방이 더 많죠.

구루 날개 부위는 먹는 재미가 있어요. 껍질, 연골, 적은 양이지만 쫀득한 고기, 그리고 풍부한 콜라겐까지. 발라 먹는 것이 까다롭고 귀찮을 수도 있지만, 저는 오히려 그게 매력인 듯해요.

밀 닭 날개 아랫부분이 데바사키면 오늘은 그 부분만 사용하는 거예요?

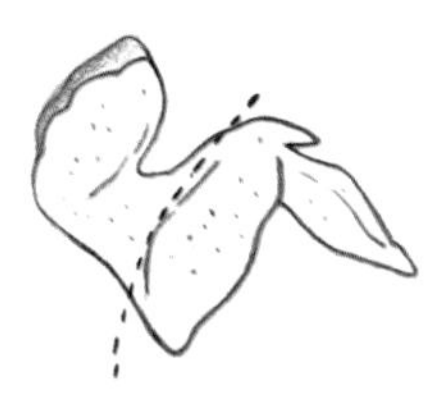

구루 네. 전부 사용해도 되지만, 원래 방식 대로 데바사키 부분만 떼어서 사용할게요. 앞서 말했다시피 우리와 일본의 고기 가공법이 달라서 마트에 가도 데바사키 부위만 따로 구하기는 어려워요. 나라마다 좋아하는 부위가 다르니까요. 오늘은 어쩔 수 없이 통닭 날개로 포장되어 있는 닭고기를 사서 데바사키용으로 다듬었습니다.

밀 한국에서는 닭 날개를 살 때 윗날개, 아랫날개로 나뉘어 있잖아요.

구루 네, 그런데 그 아랫부분 역시 끝을 잘라버리기 때문에 일본 주점에서 파는 데바사키 모양을 살리긴 어려워요. '형태 따위는 상관없어!' 하는 분은 그냥 아랫날개를 사서 만들어도 됩니다. 좀더 오리지널에 가깝게 요리하고 싶다면, 까다롭더라도 통닭 날개 부위를 사서 직접 다듬어보세요.

밀 그건 그렇고, 데바사키는 언제부터 먹기 시작했나요?

구루 일본 나고야에서 1960년대에 처음 탄생했는데요. 이전까지 닭 날개 부위는 버리거나, 육수를 내는 데 주로 사용했어요. 그런데 이 재료를 두 번 튀기는 방식으로 요리해 큰 인기를 끌었나 봐요. 당시만 해도 잘 쓰지 않던 부위이니, 가격도 꽤나 저렴했을 테고요. 지금은 일본 어딜 가도 야키교자焼き餃子(기름에 바로 굽는 우리나라 군만두와 달리 물을 부어 찌듯이 요리하되, 바닥만 바삭하게 굽는 일본식 군만두)처럼 일본 어디에서나

술안주로 쉽게 맛볼 수 있는 음식이 되었어요.

영지 그럼 안주로 먹나요?

구루 네, 우리나라에 치맥이 있다면 일본에는 이 데바사키와 맥주가 있는 게 아닐까 싶어요.

밀 이름은 몰랐지만, 닭 형태를 보니 어떤 음식인지 알겠어요. 여기에 짭조름한 간장을 데리야키처럼 발라서 완성하는 요리인 거죠?

구루 맞아요. 오늘은 데바사키와 곁들일 요리로 양배추 샐러드와 토마토수프를 추가해봤는데요. 돈가스 먹을 때 나오는 양배추와 마요네즈를 곁들인 샐러드고요. 토마토의 감칠맛과 상큼함을 맛볼 수 있는 수프는 기름지고 느끼한 것을 먹을 때 좋지 않을까 해서 준비해봤어요.

토마토수프 만들기

밀 토마토는 꼭 방울토마토가 아니어도 되죠?

구루 네, 상관없어요. 대신 뭉근하게 오래 끓여야 합니다. 토마토수프는 만드는 데 시간이 좀 걸려요. 하나씩 토마토 꼭지 좀 따주세요. 꼭지 떼고 지저분한 것만 좀 닦아내면 돼요.

영지 옛날에는 토마토를 과일처럼 먹었는데, 설탕 팍팍 쳐서.

구루 토마토는 그대로 냄비에 넣고 센 불에 올려서 팔팔 끓으면 불을 줄일 거예요. (토마토를 냄비에 넣고 불에 올린다.) 센 불에서 끓어오를 때 떠오르는 지저분한 것과 껍질을 건어내고요. 과육이 터지면 육수가 되는 거예요. 이렇게 단순한 요리는 대개 시간이 걸릴 수밖에 없어요. 국물에 감칠맛이 충분히 우러나야 하기 때문에 오래오래 끓여줘야 하는 거죠. 국물이 아직 맑으니 색이 좀더 붉어지면 불을 줄여서 계속 끓여주세요. 마늘은 살짝 으깨서 넣었다가 먹기 전에 빼내면 국물이 맑겠죠. 맛이 충분히 우러나면 소금과 후춧가루로 간을 조절한 다음 먹기 직전에 올리브유를 살짝 더해주면 됩니다.

데바사키 양념장 만들기

구루 다음으로, 데바사키 양념장을 만들 거예요. 닭고기가 다 튀겨지면 이 양념장을 쓱쓱 바르면 됩니다. 장어구이처럼.

밀 아, 고추장 양념 장어구이처럼요?

구루 네, 데바사키는 양념장이 그렇게 많이 필요하지는 않아요. 청주, 미림을 넣는데, 혹시 미림이 왜 들어가는 것 같아요?

밀 고기의 잡내를 잡으려고?

영지 저는 이런 거 할 때 청주랑 미림이 같이 들어가는 게 신기해요.

구루 (계량한 양념을 섞으며) 왜요?

영지 하나만 넣어도 될 것 같아서요. 둘이 비슷한 느낌이에요.

구루 ㅎㅎ 미림이라는 조미료는 잡내를 날려주는 알코올의 역할을 하고, 은은한 단맛을 내면서 요리에 발효된 쌀의 향긋한 풍미를 가져다줘요. 여기서 잡내를 좀더 없애야겠다는 생각이 들면 청주를 더 넣어서 균형을 잡으면 되고요. 일본 음식의 특징이 미림에 고스란히 나타나죠.
또 한 가지 특별한 기능이 있다면, 조림할 때 요리에 윤기를 준다는 거예요. 미림에 녹아 있는 설탕 성분이 음식에 코팅되면서 반질반질해지죠. 그러면 굉장히 맛깔스럽게 보여요. 일본에서 요리 술로 청주를 쓰는 이유는 와인이나 우리 소주처럼 흔하고 쉽게 구할 수 있어서예요.

영지 그럼 청주가 없으면 소주를 써도 돼요?

구루 그럼요. 오늘도 청주 대신 소주를 쓸 거예요.

영지 저는 '이것 대신 이것' 같은 게 잘 안 돼서 곧이곧대로 사용하게 돼요.

구루 하하, 저도 요리 초심자였을 때 똑같은 고민을 했어요. 매운맛이 필요할 때는 고춧가루 말고 매운맛이 나는 재료가 뭐가 있나 생각해보면 돼요. 오늘 만드는 양념장의 재료는 페페론치노죠? 이걸 구하기 어려우면 청양고추나 고춧가루로 대신하면 되는 거예요.
오늘은 마늘과 생강이 같은 양으로 들어가요. 사실 토종 생강은 굉장히 맵고 향이 진했어요, 마늘보다. 그래서 오래전 음식에 생강은 마늘의 2분의 1 이하로 사용하는 게 일반적이었습니다. 요즘에는 생강 맛이 좀더 부드러워졌죠.

밀 그건 어떻게 구분해요? 이 생강이 토종인지, 계량종인지?

구루 (생강을 보여주며) 이렇게 약간 작고 마른 모양이면 토종, 전체적으로 굵고 튼실하면 계량종입니다. 굵기를 비교하자면, 새끼손가락이랑 엄지손가락 정도의 차이라고 보면 될 것 같아요.

밀 양념장에 물은 없어도 돼요? 청주나 간장이 들어가니까?

구루 맞아요, 이런 질문도 다 하고…… 뭔가 기특하다. ㅎㅎ 이 양념장은 절반으로 줄어들 때까지 졸여주세요. 센 불에서는 타버리니까 조심해야 해요.

수제 마요네즈를 곁들인 양배추 샐러드

구루 다음은 수제 마요네즈. 필요한 재료는 달걀이랑 식용유, 그리고 레몬. 당연한 거지만 수제 마요네즈에 쓰는 달걀은 신선할수록 좋아요. 저는 일반 식용유 대신 엑스트라버진 올리브유를 사용할 거예요. 초유로 만들어 향이 좀 센데, 괜찮을지 모르겠네요. 볼에 모든 재료를 넣고 핸드믹서로 충분히 섞어주세요.

영지 저는 예전에 식초를 넣었던 것 같은데……

구루 (핸드믹서로 저으며) 식초 대신 레몬이 사용되었다고 보면 돼요. 그런데 올리브유 향이랑 마늘 향이 좀 세네요. 나중에 조절을 좀 해봐야겠어요.

밀 마요네즈를 좀 차게 해두면 마늘의 매운맛이 잡힐까요?

구루 냉장고에서 숙성하면 좀 나아져요. (완성된 마요네즈를 보며) 그래도 색은 예쁘네요.

영지 파스타소스로 사용해도 좋을 것 같아요.

구루 좋은 생각이네요! 채소를 찍어 먹어도 좋겠죠. 다음은 양배추. 양배추를 얇게 써는 방법을 알려드립니다. 일단 양배추를 한 장씩 벗겨내고 두꺼운 심 부분은 도려내요. 잎 서너 장을 함께 돌돌 말아서 최대한 가늘게 썰어요. 그냥 먹어도 상관없지만, 더 아삭하게 먹으려면 찬물에 5~10분 정도 담가두면 좋습니다.

영지 옛날 치킨집은 치킨 시키면 양배추를 주잖아요. 요즘은 그런 곳이 없는 듯한데…… 전 그 양배추가 좋더라고요. 그 위에 케첩 한 줄, 마요네즈 한 줄 뿌려주잖아요.

밀 (동그랗게 만 양배추를 썰며) 일본 친구는 그걸 '오로라소스'라고 부르더라고요. 케첩이랑 마요네즈를 섞어서 만든 소스. 그런데 이 양배추, 잎사귀 몇 장 안 되는데 양이 엄청 많아진 것 같아요. 가늘게 써니까.

구루 그렇죠? 생머리와 파마한 머리 차이라고 할까요? ㅎㅎ 담가둔 채 썬 양배추는 채소 탈수기로 물기를 쫙 빼서 냉장고에 차게 보관해주세요. 적은 양이면 그냥 한 움큼씩 손으로 털어서 채반에 올려 냉장 보관해주고요.

데바사키 만들기

밀 이제 데바사키 튀겨요?

구루 튀기기 전에 밑간을 해야 돼요. 소금으로 염지를 해서 최소 15분 이상, 튀기기 직전에 밀가루나 녹말가루를 골고루 버무려주고요.

밀 박력분에 버무려서 물기를 제거한다고 되어 있는데, 이건 무슨 말이에요?

구루 밀가루를 묻혀서 물기를 제거한다는 의미예요. 밀가루가 물기를 흡수하니까요. 뜨거운 기름은 물기가 조금이라도 들어가면 크게 튀어서 위험하니까 조심해야 해요. 자, 일단 (지퍼백을 묶어 흔들며) 밑간한 닭과 밀가루를 지퍼백에 넣고 잘 잠가서 흔들어주세요. 그럼 튀김옷 역할을 하는 밀가루가 골고루 묻으면서, 물기도 제거돼요.

밀 그런데 그렇게 하고 털어내는 이유는 뭐예요?

구루 그대로 기름에 넣으면 가루 때문에 기름이 탁해져요. 나중에 가루가 타면서 기름에 좋지 않은 냄새도 스미고요.

영지 아아— 그렇군요?

구루 일단 하나 넣어볼게요. (반죽을 조금 떼어내 기름에 넣는다.) 기름에 넣자마자 거품이 올라온다면 한 190도에서 220도 사이예요. 불을 조금 줄이고 기름을 더해서 온도를 낮춰줍니다. 오늘 요리의 포인트가 낮은 온도에 한 번 튀기고 센 불에서 짧게 두 번 튀기는 거니까 일단 첫 번째 튀길 때는 온도를 낮게 조절합니다. 튀길 때는 재료를 한 번에 너무 많이 넣으면 온도가 확 낮아지니까, 넉넉한 기름으로 온도를 맞춘 다음 적당한 양으로 나눠서 튀겨야 해요.

영지 집에 온도계가 없으면 어떡해요?

구루 (젓가락을 기름에 넣으며) 이렇게 젓가락을

기름에 넣었을 때 조금 있다가 거품이 뽀글뽀글 올라오면 150~160도 정도 되는 거고요. 넣자마자 거품이 막 올라오면 200도 정도 된다고 생각하면 돼요.

영지 지금처럼 거품이 한참 있다 올라오면 좀더 뜨거워야 하는 거예요?

구루 그렇죠. 생각해보면 기름이 아주 뜨거우니까 재료가 막 반응하는 거고, 덜 뜨거우니까 반응도 덜하게 되는 거겠죠. 젓가락 대신 반죽을 떨어뜨려서 같은 방법으로 체크해볼 수도 있고, 방법은 여러 가지가 있어요.

영지 (레시피를 보면서) 튀기는 시간이 그대로 3분, 뒤집어서 3분.

밀 아-3분씩 뒤집어서 튀겨야 되는구나? 까다롭네요.

구루 튀김 팬 크기가 넉넉하면 재료 넣고 그냥 익히면 되는데 일반 프라이팬은 높이가 낮아서 재료가 완전히 안 잠기니까 뒤집어가며 익혀야 됩니다. 재료 안의 수분이 익어서 밖으로 빠져나오면 무게가 가벼워져 떠오르는 거예요. 기름에서 뽀글뽀글하는 이유가 빠져나온 수분 때문이거든요. 재료를 막 넣었을 때랑 어느 정도 익었을 때랑 거품이 좀 달라요. 이렇게 두 번 튀기는 방법을 잘 활용하면 집에서 다른 요리를 할 때 도움이 될 거예요. 단, 채소를 튀길 때는 한 번만 튀겨야 해요.

영지 왜요?

구루 채소는 고기에 비해 단단하지 않아서 두 번 튀기는 동안 수분이 금세 다 빠져버리거든요. 그러면 모양도 안 좋고, 맛도 없어요.

밀 고기를 두 번 튀기면 어째서 바삭하고 질감이 좋은지를 잘 모르겠어요.

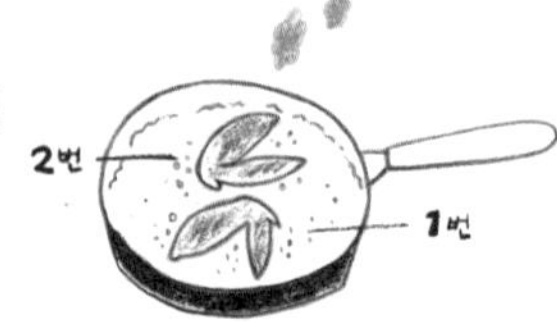

구루 처음 낮은 온도에서 고기를 적당하게 익히고 두 번째 센 불에서 짧게 겉면을 바싹하게 익히면 고기 안의 맛과 수분이 가둬지는 효과가 있어요. 겉은 바삭바삭해지고, 안은 부드럽고 감칠맛이 돌죠.

영지 아-어떤 느낌인지 알겠어요. 지금 기름 온도가 127도예요.

구루 (불을 좀 줄이며) 재료가 이렇게 기름 위로 떠올라 있으면 어느 정도 익었다는 거죠.

밀 그러고 보니, 데바사키는 일종의 일본식 양념치킨이네요. 양념을 바르는 방식이니까요. 우리나라가 고추장 베이스로 양념을 만들었다면, 일본은 간장 베이스로 만든.

구루 그렇네요. 데리야키치킨이라고도 볼 수 있겠고요. 아, 데리야키소스로 만든 버거도 참 좋아했는데. 생각해보면 맛이 불고기소스랑 비슷하지 않나요?

밀 데리야키가요? 그랬나?

구루 왠지 불고기를 졸이면 데리야키 맛이 날 것도 같고.

밀 그러고 보니 그럴 것 같네요.

영지 생각해보니 언양식 불고기라고 해야 하나? 바짝 구운 불고기요. 그거 먹었을 때 데리야키

맛이랑 비슷했던 것 같기도 해요.

구루 그래서 불고기의 원조가 우리나라냐 일본이냐 하는 논쟁도 있죠.

밀 음……

구루 자, 한 번 더 튀기고 양념만 바르면 끝나요. 그러고 보니 곧 '길맥'의 시즌이네요.

밀 '편맥' 아니고요?

구루 아니, 맥주만 사서 길에서 마시는. 요즘 공원이나 산책로에서 길맥 많이들 하잖아요. 여름이 되면 밖에서 술 마시기 좋죠. (튀긴 재료를 다시 기름에 넣으며) 이제 두 번째 튀김 시작할게요.

밀 두 번 튀기니까 더 맛있어 보이긴 하네요.

구루 우리가 치킨집 가면 보던 색이 이런 색이었던 것 같아요, 요즘엔 다들 두 번 튀기는 건지. 일단 막 튀긴 데바사키 맛을 한번 볼까요? (튀긴 데바사키를 건진다.)

영지 오오- 일단 색이 예쁘네요. 냄새도……! 와우!

구루 (튀긴 것을 건져내며) 뜨거우니까 조심하세요. 염지가 아주 약하게 되어 있는데 간이 적당할지 모르겠네요.

영지/밀 잘 먹겠습니다.

영지 (먹어보며) 음…… 짭짤한데요, 맛있어요. 튀김옷도 바삭하고.

구루 데바사키 맛있게 먹는 법도 다양한데요. 뼈를 돌려 뜯는 방법이 여러 가지가 있더라고요.

밀 양념을 안 발라도 맛있군요.

영지 저는 뼈 분리에 도전! (뼈 있는 부분을 잡고 돌린다.)

구루 ㅎㅎ 이제 양념을 발라볼게요. 맛을 한번 비교해보세요.

영지 겉은 조금 짭조름한데 안은 간이 적당한 듯해요.

밀 (양념을 바른 데바사키를 먹으며) 둘 다 맛이 좋아요. 맥주가 당기는 맛이네요.

영지 양념에 후추 들어갔어요?

구루 아뇨, 밑간에만 들어갔어요. 양념을 바르고 후추를 잔뜩 뿌릴 거예요. 데바사키는 후추의 센 맛이 특징이라면 특징이에요.

밀 잡내를 없애려고 후추를 많이 뿌린 거 아닐까요?

구루 (후추를 뿌리며) 그럴 수도 있죠.

영지 주문하면 1인분에 양이 보통 얼마나 돼요?

구루 4개 정도 나와요.

밀 이탈리안 파슬리는 어디다 뿌려요?

구루 데바사키에 뿌려서 먹음직스럽게 보이게 할 거예요.

밀 아, 저는 토마토수프에 뿌리는 줄 알았어요.

구루 자, 데바사키가 완성되었습니다. 후추를 현지식보다는 조금 덜 뿌렸어요.

바삭한 닭 튀김에 후추의 알싸함

영지 (맛보며) 후추 하나로 맛이 확 달라지네요.

밀 맛있어요! 아까보다 약간 더 매콤해졌어요.

구루 이게 바로 후추의 효과죠. (서너 개 데바사키에 후추를 좀더 많이 뿌리며) 현지에서는 후추를 더 팍팍 뿌려요.

영지 그렇게나 많이요?

구루 후추는 기호에 따라 조절하면 되지만, 후추의 알싸하고 매콤한 향을 좀더 느끼고 싶다면 이렇게 더 뿌리면 돼요.

밀 (맛보며) 하아- 이건 너무 심하게 매운데요.

영지 이렇게 후추를 많이 뿌리는 음식은 처음 보는 것 같아요. ㅎㅎㅎ

구루 자, 이제 상을 차리고 후추 강도가 다른 다양한 데바사키를 하나씩 맛볼까요?

밀/영지 잘 먹겠습니다!

밀 저는 토마토수프가 의외로 맘에 들어요.

구루 의외로?

밀 네, 솔직히 토마토만 들어가서 별 기대 안 했거든요.

영지 저도 좀 의아하긴 했어요. 어떤 맛이 되는 걸까.

밀 뭉근하게 끓여서 그런지 토마토의 풍미랄까요, 고유의 맛이 은은하게 느껴지네요. 그리고 '건강한 음식이다' 하는 느낌이 들어요. 이런저런 복잡한 맛이 없어서.

영지 맞아요. 토마토를 찾아 먹는 편은 아닌데, 이 토마토수프는 계속 생각날 것 같아요. 냉장고에 토마토가 남아 있으면 직접 만들어 먹어보고 싶네요.

밀 양배추는 역시나 예상대로 데바사키에 잘 어울리네요. 바삭바삭한 돈가스에 양배추를 함께 먹을 때 둘이 잘 어울리는 환상의 조합이란 느낌은 없었거든요. 돈가스 겉도 딱딱하고, 양배추도 질긴 촉감이라서요. 그런데, 데바사키는 촉촉하고, 양배추는 질겨서 식감을 서로 보충해주는 느낌이 들어요.

구루 거기에 수제 마요네즈까지 올라가니 좀더 다양한 맛과 향이 추가되었고요.

영지 음, 이 수제 마요네즈가 없다면 케첩이랑 마요네즈를 섞어서 올려도 좋을 것 같아요. 옛날식으로.

구루 그것도 좋겠어요. 데바사키가 싸게 즐기는 음식이라 오히려 그런 소스가 더 적당할 수도 있죠.

밀 그나저나 수제 마요네즈 만들기는 너무 힘들었어요.

영지 마요네즈는 사 먹는 걸로! ㅎㅎ

구루 ㅎㅎ 우리가 사 먹는 마요네즈랑 직접 만드는 마요네즈는 맛이 전혀 다르죠?

밀 네, 수제 마요네즈를 만들면서 시판용 마요네즈에 들어간 재료들을 찾아보니 정말 갖가지 재료가 들어가더라고요. 다를 수밖에요.

영지 그 맛에 이미 길들여져 있어서, '그 맛이 아니면 마요네즈가 아니야!'라고 생각할 것 같아요.

구루 데바사키는 어때요?

밀 저는 원래 바삭바삭한 튀김옷을 좋아하는 프라이드치킨파라서, 양념이 없는 쪽이 더 좋았어요.

구루 양념을 안 발라도 맛있죠. 갓 튀긴 요리이기도 하고요.

영지 저는 둘 다 좋아요. 둘 다 개성이 있어서요. 직접 요리를 한다면 프라이드치킨에 양념을 따로 주는 것처럼, 발라 먹는 양념과 도구를 따로 낼 것 같아요.

밀 '찍먹'처럼?

영지 네. ㅎㅎ 먹다가 양념이 맛있다 싶으면 양념을 부을지도 모르겠지만요.

구루 저는 양념이든 프라이드든 데바사키가 참 좋아요. 우리나라 춘천닭갈비처럼 어려운 시절에 가격 착하고 배부르게 먹을 수 있는 행복감을 주던 음식이잖아요. 그런 정서가 좋아서 앞으로도 자주 찾을 것 같습니다.

밀 맛있게 잘 먹었습니다.

영지 오늘도 수고하셨습니다!

❶
닭 날개는 흐르는 물에 씻어
물기를 꼼꼼하게 닦아냅니다.
지퍼백을 이용하면 밀가루 입히기가 편해요.

❷
조림장 재료를 모두 넣고 양이 반으로 줄 때까지
약한 불에서 졸여줍니다.

❸
닭 날개는 160도 정도 기름에
초벌로 충분히 익혀 튀겨준 뒤,
채반에 올려둡니다.

❹
기름 온도를 190도 정도로 높여
다시 한번 튀겨주세요. 겉면이 바삭해집니다.
먹음직스럽게 튀긴 닭 날개는
다시 채반에 올려 기름기를 뺍니다.

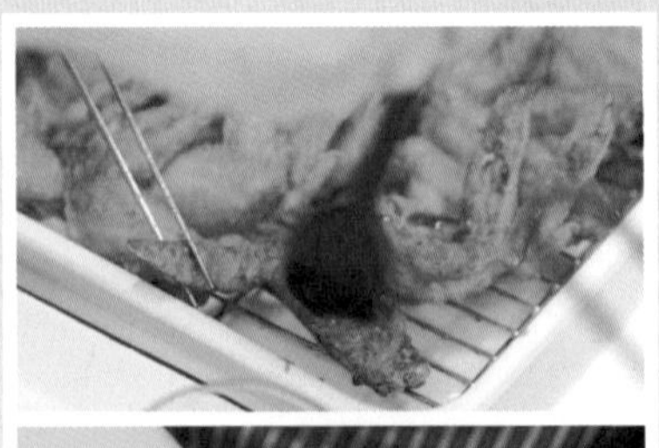

❺
완성된 조림장을 닭 날개 튀김에 골고루 발라줍니다.
후춧가루는 '이렇게 넣어도 되나' 싶을 정도로
팍팍 뿌려주세요. 데바사키는 완성입니다.

❻
양배추는 하나씩 겹쳐서 자르기 편하게 돌돌 만 뒤,
잘 드는 칼로 최대한 가늘게 채 썰어주세요.
수제 마요네즈는 모든 재료를 믹서에 넣고 곱게 간 뒤,
냉장고에서 차갑게 식힙니다.

❼
그릇에 데바사키, 양배추 샐러드,
라임(또는 레몬) 조각을
가지런히 올려주세요.

❽
방울토마토는 깨끗이 씻어서 으깬 마늘과 함께
센 불에서 자작하게 끓여줍니다.
물이 끓어오르면 수면이 흔들릴 정도로 불을 낮춰
계속 끓여주세요.

❾
토마토 껍질이 벗겨지고 국물이 붉게 물들면
소금, 후추로 간을 맞춥니다.

❿
그릇에 담고 엑스트라버진 올리브유를
살짝 뿌려줍니다.

마사만커리

Massaman Curry

생색 포인트

타이 음식 하면 시큼한 맛이 중독성 있는 똠얌꿍을 비롯해, 새콤달콤한 볶음 국수 팟타이, 그리고 각종 향신료로 풍부한 맛을 내는 커리가 떠오릅니다. 마사만커리는 타이를 대표하는 커리 가운데 하나입니다.
'마사만มัสมั่น'은 타이어로 무슬림을 뜻합니다. 이슬람교에서는 소고기나 닭고기는 먹지만, 돼지고기는 먹지 않기에, 마사만커리에도 돼지고기는 쓰지 않죠. 그 외에 잘 알려진 타이 커리로는 뿌빳퐁(게 튀김) 커리가 있고, 또 재료와 커리 색에 따라 녹색 채소를 사용한 그린 커리, 붉은 고추를 넣은 레드 커리, 강황과 쿠민을 쓴 옐로 커리 등으로 부르기도 합니다.

오늘 함께 만들어볼 메뉴는, 채식주의자를 위한 마사만커리입니다! 동남아시아의 정취를 그대로 느낄 수 있도록 쌀은 특별히 재스민라이스를 선택했는데요. 흔히 안남미로도 불리는 재스민라이스는 쌀에 재스민 향이 나서, 이런 예쁜 이름으로 불린다고 합니다.
원래 마사만커리에는 닭고기 등 고기 육수가 기본 베이스로 쓰이지만, 오늘은 채식주의자를 위한 요리인 만큼 육수를 낼 때도 채소만으로 맛을 내볼게요. (새우 등 해산물까지는 괜찮다면, 해산물과 유제품을 써서 '페스코' 단계로 요리를 해봐도 좋아요. 육수는 해산물 베이스로 준비하고, 닭고기 대신 새우를 올려도 맛있는 커리가 됩니다.) 다채로운 향신료와 코코넛밀크로 매콤 달달한 맛을 내는, 마사만커리의 특별한 풍미를 만나보세요.

#타이음식 #채식주의자 #비건 #똠얌꿍 #팟타이 #뿌빳퐁커리 #코코넛밀크 #재스민라이스 #안남미 #향신료 #라시

청포도 맛 라시

재료(4인 기준)
요구르트(청포도맛) 300g
우유 200ml
메이플시럽 5Ts
계핏가루 조금

믹서에 요구르트와 우유, 메이플시럽, 계핏가루를 추가해 충분히 섞는다. 밀폐 용기에 담아서 냉장고에 넣어 차게 식힌 뒤 작은 컵에 나눠 담는다.

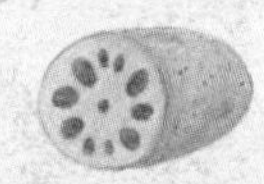

마사만커리

재료(2~3인분)
감자 150g
양파 100g
당근 100g
우엉 50g
연근 50g
식용유 1Ts
고수 적당량

A
물 150ml
로리에 1장
시나몬스틱 1/2개
레몬그라스 5cm
구운 땅콩 20g

B
코코넛밀크 150ml
커리 가루 1 1/2Ts
원당 1T
칠리페퍼 1/3ts
소금 1 1/2ts

밑 작업
감자는 껍질을 벗겨 한입 크기로 자른다. 당근과 연근은 껍질을 벗겨서 5밀리미터 두께로 반달썰기 한다. 우엉은 껍질을 긁어내고 얇게 어슷 썰고, 양파는 굵게 다진다.

조리하기
바닥이 두꺼운 냄비를 중강불에 올려 식용유를 두른 다음 감자, 양파, 당근, 우엉을 골고루 볶아준다. 양파가 투명하게 익으면 A를 넣은 뒤 뚜껑을 덮는다. 다시 끓어오르면 B를 추가한 뒤 약불에서 감자가 완전히 익을 때까지 뭉근하게 끓인다.

마무리
간장이나 소금으로 간을 맞추고 그대로 30분 이상 둔 뒤에 그릇에 담는다. 고수와 스파이스피너츠 소금(분량 외)을 적당히 추가한다.

Tip!
- 정통 마사만커리와 비슷한 맛과 향을 내기 위해서는 충분히 끓여준 뒤 맛이 어우러지도록 한동안 그대로 둔다.
- 주재료를 큼직큼직하게 썰어서 사용하는 것이 타이 스타일!
- 코코넛밀크 대신 코코넛 가루를 사용할 수도 있다.

밥

재료(3~4인 기준)
재스민라이스 2C
생강 2g
고수씨 가루 1/4ts
소금 1/2ts
물 450ml

밑 작업
쌀은 가볍게 씻어서 물 450밀리리터와 함께 볼에 담고 30분에서 한 시간가량 불려준다. 생강은 가늘게 채 썰어 준비한다.

조리하기
불린 쌀을 냄비에 담고 생강, 고수씨 가루, 소금을 더해 뚜껑을 덮고 중불에서 끓인다. 뚜껑 밖으로 끓어오르기 시작하면 약불로 낮춰 5분 정도 더 끓여준 다음, 불을 끄고 그대로 10분간 뜸을 들인다.

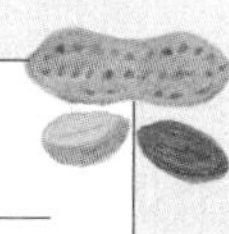

스파이스피너츠 소금

재료
아몬드 50g
피스타치오 20g
캐슈너트 10g
참깨 4Ts
소금 3Ts
쿠민씨 가루 2TS
고수씨 가루 1Ts

아몬드, 피스타치오, 캐슈너트는 프라이팬에서 고소한 향이 날 때까지 가볍게 구운 뒤 식힌다. 프라이팬에 소금, 참깨, 쿠민씨, 고수씨를 향이 날 때까지 볶아서 믹서에 곱게 갈아준다. 모든 재료를 절구에 넣고 아몬드, 피스타치오, 캐슈너트와 함께 성글게 빻아준다.

수프 카레

구루 혹시 수프 카레라고 들어보셨나요?
영지 수프 카레?
구루 네. 수프 카레는 일본의 홋카이도 지역의 명물 카레인데요. 말 그대로, 수프. 걸쭉한 국물이 있는 카레예요. 수프 카레와 반대로 드라이 카레라는 것도 있는데 드라이 카레는 국물이 거의 없는 카레라고 할 수 있어요. 오늘은 채식주의자를 위한 요리로 어떤 메뉴를 만들어볼까 고민하다가 수프 카레, 그중에서도 이국적인 타이식 마사만커리를 준비해봤어요.
국물이 있지만, 농도가 걸쭉한 수프 형태의 카레는 자주 접하기 어려우니 재밌는 요리가 될 것 같아요. 채소만 들어가긴 했지만 향신료를 많이 써서 커리의 묵직한 맛을 느낄 수 있으니 채식주의자가 아닌 사람도 즐길 수 있을 거라 생각했고요.
밀 타이 요리라서 그런지 여름이랑 잘 어울리는 커리인 것 같아요. 그런데 카레? 커리? 어떤 게 맞죠?
구루 카레는 일본어에서 나온 단어인데, 우리나라에서도 보통 카레라고 하죠? 커리는 대개 한국식, 일본식 카레 외에 타이나 인도 등 다른 나라 커리를 말할 때 주로 쓰고요.
밀 넵!
구루 참고로 타이에서는 커리를 '깽'이라고 해요.
영지/밀 깽?
구루 인도식 커리는 마른 허브를 가루로 빻아서 만드는 반면, 타이식 커리 깽은 물기가 있는 재료를 빻아서 페이스트 형태로 활용해요. 인도식 커리는 '카리'라고 구분해서 부른다고 합니다. 혹시 마사만커리라는 이름은 들어봤나요?
영지/밀 아뇨.
구루 마사만커리는 2011년에 CNN에서 선정한 세계 50대 요리 중 1위에 선정되기도 했다고 해요. 앞서 말씀드린 대로 타이 커리는 다른 나라의 커리와 달리 페이스트를 사용합니다. 우리가 흔히 아는 가루나 고형제가 아닌, 페이스트를 써서 국물을 자작하게 만들어요. 원래대로 그런 페이스트를 사용하면 새우나 이런저런 재료가 들어갈 수 있기 때문에 채식 요리에 충실하지 않다는 생각이 들어서 오늘은 커리 가루를 사용해보려고 해요.
영지 그렇군요!
구루 그리고, 커리와 함께 먹을 재스민라이스를 준비했어요.
밀 재스민?
구루 안남미는 들어봤나요? 날리는 쌀. 손으로 집어서 먹는 쌀. 같은 쌀이에요. 재스민라이스라고 해서, 재스민 향이 풍부할 거라고 생각했는데, 향이 그리 강하지는 않고요. 은은한 향이 있어요. (쌀을 건네며) 한번 맡아보세요.
영지/밀 음…… 은은한……
밀 이름만 듣고는 밥에 재스민 허브가 들어간 줄 알았어요.
영지 동남아 음식이면 안남미가 잘 어울리긴 하겠네요.
구루 요리를 시작하기 전에, 오늘 주제이기도

세계의 다양한 커리

커리(카레)는 강황 등 여러 향신료를 사용해 채소나 고기 등으로 맛을 낸 아시아 요리의 하나다. 인도 및 주변 아시아 국가에서 기원한 요리로, 메이지 시대에 영국을 통해 일본에 전해졌고, 일제강점기 때 한국으로 전파되었다.

타이 커리 '깽'은 고추, 양파, 마늘, 새우 페이스트를 기본으로, 여기에 다른 향신료와 허브를 가미해 다양한 맛을 낸다.(중부 및 남부 지방에서는 코코넛밀크가 사용되기도 한다.)

한편 인도에서 커리는 각종 재료에 여러 향신료를 추가한 국물 또는 소스 요리를 통칭하는 말이다. 인도에서는 거의 모든 요리에 다양한 향신료를 사용하는데 집집마다 고유의 배합으로 각기 다른 맛을 낸다. 이를 위해 미리 여러 향신료를 섞어 만들어둔 페이스트를 '마살라'라고 부른다. 대형 매장에서 판매되는 카레도 일종의 마살라라고 할 수 있다. 일본, 한국의 카레 가루에 서너 가지 향신료가 들어갔다면, 인도 카레에는 열 가지 이상의 다양한 향신료가 사용된다. 한국 카레와 달리 국물의 점도가 매우 낮으며, 곁들이는 재료도 우리처럼 이것저것 많은 재료를 넣기보다 주재료 하나에 한두 가지 채소를 넣는 정도다. 이렇게 만든 커리를 인디카 쌀로 만든 밥이나 난, 로티, 차파티와 함께 먹는다.

한편 유럽에서는 영국의 동인도회사에 의해 대량의 향신료와 쌀이 본국으로 유입되면서 커리가 알려지기 시작했다. 하지만 한동안은 향신료가 매우 귀해서 이를 조합해 커리를 만들기란 매우 어려웠는데, 클로스앤드블랙웰C&B 사에서 개발한 커리 가루가 시판되면서 많은 가정에서 좀더 간편하게 커리를 만들어 먹을 수 있게 되었다. 영국에서는 루roux(밀가루를 버터에 볶은 것으로 수프, 스튜, 소스 등에 사용한다)를 사용해 커리가 좀더 걸쭉하며, 인도에서와 달리 주로 쇠고기가 주재료로 사용된다.(선데이로스트라고 해서, 중산층 이상 가정에서 일요일에 로스트비프를 먹던 풍습의 영향으로 보인다.)

일본에서 카레는 메이지 유신 무렵, 해군의 양식화와 함께 군대 식사로 보급되었다. 당시 영국 해군에서 카레를 사용하던 스튜 요리를 일본에서 받아들여 밥 위에 건더기와 함께 끼얹어 먹는 요리인 카레라이스를 만들었다. 이후에 전역한 수병들이 고향에서 카레 식당을 차리면서 전국적으로 카레가 퍼져 일본에서 가장 인기 있는 음식의 하나로 자리 잡았다.

한국 가정에서는 주로 인스턴트 카레 가루를 쓴다. 이들 카레 가루는 몇 가지 향신료와 밀가루, 소금, 설탕 등 조미료를 섞은 분말 형태가 대부분이다. 여기에 감자, 당근, 양파 등 채소와 돼지고기, 쇠고기, 닭고기 등 여러 재료를 넣어 밥과 함께 먹는다. 이런 형태는 일제강점기 일본으로부터 카레라이스가 전해진 뒤, 1968년 오뚜기의 전신인 조흥화학에서 처음으로 인스턴트 카레 가루를 생산해 판매하면서 널리 퍼졌다.

한 '채식'에 대해서 좀더 얘기해볼까요? 채식주의자도 무엇을 먹고 무엇을 먹지 않느냐에 따라 다양하게 나뉘어요. 먼저 플렉시테리언이라는 게 있어요. 종종 고기를 먹기는 하지만, 기본적으론 고기를 먹지 않는다고 생각하는 사람들이에요. 그 위로 폴로베지테리언, 페스코베지테리언 등이 있고 이 셋을 묶어 세미베지테리언이라고 하기도 해요. 만일 채식을 한다면 어느 단계까지 가능할까 생각해봤는데, 저는 페스코까지는 해볼 수 있을 것 같아요.

밀 저는 폴로요. 치맥 때문에……

영지 저는 평소에 고기를 막 찾아서 먹지는 않아서…… 지금으로선 플렉시테리언이랄까요? 요즘 여름이라서 고기를 조금 먹고 있어요.

구루 다음 단계로 넘어갈 생각은 없고요?

영지 네? ㅎㅎ 없어요.

구루 채식에서 가장 높은 단계는 비건. 유제품이나 달걀도 먹지 않고 오로지 채소만 먹어요. 그 아래로 락토, 오보 등 먹는 범위에 따라 다시 구분돼요. 단계마다 동물성 식재료를 허용하는 범위가 조금씩 달라져요. 그런데 왜 채식을 이렇게까지 세세하게 나눴을까 생각해보면, 정말 '오로지' 채소만 먹는 단계를 성실하게 실천하는 데는 많은 어려움이 따를 것 같더라고요. 그래서 이렇게 단계를 나눈 게 아닌가 생각했어요.

밀 동물성 식재료는 일절 먹지 않는 비건도 또다시 여러 단계로 나뉜다고 해요. 저는 비건 중에서도 가장 엄격한 단계의 비건 식단을 고수하는 분을 만난 적이 있어요. 채식을 하되, 열매나 뿌리 등 번식을 위해 사용되는 부위는 먹지 않고, 오로지 줄기와 이파리만 먹는 거죠.

영지 단백질을 먹어야 하잖아요, 사람은. 그런데 동물성 단백질이랑 식물성 단백질은 효율이 달라서, 식물성 단백질만 섭취하려면 엄청나게 많은 양을 먹어야 하더라고요. 두부를 먹으려면, 두부를 많이 먹어야 하고…… 그래서 친구가 채식을 한번 했다가 쓰러질 뻔한 적이 있어요.

밀 저는 어제 「옥자」라는 영화를 봤는데요.

영지 아! 저도 봤어요. 거기에 어마어마한 채식주의자가 나오잖아요.

구루 창백해 보이는 캐릭터.

영지 네, 막 안 먹어서 쓰러지고.

구루 토마토 먹으라고 하니까, 온실가스와 지구 환경을 파괴하는 성분으로 만든 거라고 안 먹겠다며 쓰러지고.

밀 그 영화가 채식에 관해서 좀더 생각해보는 계기가 되긴 했어요.

영지 저 예전에 식품 회사 다닐 때, 공장 견학을 했거든요. 그때 공장 견학 코스에 육가공 관련된 곳도 있었는데, 차마 도축하는 데는 못 들어가겠더라고요. 트라우마 생길 것 같아서.

구루 저는 어렸을 때, 마당에서 사람들이 모여서 돼지나 닭을 잡는 걸 본 적이 있어요. 「옥자」에서 도축하는 장면을 보면서 그때의 기억이 떠오르더라고요.

밀 저도 직접 목격한 건 아니지만, 시골 친척 집에 놀러 갔다가 돼지 잡는 집 옆을 지나간 적이

채식의 일곱 단계

베지테리언vegetarian

- **비건**vegan: 유제품과 동물의 알을 포함한 모든 종류의 동물성 음식을 먹지 않음
- **락토 베지테리언**lacto vegetarian: 유제품은 먹음
- **오보 베지테리언**ovo vegetarian: 동물의 알은 먹음
- **락토오보 베지테리언**lacto-ovo vegetarian: 유제품과 동물의 알은 먹음

세미베지테리언semi-vegetarian

- **페스코 베지테리언**pesco vegetarian: 유제품, 동물의 알, 동물성 해산물까지 먹음
- **폴로 베지테리언**pollo vegetarian: 유제품, 동물의 알, 동물성 해산물, 조류까지 먹음
- **플렉시테리언**flexitarian: 평소에는 비건 식단을 유지하되, 상황에 따라 육식을 하기도 함

있어요. 주변에 가득 퍼졌던 피 냄새가 아직도 생생하게 기억나요.

구루 음…… 그래서 오늘은 이런 불편함을 생각하지 않아도 되는 채식주의자를 위한 커리를 준비했습니다. 마사만커리는 우리에게 많이 알려져 있지 않아서, 독특한 경험이 될 거예요.

마사만커리 재료 살펴보기

구루 마사만커리는 조리과정이 생각보다 간단해요. 그래서 오늘은 같이 요리를 만들어볼 거예요.

밀 앞치마를 입을까요?

구루 주재료인 채소에 뿌리채소 몇 가지를 같이 썼어요. 뿌리채소가 감칠맛을 더해주거든요. 맛과 향을 내는 데 있어 고기의 역할을 얼마간 대신할 수 있을 것 같아요.

영지 식감을 생각하면 버섯도 좋지 않을까요?

구루 버섯도 나쁘지 않죠.

다음은 코코넛밀크. 최근엔 코코넛밀크가 몸에 좋다고 해서 물에 간단히 개서 음료로 마시기도 한다는군요. 찾는 사람이 많아지니 코코넛을 가공한 다양한 제품이 나오고 있어요. 코코넛밀크는 가루 형태랑 액상 형태가 있어요. 사용할 때나 보관할 때나 가루 형태가 편하겠죠?

밀 타이 커리의 특징이 코코넛밀크에 있었군요. 뭔가 부드럽고 달콤한 맛이 있어서 이게 뭘까 궁금했는데……

구루 그럼 한번 먹어볼까요? (코코넛밀크를 건네며) 저는 미리 맛을 봤는데, 그냥 먹기에도 나쁘지 않아요.

영지 (맛을 보며) 냠냠…… 음…… 생각했던 것보다 특별히 강하지는 않네요.

구루 네, 이렇게 재료를 경험해보고 요리를 하면 더 좋아요.

또 비건은 우유를 안 먹잖아요. 아몬드를 갈아서 걸러내 우유처럼 마시기도 해요. 아몬드밀크라고 하죠.

밀 그 아몬드밀크가 숙취에 좋다고 하던데요.

구루 아, 네 ㅎㅎㅎ…… 좋은 정보 감사합니다. 그리고 중요한 게 커리 가루. 사실 이게 바로 커리죠. 마살라라고 해서 향신료를 조합한 게 바로 커리예요. 그게 프랑스로, 영국으로, 일본으로 전해져 우리나라에까지 퍼진 거죠. 그래서 우리나라 카레는 일본식 카레의 영향을 받았어요. 오늘 준비한 커리(마살라)에는 다섯 가지 정도의 향신료가 기본적으로 들어가 있어요. 그 밖에 어떤 향신료를 추가로 쓰느냐에 따라 풍미가 달라지게 됩니다.

또 하나, 빠지면 아쉬운 재료가 바로 땅콩이에요. 타이 음식뿐 아니라 베트남 음식 등 동남아 요리에는 땅콩이 많이 들어가요. 저는 처음에 그게 좀 낯설었는데 먹다 보면 의외로 잘 어울려요. 오늘 만들 마사만커리에도 땅콩을 올릴 거예요.

밀 생각해보면 땅콩 때문에 음식 맛이 더 고소했던 듯해요.

구루 네, 그리고 이건 원당이라고 해서, 사탕수수에서 정제하지 않은 형태의 당이에요. 맛을 보면 설탕이랑은 좀 달라요. (원당을 건넨다.)

밀 (맛보며) 오, 뭐랄까, 강렬한 단맛은 아니지만 그래도 설탕처럼 단맛이 나긴 하는데요?

구루 네 ㅎㅎ 원당이 없으면 그냥 일반 설탕을 써도 돼요.

다음은 재스민라이스, 안남미예요. 어르신들은 이 안남미가 찰기 없다고 싫어하죠. 우선 낯설고, 우리 쌀이 더 좋으리라는 믿음 때문에 그런 게 아닌가 싶어요. 하지만 실제로 먹어보면 맛이 썩 괜찮아요. 보관하기도 좋고요. 밥에 찰기가 있으면, 지은 뒤에 저어줘야 하잖아요. 뭉치지 않도록. 그런데 이 쌀로 밥을 지으면 그러지 않아도 되니까 편하기도 해요. 이런 점에서 재스민라이스도 좋은 재료라는 생각을 했어요.

밀 저도 안남미에 대한 편견이 있었는데, 실제로 먹어보니 꽤 괜찮았던 기억이 있어요.

구루 안남미는 우리가 먹는 쌀에 비해 길쭉해요. 이 쌀의 종류를 인디카 종이라고 하는데요. 전 세계에서 소비되는 쌀의 약 90퍼센트가 이 쌀이래요. 우리가 먹는 쌀은 우리나라와 일본, 중국 일부에서 주로 소비되고요.

밀 중국을 포함해도 10퍼센트밖에 안 되나요?

구루 중국 사람들이 생각보다 쌀을 많이 안 먹어요. 국수나 빵 등 밀가루 소비가 더 많거든요.

밀 우리 쌀이 좋은 쌀이라는 자부심이 좀 있었는데 소비량은 굉장히 적네요.

구루 그렇죠? 이렇게 해서 재료가 다 준비됐어요. 커리 가루 외에는 모두 쉽게 구할 수 있는 것들이어서 다른 요리에 비해 좀더 해보기 좋은 음식이 아닐까 해요.

마사만커리 만들기

구루 2인분을 기준으로 만들 거지만, 현지식으로 계량하면 다섯 명 정도가 먹어도 될 양이 나올 거예요. 우선 재료를 다듬을게요. 먼저 감자는 한입 크기로 잘라주면 돼요.

영지 나는 엄청 크게 잘라야겠다!

구루 (감자를 자르며) 이 정도 크기면 한입인데요. 이렇게 깍둑썰기 해도 좋고요. 마구썰기라고 해서, 크기만 맞춰 되는 대로 잘라도 돼요. 다음은 당근. 당근은 감자보다 덩어리가 좀더 작아야 해요. 딱딱한 재료니까요. 5밀리미터 정도 두께로 썰어줄게요. 이렇게 단단한 재료는 칼이 날카롭지 않으면 손을 다치기 쉬워요. 힘이 많이 들어가거든요. 날카로우면 힘을 쓰지 않아도 재료가 쓱쓱 썰리니까, 손을 다칠 염려가 없어요. 그러니 칼을 잘 갈아두는 것도 중요해요.

밀 칼마다 두께가 다르잖아요. 그건 왜 그래요?

구루 칼이 두께감이 있으면, 무겁다는 거거든요. 무겁다는 건 그만큼 절삭력이 좋다는 거예요. 도끼를 보면, 굉장히 두껍잖아요. 힘을 조금만 줘도 잘 잘리니, 단단한 재료를 자를 때 사용하기가 좋겠죠? 전통시장을 가보면, 닭이나 생선을 손질할 때 두꺼운 칼을 쓰는 걸 볼 수 있어요. 두꺼운 부위나 뼈 등이 잘 잘리니까요. 반면에 얇은 칼은 채소나 과일을 손질할 때 써요. 칼이 두꺼우면 자를 때 재료가 부러지기 쉽거든요. 그래서 부엌에서 일반적으로 많이 쓰고요.

영지 (칼들을 살피며) 재료가 두껍고 단단할수록, 두꺼운 칼.

구루 그렇죠. 그래서 중식도가 여러모로 편해요. 재료를 쉽게 자를 수 있고, 옮길 때도 한 번에 옮길 수 있으니까요.
이제 연근을 잘라볼게요. 이렇게 가볍게 잘라 주세요. 자른 연근은 생으로 그냥 먹어도 돼요. (탁, 탁, 연근 써는 소리.)

영지 연근 자르는 소리가 좋네요. 연근은 이렇게 손질해서 오래 보관할 수 있나요?

구루 껍질을 벗겨내면 갈변돼요. 그래서 가능한 한 재료를 사용하기 직전에 손질하는 편이 좋습니다. 시중에서는 연근을 하얗게 탈색시킨 다음 식촛물 같은 데 담가서 팔아요. 안 그러면 색이 변해버리니까요. 되도록이면 껍질이 있는 연근을 사용하시는 편이 좋죠. 연근은 마디마디가 연결되어 있어서 안쪽이 깨끗해요.

밀 그럼 벗겨놓은 연근을 물에 담가두면 덜 변하나요?

구루 식초를 한두 방울 정도 넣어주면 갈변을 조금이나마 막을 수 있어요.
그다음은 우엉. 저는 개인적으로 우엉을 좋아하는데요. 돈지루豚汁라고 돼지고기, 우엉 뿌리, 채소 등을 넣어 끓인 일본식 된장국이 있는데 정말 맛있어요.

영지 『심야식당』에 나오는 메뉴잖아요.

밀 아, 그래요?

영지 항상 있는 메뉴예요.

구루 우엉은 특유의 맛이 있거든요. 그래서 많이 넣어주면 좋은데, 그렇다고 너무 많이 넣으면 향이 강해지니까 50그램 정도만 넣을게요. 어슷썰기로 썰어주세요.
이어서 양파. 생양파는 맵지만 가열되면 단맛과 향, 감칠맛을 내줘요. 양파는 얇게 썰어야 해요. 잘게 썰 때는 끝부분을 남겨두고 썬 뒤에 반대 방향으로 썰어주면 편해요. 남겨둔 부분이 안 움직이니까 자르기가 좋죠.

밀 남은 끝부분은 어떻게 하나요?

구루 식당 같은 데서는 한데 모아서 육수를 낼 때 사용하거나 하죠. 바쁘고 필요 없으면 버리고요. 참고로, 실온에 둔 양파를 썰면 엄청나게 매워요. 막 밭에서 캔 양파를 썰면 정말이지 눈물 콧물 다 쏟아지죠. 양파를 냉장고에 넣어뒀다 쓰면, 이 매운기가 조금 휘발돼서 약해져요. 지금 써는 양파도 냉장고에서 막 꺼낸 건데, 별로 안 맵죠?

영지 그렇네요.

구루 음식을 할 때는 재료를 잘 다듬어놓는 게 반! 이것만 잘해두면 문제없어요. 다음은 우리가 알고 있는 일반적인 커리 조리법과 비슷해요. 다만 조리에 들어가기 전에, 계량을 미리 해두는 게 좋아요.

영지 레시피를 보면서 재료를 준비하려고 하면

시간을 맞추기가 어렵잖아요. 그러다 요리를 망치는데…… 재료를 미리 계량해두면 좋겠네요.

구루 그렇죠. (타다닥, 불을 켜며) 이 정도가 중불이고요.

(유심히 살펴보는 영지.)

구루 식용유를 한 큰 술 정도 넣어주세요.

밀 어떤 재료를 먼저 넣나요?

구루 오랫동안 뭉근하게 끓이는 거니까, 순서에 상관없이 넣어도 돼요. 레시피의 A 재료를 모두 넣어주세요. 불을 오랫동안 쓰는 요리는 바닥이 두꺼운 용기를 사용해야 해요. 얇으면 재료들이 타거든요. 또 중간중간 프라이팬을 한 번씩 흔들어주면 재료가 눌어붙지 않죠. 이제 물을 부어줄게요…… (타닥타닥 기름에 볶아지던 소리가 조용해진다.) 바닥을 긁으면서 타기 직전까지 재료를 섞어줘요. 재료를 타기 직전까지 볶으면 정말 맛있거든요. 채소도 그렇고 고기도 마찬가지예요. 이 과정이 굉장히 맛있는 조미료가 되기 때문에 매우 중요해요. 이제 뚜껑을 닫고 보글보글 끓어오르면 나머지 재료를 넣으면 돼요. 이건 레몬그라스인데 동남아에서 많이 쓰는 재료예요.

영지 타이 음식 같은 데 들어 있는 막대기 같은 게 이건가요?

구루 네, 맞아요.

밀 레몬그라스가 없으면 레몬을 넣어도 되나요?

구루 레몬을 살짝 짜 넣으면 산미를 줄 수 있겠지만, 본질적으로 레몬그라스와는 맛이 달라요. 레몬그라스가 없으면 그냥 빼도 상관없어요. 조금 비싸기도 하고.

영지 현지에서는 훨씬 더 싼가요?

구루 그렇죠. 로컬 음식은 대부분 그 지역에서 쉽게 구할 수 있는 재료로 만들어지니까요.

어느 정도 끓었으면 코코넛밀크를 넣어볼게요. 코코넛밀크가 들어가는 순간 이국적인 느낌이 날 거예요. (코코넛밀크를 넣는다.)

영지 오- 일단 향이……!

밀 그리고 나머지 재료를 다 넣으면 되나요?

구루 지금은 국물이 자작하지만, 채소가 많이 들어가기 때문에 채소에서 수분이 빠져나오면서 국물이 많아지고, 농도도 묽어져요. 좀더 되직하게 먹고 싶다면 코코넛밀크나 커리 가루를 더 넣으면 돼요.

밀 여기서 불을 좀 줄여야 할까요?

구루 센 불이나 중불 이상의 불을 쓰는 이유는 재료를 익히기 위해서예요. 그 이하 약불을 쓰는 건 재료들이 서로 어우러지게 하기 위한 거고요. 어느 정도 끓었다면 불을 줄여서 약불로 두고 재료가 어우러지게 해야 해요. (불을 줄이며) 이제 약불로 줄여서, 감자가 익을 때까지 끓일게요. 커리는 만들어두고 시간이 지나면 더 맛있어지거든요. 조금 있다가 감자나 당근, 우엉이 다 익었을 때 불에서 내린 다음 간만 맞추면 될 것 같아요.

밀 커리 끝!

남은 채소 보관하기

채소는 가능하면 조금씩 사는 게 가장 좋지만, 대부분 묶음으로 판다. 그래서 쓰고 남은 채소를 잘 보관해야 다음에 또 활용할 수 있다. 이때 기억할 것은 원래 채소가 태어나 자란 상황에 최대한 가깝게 보관하는 게 중요하다는 점. 예를 들면, 대파는 땅에 뿌리를 박고 서서 자란다. 그걸 뽑아내서 파는 거니까, 다시 화단이나 화분에 꽂아두고 기르는 게 가장 좋다. 연근이나 우엉은 땅속, 못 바닥에 있던 뿌리채소다. 이와 비슷한 환경을 만들어주기 위해 신문지를 촉촉하게 적셔서 감아두는 방법이 있다. 냉장고에 보관할 때는 이파리 부분이 더 쉽게 무르기 때문에, 대와 이파리를 따로 보관하는 것이 좋다.

흔히 식재료를 냉장고에 넣어두면 싱싱해질 거라고 생각하는데, 그렇지 않다. 특정 온도를 유지해야 하기 때문에 냉장고 안의 환경은 건조할 수밖에 없다. 비 오는 날 에어컨을 켜면 보송해지는(건조해지는) 것과 마찬가지다. 그런 냉장고에 채소를 그냥 집어넣는다는 건 '차가운 사막'에 채소를 던져놓는 것과 같다. 당연히 채소는 말라버린다. 냉장고에 채소나 과일 등을 보관하는 칸이 따로 있는 것도 이런 이유에서다. 뿌리(에 가까운 부분)가 있다면 그쪽이 아래를 향하게 보관하고, 신문지 등 종이에 싸서 보관하면 더 오래간다.

재스민라이스로 밥 짓기

구루 이제 밥을 지어볼게요. 여러분은 보통 어떻게 쌀을 씻나요? 몇 번이나?

영지 네 번?

구루 막 비벼가면서?

영지 네. 그런데 너무 세게 비벼대면 영양소가 파괴된다고 해서 적당히……

구루 예전에는 쌀을 씻을 때 네다섯 번 해서 하얀색 물이 안 나오면 된다고 배웠잖아요. 요즘 쌀은 그 정도까지 안 씻어도 돼요. 도정 기술이 굉장히 좋아졌거든요. 그래서 옛날처럼 그렇게 씻어낼 필요가 없어요. 살살 두어 번 정도만 씻어도 돼죠. 참고로 쌀을 씻고 나서 물에 30분 이상 불리면 더 좋지만 이것도 크게 상관없어요.
쌀을 씻을 때는 볼을 하나 받쳐서 물에 넣고 섞어주면 좋아요. 위쪽의 채망만 들고 아래 담긴 물은 버리면 됩니다.

영지 그렇게 쌀을 씻으면 엄청 편하겠어요.

구루 네. 쌀을 다 씻었으면, 그냥 물에 밥을 지어도 상관은 없지만 오늘은 고수 가루를 좀 넣어볼게요. 고수 씨앗을 간 가루예요. 시중에 나와 있는 걸 사용해도 되고요. 고수 가루와 함께 생강도 조금 넣을 거예요. 생강을 넣으면 밥이 다 되고 뚜껑을 딱 열었을 때, 생강 향이 그윽하게 퍼지면서 기분이 좋아져요. 준비한 생강은 가늘게 채를 썰어주세요.
밥 짓기는 베이킹처럼, 불 양만 적당히 맞추고 시간만 잘 지키면 실패할 일이 없어요. 이 레시피가 여러 번 테스트해서 검증된 거니까 이 레시피를 기준으로 해보고, 또 여러분이 원하는 대로 조절해보세요.
그리고 아까도 말했듯이 중불 이상이면 재료를 익히는 것. 밥을 할 때도 마찬가지예요. 중불 이상으로 해서 익힌 다음에, 쌀이 물을 흡수하면서 서서히 익을 수 있도록 불을 낮춰주세요. 쌀에는 전분기가 있잖아요. 쌀을 물에 끓이면 이 전분이 둥둥 떠요. 수증기가 밖으로 나오려고 할 때, 전분이 물 위로 올라오는 현상이 일어나거든요. 이때쯤 불을 약불로 조절하면 돼요. 끓어오르면 조금 줄이고, 끓어오르면 조금 줄이고 하는 방식으로요. 계속 센 불이면 물이 다 날아가서 탈 수도 있어요. 수분이 안에서 맴돌아야지 빠져나오면 말라버리고 밥은 타버려요. 그다음 고수 가루를 분량의 4분의 1 정도 넣어줍니다. 향이 세니까 이 정도만. 마지막으로 소금. 보통 밥을 할 때 소금을 쪼끔 넣기도 하잖아요. 짠맛은 못 느끼지만 맛있다고 느끼죠. 약불로 줄인 다음에는 5분 정도 타이머를 맞춰주세요. 물을 끓이면서 재료를 익히게 됩니다. 물이 빠져나가지 않는 정도로 맞춰주고요. 5분이 지나면 어느 정도 익은 상태일 거예요. 이제 뜸을 들여야 해요.

밀 그런데 뜸은 왜 들이는 거예요?

구루 수백 년 동안 쌀을 익혀보니까, 다 익었더라도 어느 정도 물기가 있어야 좀더 폭신폭신한 질감이 되는 걸 발견한 거예요. 딱딱한 바게트 상태로 먹느냐 폭신폭신한 찐빵 상태로 먹느냐인 거죠. 찐빵이 당연히 먹기 좋겠죠. 식감도 좋고. 그래서 남아 있는 물을 흡수할 수 있게 놓아두는 과정이 바로 뜸 들이기라고 생각하면 돼요. 뜸은 10분 정도 들이기로 해요.

청포도 라시 만들기

구루 다음은 카레 하면 생각나는 음료. 라시lassi를 만들어볼게요. 인도 등 동남아 음식에는 향신료가 많이 들어가니까, 라시 같은 부드러운 음료와 함께 먹으면 좋아요.

영지 그런데 라시를 위해 준비한 요거트가 청포도 맛이네요?

구루 네, 과일 맛이 들어가면 좀 색다르지 않을까 해서 골라봤어요. 원래 정통 라시대로 하면 걸쭉한 요거트에 레몬 즙, 그리고 소금만 들어가요. 게다가 미지근하죠…… 그래서 오늘은 청포도 향이 어우러져 커리에 곁들이기 좋은 라시로 살짝 바꿔봤어요.

밀 플레인 요거트로 하면 과일 맛은 나지 않겠네요?

구루 그렇죠. 이렇게 단맛이 나는 라시는 최근 들어 많이 먹기 시작했어요.

영지 오래전에 인사동에서 라시를 먹었는데, 약간 막걸리 맛이 났거든요.

구루 그게 아마 정통 라시 맛이 아닐까 싶어요. 라시가 달아진 이유는 커리가 점점 더 매워졌기 때문인데요. 향신료도 많이 넣고, 맛도 좀더 매콤하게 변하다 보니까, 당연히 단맛이 당기겠죠. 입을 가셔주니까요. 그럼, 우유와 청포도 맛 요거트를 넣고 셰이커에 넣어 섞어볼게요. 또 오늘은 향신료가 주된 재료이니, 계핏가루도 약간 넣을 거고요. 원래 레시피에는 없지만 메이플시럽도 조금 곁들여 만들어볼까 해요.

밀 단맛을 원하지 않으면 설탕이 안 들어간 플레인 요거트를 사용하면 되겠네요?

구루 네, 맞아요. (셰이커를 위아래로 섞는다.) 라시는 계속 흔들어서 거품을 내줘야 제대로 완성돼요. 핸드믹서를 사용하면 좀더 쉽게 만들 수 있어요.

밀/영지 네 ㅎㅎㅎ

구루 라시는 시원하게 먹어야 하니까 얼음을 넣어서 만들게요.

마무리

구루 그사이에 밥이 다 되었네요. 뚜껑을 열어볼까요?

영지/ 밀 (냄새를 맡으며) 오~! 생강 향이 좋아요!

구루 음…… 카레에 물을 넉넉하게 넣어서 간을 좀 해야겠어요.

밀 그런데 간장으로 간을 하네요?

구루 네. 소금은 짠맛만 들어가지만, 간장은 향이 들어가잖아요. 과하게 넣지만 않으면, 맛 내기에 굉장히 좋은 재료죠. 감칠맛도 들어가고요.

마지막으로 스파이스피너츠를 준비해볼게요.
이슬람권에서는 땅콩 등 견과류를 넣어서 소금을 만들어 사용해요. 이집트 등에서는 음식을 하면, 마지막으로 토핑처럼 이 소금을 뿌리기도 하고요. 간도 되고, 토핑도 되고 일거양득이죠.
자, 이제 플레이팅을 해볼까요? 오늘은 밥과 커리를 따로 담아볼게요.

채소 커리의 색다른 맛

밀/영지 잘 먹겠습니다.

구루 먼저 라시부터 맛볼게요. 청포도 향이 은은한 게 입맛을 돋우네요.

밀 밥도 찰기 있게 잘 지어졌어요. 커리처럼 소스에 버무려 먹을 때는 진밥보다는 이렇게 살짝 된밥이 좋은 것 같아요.

영지 (맛보며, 끄덕끄덕.)

밀 밥에 함께 넣은 고수 향이 더해져서 풍미가 훨씬 진해졌어요.

영지 맛있다! 커리 위에 올라간 중동 소금(?) 맛있네요! 짜장라면 위에 뿌려도 좋을 것 같아요.

밀 고수는 못 먹지만, 고수 씨앗으로 만든 소금은 맛있다는 영지 님.

영지 ㅋㅋㅋㅋ

밀 (먹어보며) 짜장라면처럼 소스를 면에 비비는 라면이면 대체로 어울릴 것 같아요. 예를 들면 매콤한 비빔라면도.

영지 여기에 반찬은 주로 뭘 먹나요?

구루 보통 커리 두세 종류와 밥 또는 난, 여기에 피클이나 샐러드 역할을 하는 반찬 한두 가지를 곁들여 먹지 않나 싶어요. 라시도 마시고요. 거기다가 좀더 맛을 더한다면 밥에 강황 가루를 넣거나 해서 변화를 줄 수도 있고요.

밀 정통 방식으로 만든 마사만커리라면, 여기에 아무래도 고기가 들어가겠죠?

구루 네, 소고기나 닭고기를 넣죠.

영지 고기가 있는 마사만커리도 한번 먹어보고 싶네요.

밀 코코넛밀크 때문인지 동남아 커리 특유의 맛도 좋아요.

구루 코코넛밀크만 있으면 언제든 이렇게 만들어 먹을 수 있죠.

영지 다시 만들어보고 싶어요.

구루 네, 그다지 어려운 요리는 아니니까 한번 만들어보세요!

❶
감자는 깍둑썰기를 하거나
비슷한 크기로 마구 썰어보세요.
양파를 잘게 썰 때는 끝을 남겨두고 채를 썬 뒤,
반대 방향으로 썰면 편해요!

↓

❷
쌀은 볼에 채를 담가
씻어주면 편해요.

❸
재스민라이스에
고수 가루와 생강을 넣고 지은 밥.

↓

❹
재료를 한꺼번에 넣고
볶아주세요.

↓

❺
커리 가루와 코코넛밀크 등을
넣고 끓여줍니다.

❻
불에서 내린 뒤
간을 맞춰줍니다.

❼
청포도 요거트, 계핏가루를 넣고 만들어본
특별한 라시.

❽
커리와 곁들여 먹을
스파이스피너츠.

❾
완성된 커리를
접시에 담아주세요.

❿
밥은 가지런히 담고,
커리에 고수 잎, 스파이스피너츠 등을 올려
마무리합니다.

칼라마리

Calamari

생색 포인트

몇 년 전, 산토리니를 여행했을 때 일입니다. 공항에서 숙소까지 택시로 이동하는데 운전사는 묻지도 않고 합승을 했고, 숙소 아래 대충 차를 세워주는 바람에 도착하자마자 불쾌함이 이만저만이 아니었죠. 사실 그리스라는 나라의 인상은 그 전날 머물렀던 아테네에서부터 좋지 않았어요. 날씨는 땀이 삘삘 흐를 정도로 덥고, 그런 날씨 탓인지 만나는 사람마다 불친절했죠. 잠시 짐을 내려놓고 쉴 만한 장소도 마땅치 않고, 그래서인지 여행 내내 기분이 좋지 않았습니다. 관광지인 섬에 가면 괜찮으려나 했더니 웬걸. 트렁크를 끌며 언덕을 오르는 동안 '아! 여길 왜 온다고 해서 이 고생을 하나!' 후회가 밀려왔죠.

그러나 그런 고생에도 보람이 있었던지, 그 후로는 정말 행복한 여행이었습니다. 깨끗한 숙소, 친절한 미소로 맞이해주는 사람들, 황홀한 풍경에서 먹는 맛있고 건강한 식사. 어느새 마음은 '이곳에 와보길 잘했어!'로 바뀌었습니다.

페타치즈와 올리브가 가득가득 들어 있는 그리스식 샐러드, 그리스식 샌드위치인 기로스, 꼬치 요리 수블라키, 여기에 전통술 우조를 곁들이면 모든 음식이 환상적으로 맛있어집니다. 다른 음식도 모두 좋았지만, 그중 가장 인상적인 요리는 바로 '칼라마리'였어요. 저 멀리 지중해가 보이는 풍경 좋은 카페에 앉아, 칼라마리에 맥주를 마시며 낮술을 했던 그 순간은 평생 잊지 못할 것 같아요.

그래서 준비한 오늘의 요리는 '칼라마리'입니다. 싱싱한 한치를 골라서 튀김 가루를 입히고 적당히 튀겨내는 간단한 요리예요. 무겁지 않은 드레싱을 곁들인 샐러드에 와인이나 맥주, 탄산음료와 함께 즐기면 감동적이죠.

오늘은 오징어와 한치를 손질하는 법부터 좀더 맛있는 색감을 내기 위해 튀김옷에 파프리카 가루를 추가하는 방법, 튀김 요리의 느끼함을 잡아줄 상큼한 드레싱을 만드는 방법을 배워볼 거예요.

튀김 요리를 직접 한다는 건 어찌 보면 번거로운 일일 수 있지만, 갓 튀긴 음식만큼 맛있는 음식도 없으니 한번 도전해보면 어떨까요? 한치의 제철인 늦봄과 여름 사이에 만들어보세요. 한치의 야들야들함과 튀김옷의 바삭함, 샐러드 드레싱의 상큼함이 주는 삼박자가 환상입니다.

#그리스음식 #지중해 #여름 #페타치즈 #올리브 #애피타이저 #안주 #오징어 #한치 #튀김요리 #맥주 #낮술

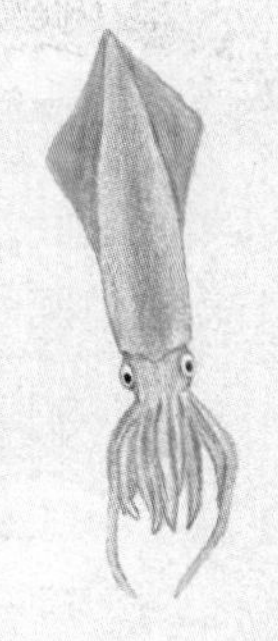

칼라마리

재료(3~4인분)
한치(또는 오징어) 450g(서너 마리)
카놀라유 적당량
파슬리 적당량
레몬 조각 적당량

튀김 가루
밀가루(중력분) 1C
파프리카 가루 2Ts
소금 1ts, 후추 1ts
굵게 다진 페페론치노 1개 분량

아이올리소스
마요네즈 1/2C
레몬 즙 2Ts
다진마늘 1Ts
꿀 1Ts
소금, 후추 적당량

밑 작업
아이올리소스의 모든 재료를 골고루 섞어준다. 한치는 흐르는 물에 깨끗하게 씻어서 물기를 제거하고 내장을 뺀 뒤 껍질을 벗긴다. 다리는 2등분하고 몸통은 1~2센티미터 굵기로 링 모양으로 자른 다음 우유에 담가 냉장고에서 30분간 재운다.

튀기기
튀김 가루를 한데 섞는다. 기름을 중불에 올려서 약 175도로 예열한다. 재워둔 한치를 우유에서 건져 튀김 가루를 골고루 묻힌다. 예열된 기름에 한치를 적당히 넣고 2~3분 정도 노릇하게 튀긴 후 채반에서 기름기를 뺀다. 남은 재료도 같은 방법으로 튀긴다.

담기
그릇에 샐러드를 담고 그 위로 튀긴 한치를 올린 다음 레몬 조각과 파슬리를 곁들인다.

Tip!
- 우유에 한치를 담가두면 잡냄새가 제거되고, 한치의 식감도 훨씬 부드러워진다.
- 튀김 가루에 간이 되어 있으므로 한치에는 소금, 후추로 밑간을 하지 않는다.
- 한치를 튀기기 직전에 우유에서 건지면 튀김 가루가 적절하게 입혀진다.

샐러드

재료(3~4인분)
라디키오 200g
양상추 150g
프리세 25g
굵게 다진 견과류 적당량
드레싱
· 화이트와인 비니거 2ts
· 소금 1/3ts
· 꿀 1ts
· 엑스트라버진 올리브유 1Ts

라디키오, 양상추, 프리세를 먹기 좋은 크기로 찢는다. 드레싱 재료를 볼에 한꺼번에 넣고 골고루 잘 섞어준다. 접시에 담으면 샐러드 완성.

한치와 오징어

구루 오늘 요리는 칼라마리입니다. 칼라마리는 지중해 쪽에서 많이 먹는 음식인데요. 혹시 먹어봤어요?

영지 음…… 저는 먹어보진 못했고, 텔레비전에서 봤어요.

밀 요리 프로그램이요?

영지 네, 그랬던 것 같아요.

밀 저는 술안주로 먹어봤어요. 10년 전엔가, 홍대 호프집에서 안주로.

영지 어떤 데였어요?

밀 세계 맥주를 팔던 곳인데, 안주가 칼라마리였어요. '역시 멋쟁이들이 모이는 곳이라 먹는 것도 다르구나!' 하면서 잔뜩 기대했는데 그냥 오징어 튀김이었어요, 첫 느낌은.

구루 저는 칼라마리라는 요리를 몰랐다가, 산토리니 여행을 갔다가 대표 메뉴라고 적혀 있는 걸 시켰는데 그게 칼라마리였어요.

밀 그냥, 이름 가리고 보면 다들 오징어 튀김으로 알 거예요.

영지 오징어 링 튀김? ㅎㅎ

구루 맞아요, 우리나라에서도 오징어 튀김 해 먹잖아요. 튀김 집에도 많이 팔고요. 그런데 칼라마리Calamari가 무슨 뜻인지 아세요?

영지 아뇨, 무슨 뜻인가요?

구루 한치라는 뜻이에요. 그런데 검색 사이트에서 칼라마리를 쳐보면 대부분 요리된 칼라마리 튀김이 나와요. 간혹 오징어로 보이는 것도 있지만 자세히 보면 대부분 한치죠. 사실 사람들은 오징어와 한치를 잘 구분하지 못하잖아요. 그래서 검색 결과를 보면 "칼라마리는 오징어의 이탈리아어"라든지, "오징어로 만든 지중해식 음식"이라든지 하는 잘못된 정보가 꽤 나와요.

영지/밀 아아~

구루 칼라마리는 한치지만, 한치를 튀긴 음식도 칼라마리라고 해요. 그 외에 한치 샐러드 등도 칼라마리라고 소개하긴 하지만, 한치 튀김이 대표적인 메뉴예요. 우리나라에서 족발 하면, 족발을 삶은 것이 나오는 것처럼요.
그런데, 한치가 항상 접할 수 있는 식재료는 아니에요. 오징어에 비해 어획량도 적고 찾는 사람도 많지 않아서 시장에서도 잘 갖다놓지 않으니까, 구입하기가 어렵죠.
"한치가 쌀밥이면 오징어는 보리밥, 한치가 인절미면 오징어는 개떡"이라는 제주 속담이 있다니, 얼마나 인기 있는지 느껴지죠?
사실 한치 대신 오징어로 칼라마리를 만들어도 전혀 문제가 없어요.

밀 맛이 확 느껴지는 속담이네요. 한치 정말 맛있잖아요!

구루 그렇죠? 우리도 마른 한치나 마른 오징어를 맥주 안주로 많이 먹잖아요. 혹시 이 둘의 맛을 비교하며 먹어본 적 있나요?

영지 따로따로 먹어서 잘 기억이 안 나요.

밀 비슷한 느낌이었던 듯한데……

구루 그래서 오늘 일부러 한치와 오징어를 같이 준비해봤어요. 서로 비교해보고 맛도 얼마나 다른지 알아보죠. 요리하면서 맛을 비교해보면 좋을 것 같아요.

오징어, 한치 손질하기

구루 사실 오늘 요리의 핵심은 재료 손질이에요. 제가 다 해둘까 하다가 오늘이 아니면 여러분이 언제 이걸 해볼까 싶어서 그냥 뒀어요, 직접 해보려고. 먼저 생긴 걸 보면, 지느러미가 조금 달라요.

밀 등 쪽 얼룩 같은 무늬도 색깔이 좀 다른데요?

구루 네, 색이나 모양도 좀 다르죠. 한치는 지느러미가 긴 마름모꼴이고 오징어 지느러미는 상대적으로 삼각형에 가까워요. 또 한치 지느러미가 오징어에 비해 더 내려와 있어요. 그리고 다리라고 하기엔 좀 긴 부분, 먹이를 잡는다든지 하는 촉수인데요. 비율을 보면 오징어는 촉수가 상대적으로 짧고 다리가 길어요.

영지 모두 다리라고 생각했는데, 그 부분은 촉수군요.

구루 네, 둘은 식감도 달라요. 오징어가 탱탱하다고 하면, 한치는 불린 것처럼 부드럽죠. 마른안주로 먹을 때도 한치가 부드러워서 더 좋잖아요?

영지 비교해보니 확실히 차이를 알 수 있네요.

구루 그렇죠? 우리나라 한치는 제주도산, 동해산 두 가지가 있다고 하는데요. 오늘 준비한 건 제주도 한치입니다. 재료는 손질하면서 알아가기로 해요. 이제 시작해볼까요?

밀 네!

구루 해산물이 손에 묻는 게 싫으면 실리콘 장갑을 끼고 손질해도 돼요.

밀 그런데 칼라마리는 주로 안주로 먹나요?

구루 네, 주로 와인하고 먹죠. 식전 음식으로요.

밀 엥? 튀김인데 애피타이저예요?

구루 메인 요리를 먹기 전에 가볍게 술을 한잔할 때 나오는 요리예요.

밀 애피타이저는 샐러드나 수프가 일반적이라고 생각했는데, 튀김을 먹는다니 의외네요.

구루 고정관념이죠.

밀 우리는 주로 언제 튀김을 먹죠?

구루 간식으로 먹지 않나요?

영지 별식으로 그냥 먹었던 것도 같고…… 아니면 안주?

구루 (한치를 건네주며) 자, 이제 손질해볼까요? 해산물은 선도가 정말 중요해요. 싱싱한 건 껍질도 쭉쭉 잘 벗겨져서 손질하기 수월한데 선도가 떨어지면 툭툭 끊어져서 손질이 어렵습니다. 오징어든 한치든 손질할 때 우선 안쪽 내장을 제거해야 해요. 한 손은 지느러미가 있는 날개 부분을 잡고 다리가 달린 머리 부분은 잡아서 당겨주세요. 좀더 깔끔하게 하려면 몸통 안으로 손가락을 넣어서 몸통과 내장이 붙어 있는 곳을 살짝 떼어내면 더 쉽게 빼낼 수 있어요.

영지 몸통 안쪽을 잘 보이게 조금 뒤집어서 볼게요.

구루 네, 한 손으로 몸통을 잡고 눈이 붙어 있는 머리 부분을 잡아서 살짝 당기면 내장이랑 함께 딸려 나옵니다.
앗, 먹물이 터졌다! 이렇게 쉽게 먹물이 터지면 선도가 낮은 거예요. 그만큼 조직이 약하다는 의미니까요. 몸통 안쪽에 지저분한 것이 남아 있는지 확인하고 제거해주세요. 칼라마리는 링 모양이 예쁘게 나와야 하는 튀김인 만큼 안쪽도 가능한 한 깨끗하게 손질해주는 게 좋아요.
이제 안쪽이 어느 정도 손질됐으면 뼈를 빼냅니다.

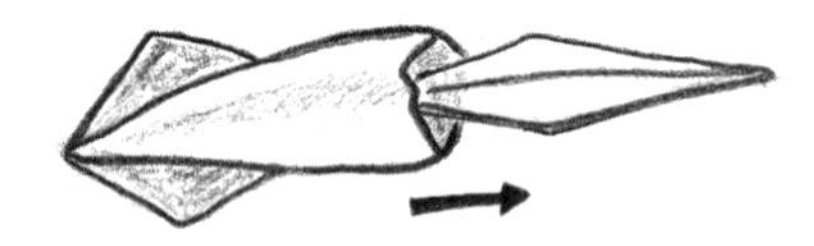

투명하죠? 볼 때마다 신기해요. 한치와 오징어는 뼈가 다른데, 비교를 해볼게요. (오징어를 손질해서 뼈를 빼낸다.) 안쪽 뼈를 같이 놓고 보면, 한치의 뼈가 좀더 넓적하고 오징어 뼈는 상대적으로 좁고 긴 모양이에요. 이렇게 분리된 몸통은 눈 아래쪽과 이빨 부분을 잘라버립니다. 그리고 물에 깨끗하게 씻어주세요.

밀 눈은 안 먹어요?

구루 눈은 안 먹습니다. 그리고 촉수도 식감이나 맛이 별로여서 버려요.
이제 껍질을 벗길 차례네요. 지느러미와 몸통에 붙어 있는 부분에 힘을 주면 껍질 사이에 틈이 생겨 벌어집니다. 그러면 손가락을 껍질 안쪽으로 집어넣고 벗겨내주세요. 몸통에 붙어 있는 날개 안쪽 부분을 양손으로 잡고 살짝 힘을 줘 가르면 껍질이 끊어지면서 틈이 벌어집니다. 탄력 있는 껍질도 이렇게 안쪽은 부드럽거든요. 그 사이에 손가락을 넣고 벗겨냅니다. 오징어에 비해서 부드러운 한치가 잘 벗겨져요.

밀 껍질은 그냥 먹으면 안 되나요?

구루 그냥 먹어도 상관없어요. 그런데 껍질과 속살의 조직이 다르기 때문에 껍질을 같이 요리하면 모양이 달라져요. 껍질 부분이 물기를 머금고 있어서 튀길 때 방해가 되기도 하죠.
그래서 칼라마리를 할 때는 벗기는 편이 좋습니다.
무엇보다 질감을 위해서예요. 씹을 때 질기거든요, 껍질은. 벗겨야 부드러워서 먹기 편하죠. 오징어와 한치는 자를 때 느낌도 좀 다른데, 오징어가 탱글탱글하다면 한치는 부드러워요.

밀 그렇네요.

구루 일단 정리가 다 된 것 같아요. 이제 손질한 오징어와 한치를 우유에 재울 거예요. 이렇게 하면 우유의 단백질 성분이 재료랑 붙으면서 잡내를 없애줘요. 그리고 우유가 서서히 스미면서, 풍미를 좀더 부드럽게 만들어주죠. 우유가 없다면 쌀뜨물로 해도 돼요.

밀 요리책을 보면 쌀뜨물이 많이 나오던데, 그건 무슨 역할을 하나요?

구루 우유랑 비슷해요. 쌀뜨물이 재료에 미미하게 침투하면서, 쌀에서 우러난 성분이 냄새를 흡착하는 역할을 하죠.

밀 요리를 할 때 쌀뜨물을 쓰면 마스터 같아

보여요. ㅎㅎ

영지 큭큭큭……

구루 손질한 오징어는 랩을 씌워서 냉장고에 넣어주세요. 해산물은 상온에 두면 금방 상하니까, 차갑게 보관하는 편이 좋습니다.

샐러드 만들기

밀 이제 샐러드를 시작하나요?

구루 네, 손질이 끝났으니 샐러드를 만들어볼게요. 함께 곁들이는 샐러드는 어떤 것이든 상관없지만, 아무래도 칼라마리가 그리스 음식이니 그에 어울리는 샐러드로 준비해볼게요. 드레싱은 화이트와인 비니거로 간단하게 만들 거예요. 칼라마리는 주로 아이올리소스에 찍어 먹어요. 레몬과 마늘 향이 강한 마요네즈소스죠. 마요네즈가 베이스고, 마늘이 꽤 많이 들어가는 게 특징이에요. 여기에 레몬 즙이랑 꿀도 들어가고요. 대충 맛이 그려지죠.

영지 레몬 즙과 꿀이라니, 달콤 상큼할 것 같아요.

밀 벌써부터 군침이……

구루 마요네즈가 베이스이긴 하지만, 마늘과 레몬 즙의 톡 쏘는 맛이 어우러져서 포인트를 줘요. 레몬이 없으면 식초를 조금 넣어주면 되고, 꿀로 달콤한 맛을 살짝 가미해주세요.
레몬 즙의 양에 따라 소스의 농도가 달라지니까 잘 조절해야 해요. 소스를 만든 뒤에는 30분 정도 숙성을 해두어야 마늘 향이 잘 배어나고요.

영지 소스도 숙성을 시키는 거군요.

구루 네, 맛이 잘 어우러지려면 시간이 필요하거든요.
참고로 샐러드를 만들 때 채소를 칼로 다듬으면 갈변 현상이 빨리 일어나요. 그래서 손으로 뜯는 게 더 좋아요.

밀 채소를 다듬다 보니 생각나는데, 일본 교토에는 250엔짜리 도시락이 있대요.

구루 250엔?

밀 네, 밥에 고기를 튀겨서 만드는 반찬이 들어간 도시락이에요. 가령 돈가스 같은 반찬에 우메보시를 곁들인 거예요. 신선한 채소는 하나도 없는 거죠. 그래서 사람들이 도시락에 왜 채소가 없냐고 그러니까 채소를 깨끗이 씻고 손질하는 작업을 250엔 도시락에 맞춰서 할 수 있겠느냐는 거예요. 고기야 그냥 기름에 넣고 튀기면 되는 재료죠. 듣고 보니, 요즘은 신선한 채소가 들어간 요리를 먹으려면 비싼 값을 내야 하더라고요.

구루 그렇죠. 옛날엔 채소가 싸고 흔한 재료였다면 요즘엔 고기나 채소나 가격이 비슷하지 않나요?

밀 육류 소비량이 는 데는 그런 이유도 있는 듯해요.

구루 채소는 고기에 비해 보관 기간도 짧고, 먹으려면 손도 많이 가니까 점점 잘 안 먹게 되죠. 하지만 영양의 균형을 맞추기 위해 억지로라도 샐러드나 과일을 먹어주는 게 좋아요.

영지 넵!

구루 샐러드도 실온에 오래 두면 숨이 죽어버리니까, 가능하면 후딱 만들어서 냉장고에 넣어두는 편이 좋습니다. 더 신선하게 하려면, 채소를 찬물에 10분간 담갔다가 건어서 냉장고에 넣어두면 좋아요. 파릇하게 살아나거든요.

칼라마리 튀기기

구루 (튀김옷을 준비하며) 이제 튀길 준비를 해볼게요. 보통 밀가루로 하면 중력분을 쓰는데, 오늘은 튀김 가루를 쓸 거예요. 튀김 가루로만 해도 충분한데, 여기에 파프리카 가루를 섞을 겁니다. 매콤한 맛을 살짝 더해주고, 색감도 맛있어 보이게 해주거든요. 없으면 고춧가루를 넣어도 되는데, 맵겠죠? 그다음 소금과 후추 등을 넣고 페페론치노를 조금 다져서 넣을 거예요. 튀김 옷 사이사이에 씹히면 매콤하기도 하고 식감도 살아나요.
우리나라는 튀김 반죽을 만드는 반면에, 서양에서는 카레처럼 조미를 한 튀김 가루에 재료를 살짝 묻혀서 튀겨요. 평소에 하던 방식이랑 달라서 해보면 재미있을 거예요.
준비가 어느 정도 끝났으니까 튀겨볼까요? 일단 기름 온도를 맞출 텐데, 처음부터 센 불에 하면 안 돼요. 기름 온도가 한 번에 쭉 높아지면, 낮추기가 힘드니까 서서히 온도를 높여보겠습니다. 이제 오징어를 꺼낼게요. 생물 오징어가 다루기 어려우면, 좀 편하게 손질된 냉동 오징어를 사용해도 돼요.

밀 모양이 크게 중요하지 않다면 말린 오징어를 불려서 써도 되겠네요.

영지 오징어 튀김을 그렇게 많이 만들잖아요.

밀 아~ 그렇구나! 그래서 가끔 딱딱하기도 했구나. 음? 그런데 매콤한 냄새가 나요.

구루 파프리카 가루 때문이에요. 고춧가루 같지만 맛은 좀 달라요. 훈제 향이 나면서 끝맛이 살짝 매콤한데, 고춧가루보다는 매운맛이 훨씬 약하거든요. 밀가루에 파프리카 가루를 넣고 소금, 후추로 밑간을 하면 되는데 여기에 페페론치노를 조금 추가해서 뒷맛을 깔끔하게 잡아줄게요.

밀 네. (우유에 담근 한치를 보며) 그런데 해산물을 우유에 넣는 게 신기하네요.

구루 그렇죠? 한데 생각해보면 서양에서는 우유가 흔한 식재료죠. 우리나라에서 밥을 짓다 보면 쌀뜨물이 매일 나오는 것처럼, 빵이나 디저트를 많이 먹고 우유도 자주 마시니까 활용하기 쉬웠겠죠. 튀김을 만들면서 '여기다 넣어볼까?' 하고 재워보니 냄새도 잡아주고 식감도 부드러워지니까 이런 방법을 쓰지 않았을까 싶어요.

계속 해보다 보면, 이런저런 아이디어가 샘솟는 게 요리의 매력이죠. 또 누가 한번 해봤는데, 괜찮으면 그 주변에 퍼지고, 지역에 알려지고, 어느새 어엿한 레시피로 정착이 되고요.

영지 맞아요, 동네 어머니들 사이에서 조리법이나 주방 기구가 유행하기도 하잖아요.

구루 지난번 데바사키를 했을 때 여러 가지 방법으로 온도를 체크했는데, 칼라마리는 반죽이 없으니까 젓가락을 넣어볼게요. 젓가락을 넣었을 때 넣자마자 바로 올라오면 온도가 어느 정도 높아졌다는 뜻이에요. 지금 160~180도 정도 되네요. (기름에 오징어를 넣는다.) 오징어나 생선은 금방 익으니까, 색을 보고 어느 정도 익었다 싶을 때 바로 꺼내주는 게 좋아요.

영지 오늘은 생각보다 빨리 먹겠네요.

밀 좋다—!

구루 시간을 잘 기억하세요. 재료를 조금만 넣는다면 1분 정도 튀기면 돼요. 양에 따라 조금 다른데, 좀더 많은 양을 넣는다면 시간을 늘려야겠죠?

영지 아아— 네.

밀 색이 참 예뻐요.

구루 그게 파프리카 가루의 힘이에요.

밀 칼라마리는 두 번 안 튀겨서 정말 다행이에요.

구루 튀김 전문점에선 하루에 기름을 대여섯 번 정도 바꾼대요. 이렇게 재료가 들어가면 아무래도 기름이 안 좋아지니까. 튀김 가루만 묻혔을 땐 한 번씩 흔들어주면, 서로 붙지 않아서 종종 흔들어주는 게 좋아요.

밀 영지 님, 갓 튀긴 거 한번 먹어보세요!

영지 (먹어보며) 오— 금방 튀겨서 그런지 맛있네요.

구루 (먹어보며) 끝에 파프리카 향이 살짝 남아서 좋네요.

샐러드 드레싱 만들기

구루 다음은 샐러드 드레싱을 만들어보죠. 베이스는 화이트와인 비니거입니다. 칼라마리가 느끼할 수 있는 튀김이니까 샐러드는 산뜻하고 가볍게 가야겠죠? 재료는 화이트와인 비니거에 꿀, 소금 약간, 그리고 엑스트라버진 올리브유. 다 같이 넣고 잘 섞어줍니다.

영지/밀 (드레싱을 맛보며) 오— 맛있어요!

영지 샐러드랑 상관없이 그냥 먹어도 좋을 것 같아요.

밀 그러게요.

구루 채소는 탈수기에서 물기를 털어주세요. 허브는 물에 너무 오래 담가두면 향이 날라가요. 탈수기가 없을 때는 깨끗한 면보를 깔아두고 손으로 대충 물기를 털어낸 채소를 펼쳐두면 됩니다.
이제 플레이팅만 하면 되겠군요. 큰 볼에 샐러드 채소, 드레싱을

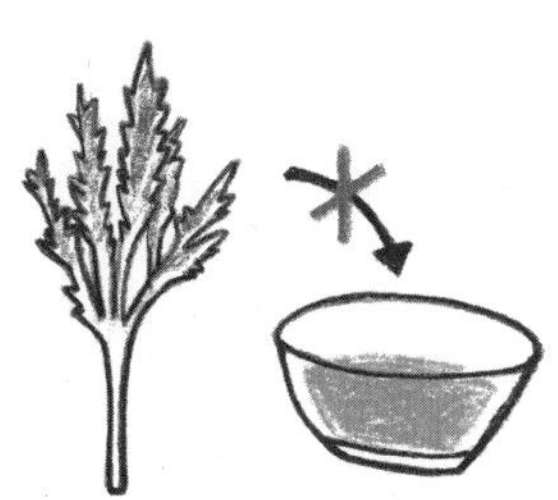

넣고 골고루 버무려주세요. 접시에 샐러드를 넓게 깔아주고 칼라마리를 수북하게 올립니다. 파슬리를 골고루 뿌리고 레몬 조각을 사이드에 올리면 완성입니다.

지중해의 상큼한 맛

밀 맥주도 준비해볼게요.

구루/밀/영지 (잔을 부딪치며) 짠-!

밀 원래 와인에 먹는 음식이라고요?

구루 네, 화이트와인에.

밀 (샐러드를 맛보며) 조금 더해준 견과류가 한 번씩 씹히니까 입안에서 고소한 맛이 퍼져서 훨씬 맘에 들어요.

밀 맛있어요. 파프리카 가루가 들어가서인지 매콤한 훈연 향도 느껴지고 튀김 색도 훨씬 맛깔스럽게 보이네요.

영지 한치는 부드러우면서 탱글탱글한 식감이 오징어에 비해 더 좋은 것 같아요.

밀 오징어는 상대적으로 질기죠? 더 쫀득하다고 할까요? 드레싱은 가볍고 상큼해서 튀김 요리랑 정말 잘 어울리고요. 전에는 못 느꼈던 건데 한치와 같이 먹어보니까 확실히 오징어의 식감이랑은 다르네요.

구루 손질만 빼면 조리법은 괜찮나요?

영지 네, 튀김이라서 살짝 어려움은 있지만요.

구루 일단 그냥 한번 먹어보고, 소스를 찍어서 먹어봐요. 레몬 즙은 칼라마리가 느끼하다 싶을 때 각자 조금씩 뿌려서 드세요. 레몬 향이나 신맛이 입맛을 살려주고 해산물의 비린내를 잡아줍니다. 마늘 향이 좀 세게 느껴지긴 하지만, 소스를 찍어 먹어도 괜찮네요.

영지 칼라마리는 아무래도 여름에 잘 어울리겠죠? 여름에 튀김을 하는 건 쉽지 않지만요.

구루 그렇죠. 여름에 불 쓰는 건 쉽지 않지만……

영지 맥주에 튀김이라니, 행복해요!

밀 탄산음료도 좋을 것 같아요.

구루/밀/영지 잘 먹었습니다.

❶
아이올리소스 재료를 모두
섞어줍니다.

↓

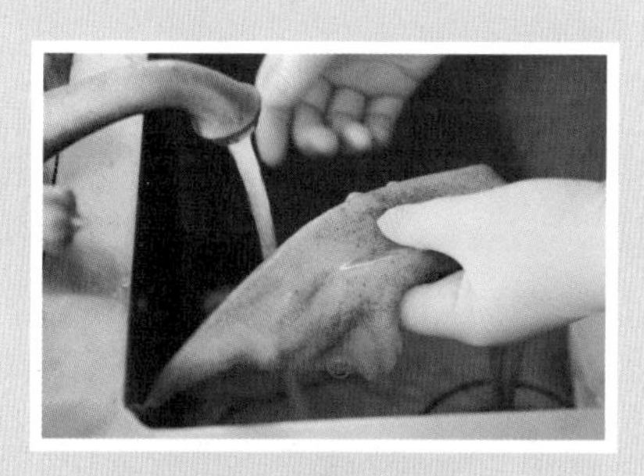

❷
한치는 흐르는 물에 씻어서
물기를 꼼꼼히 닦아주세요.

↓

❸
가장 먼저 몸통 안쪽의
투명한 뼈를 빼냅니다.

❹
다시 몸통 속으로 손가락을 넣어서 붙어 있는
내장 부분을 떼어주세요.

↓

❺
눈이 붙은 부분을 잡고 당기면 쉽게 분리됩니다.

↓

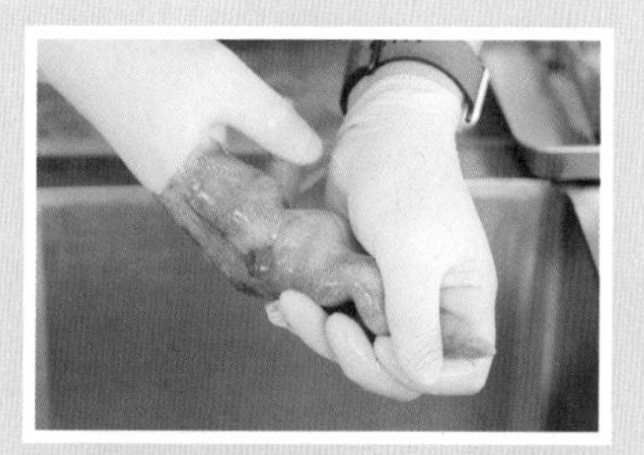

❻
안쪽으로 손가락을 넣어 구석구석 남아 있는
지저분한 것들을 제거해주세요.

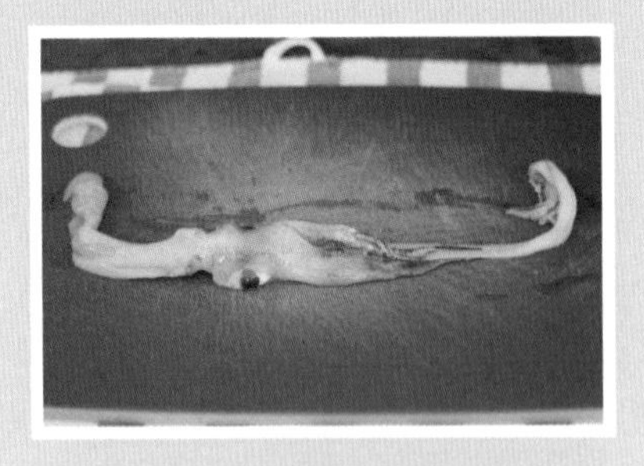

다리에서 기다란 촉수는
잘라서 버립니다.

↓

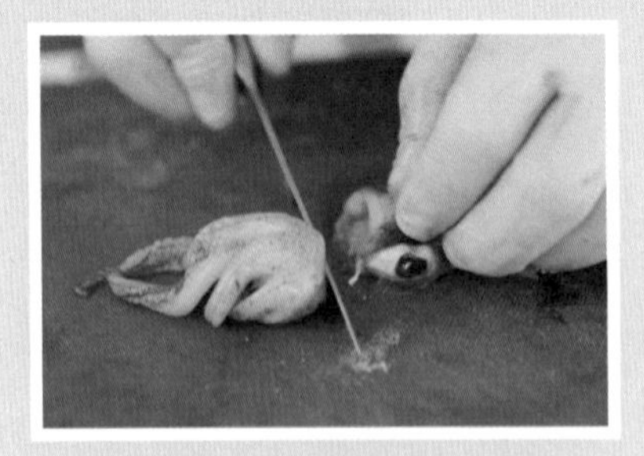

❽
눈 바로 윗부분을
잘라주세요.

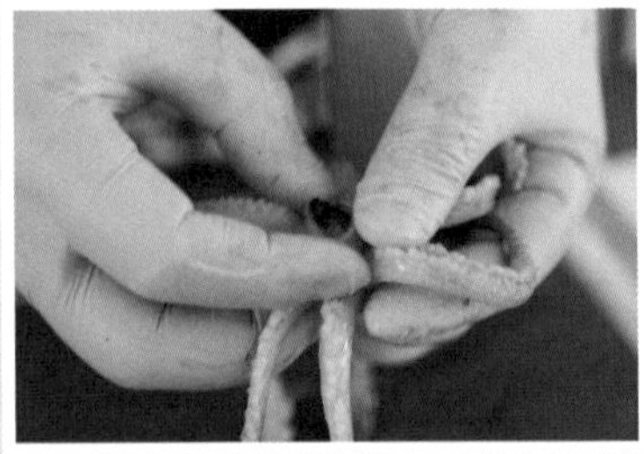

❾
다리를 아래쪽으로 뒤집으면 날카로운 이가 보입니다.
뒤에서 누르면 쉽게 빠져요.

먹기 좋은 크기로
잘라주세요.

↓

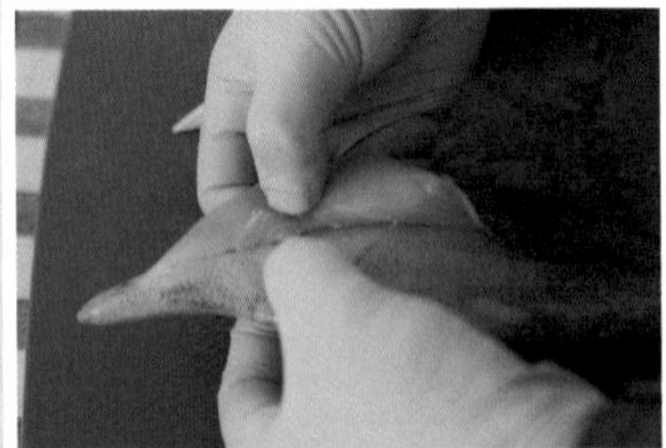

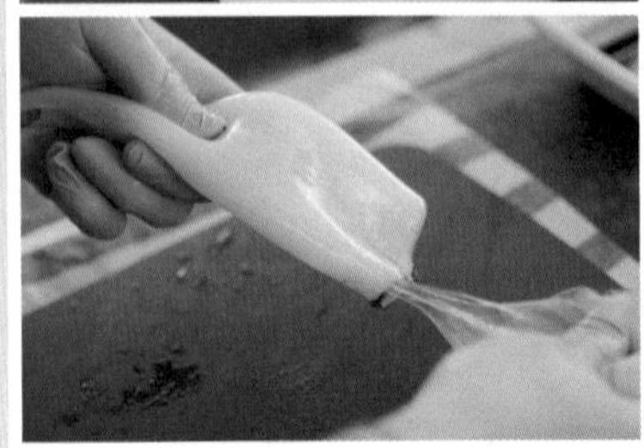

⓫
위쪽 지느러미를 살짝 잡아당기면
껍질이 벌어집니다. 벌어진 껍질을 잡고
전체적으로 벗겨냅니다.

⑫
손질이 끝난 한치를
가지런히 정리해주세요.

⑬
한치는 부드러워서 굵게 썰어주는 게
식감을 즐기기에 더 좋습니다.

⑭
굵게 썬 한치는 우유에 담가 랩을 씌운 다음
냉장 보관합니다.

⑮
튀김 가루 재료를
한데 넣고 섞어주세요.

⑯
기름이 적당히 달궈졌을 때, 오징어를 우유에서 건져
튀김 가루를 골고루 묻혀주세요.

⑰
한치는 금방 익어요. 튀김 색이 노릇노릇
예쁘게 올라오면 바로 꺼냅니다.

⑱
부서지기 쉬운 양상추는 밑동을 도려내고
손질하면 편합니다.

↓

⑲
남은 채소들도 적당히 찢어서
큰 볼에 담아주세요.

↓

⑳
드레싱 재료를 모두 넣고 잘 섞어준 뒤
채소에 골고루 버무려주세요.

㉑
그릇 바닥에 샐러드를 넓게 담고
칼라마리를 소담하게 올립니다.

↓

㉒
레몬 조각과
아이올리소스를 곁들이면 완성!

나폴리탄

Napolitan

생색 포인트

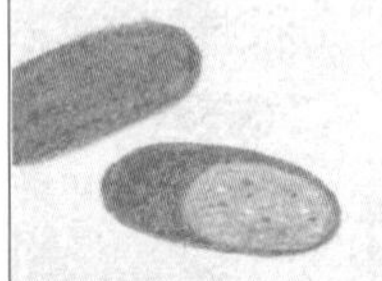

무라카미 하루키의 소설 속 남자 주인공들은 종종 스파게티를 만듭니다. 저는 그 장면들을 볼 때마다 주인공이 만드는 스파게티의 종류는 혹시 '나폴리탄'이 아닐까 상상하곤 했어요. 스파게티 하면 토마토소스가 연상되고, 또 혼자서 손쉽게 조리할 수 있는 스파게티라면 나폴리탄이 적당하다고 생각했거든요. 소설 속 배경 음악도 대부분 재즈였기 때문에, 나폴리탄이 떠올랐던 건 당연한 일인지도 모르겠습니다.

나폴리탄은 어쩐지 무심한 음식 같아 보입니다. 『심야식당』의 마스터가 뚝딱 만들어주던 나폴리탄의 이미지도 그렇고, 경양식집에서 나비넥타이를 한 웨이터가 나폴리탄을 건네주는 모습을 떠올려도 그렇죠. 그런가 하면, 나폴리탄은 어쩐지 어린이를 위한 음식 같기도 합니다. 스파게티면 위로 가득 올라온 소시지도 그렇고, 파스타 소스로 케첩을 사용하니 어린이라면 누구나 좋아하지 않을까 싶거든요.

나폴리탄이라는 요리는 일본에서 만들어진 파스타입니다. 미군이 일본에 주둔할 당시 스파게티면에 케첩을 비벼 먹는 것을 보고 양송이버섯과 소시지 등 갖가지 재료를 더해, 좀더 먹기 좋게 만든 음식이에요. 오늘은 가볍게 나폴리탄을 만들어보면 어떨까요? 배경 음악은 1950~1960년대의 재즈. 혼자서도 근사하게 즐길 수 있는 테이블을 차릴 수 있을 거예요.

#일본음식 #추억 #경양식 #심야식당 #급식 #혼밥 #토마토 #케첩 #양송이 #소시지 #스파게티 #재즈

나폴리탄

재료(2인분)

파스타(스파게티 1.7mm) 180~200g
양파 1/2개
피망 1개
소시지 4개
양송이버섯 4개
버터 조금
올리브유 조금

소스

케첩 8Ts
우스터소스 1Ts
우유 6Ts
설탕 2ts
소금 1/3ts
후춧가루 조금
면수(파스타 삶은 물) 1/2C
파슬리 조금
치즈 가루 적당량

밑 작업

파스타 삶을 물을 센 불에 올린다. 양파, 피망, 소시지, 버섯은 먹기 좋은 크기로 자른다. 소스 재료를 작은 볼에 넣고 섞어둔다.

조리하기

물이 끓으면 파스타면을 삶는다. 중불에 프라이팬을 올리고 버터와 올리브유를 두른 뒤 양파를 볶다가 나머지 부재료를 전부 넣고 볶는다. 소금, 후추로 밑간해서 따로 덜어둔다. 같은 프라이팬에 소스 재료를 넣고 중불에서 부글부글 거품이 올라올 정도로 끓이되, 타지 않도록 바닥을 저어준다. 덜어둔 부재료를 넣고 한 번 섞어준 다음 불을 끈다. 다 익은 파스타를 소스 프라이팬에 넣고 다시 센 불에 올린다. 파스타 삶은 물과 파스타를 넣고 골고루 섞어준다.

담기

그릇에 파스타를 봉긋하게 담고, 소스를 얹은 다음 파슬리와 치즈 가루를 적당히 뿌려준다.

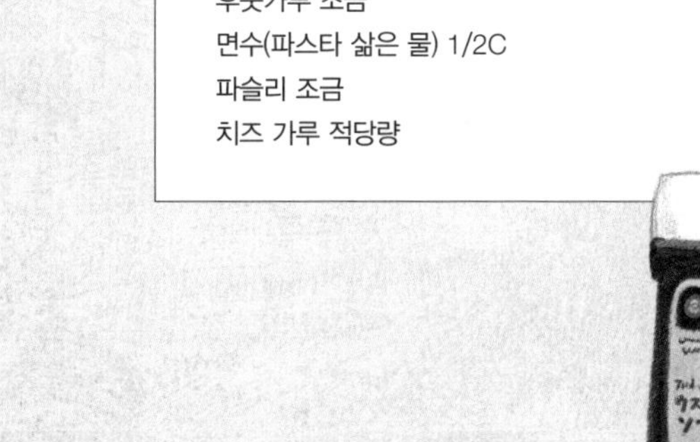

Tip!

순서를 요약하자면 파스타를 삶는 동안 소스를 만들어서 익은 파스타를 넣고 버무린다. 소스에 삶은 파스타를 넣을 때 면수를 더해 케첩의 강한 맛을 부드럽게 중화시켜준다.

레몬사와

재료

소주 60ml
탄산수 90ml
레몬 즙 15ml
얼음 적당량
레몬시럽 적당량(선택)

만들기

얼음 잔에 소주와 탄산수를 4대 6의 비율로 붓는다. 레몬 즙을 넣고, 코디얼 또는 과실시럽을 추가한다. 가볍게 섞어주면 완성.

Tip!

나폴리탄에 상큼하고 청량한 사와를 곁들이면 한층 더 즐거운 식사 시간이 된다. 서양에서는 도수 높은 증류주에 신맛이 강한 감귤류를 더해 마신다.

나폴리탄의 유래

구루 오늘 준비한 요리는 나폴리탄인데요. 이름은 이탈리아 요리 같지만, 일본 요리입니다. 다들 알 것 같은데요. '이거 나폴리탄이다' 하고 음식 이름을 알고 먹어본 분?

밀 저는 먹어봤어요.

영지 저는 「심야식당」이라는 드라마에서 보기만 했는데, 어떤 건지는 알고 있어요.

구루 그렇군요. 저도 나폴리탄이라고 해서 먹어본 것은 일본에서 한 번 정도인데요. 가만히 생각해보면 과거에 학교에서 먹어본 맛이기도 해요. 경양식집에서나 급식으로요. 뷔페에서 나오는 파스타도 비슷한 맛이 났던 듯해요.

밀 나폴리탄에 들어가는 재료들이 아무래도 저렴하다 보니, 뭔가 많이 내야 할 때 만들기 좋은 음식 같아요.

구루 그래선지 급식 식단에서 구색을 갖춰야 할 때 나오는 스파게티를 먹어보면 딱 이 맛이더라고요. 급식 요리로 매우 효율적인 레시피거든요. 엄청 간단하기도 하고 보관도 쉽죠. 그리고 맛도 웬만큼 좋아요. 케첩 베이스니까. 대량으로 음식을 만들어야 하는 곳에서는 굉장히 좋은 메뉴라고 생각했어요.

영지 도시락 같은 걸 먹으면 반찬으로 나오기도 하잖아요. 그게 나폴리탄 아닐까요?

구루 그럴 수 있겠네요. 도시락도 대량으로 만드니까, 나폴리탄처럼 케첩을 소스로 사용했을지도요.

밀 음, 역시……

구루 나폴리탄의 역사를 조사해보니까, 일본에서 바로 탄생한 음식이 아니라, 이탈리아에서 시작된 음식이더군요. '스파게티아나 나폴리타나'라는 나폴리 지방에서 나온 소스로 만든 파스타인데요. 제2차 세계대전 때 많은 이탈리아 사람이 해외로 이주했는데, 특히 미국으로 많이 건너갔어요. 그런데 미국에 가서 고향의 그 요리를 좀 해 먹어보려고 하니까, 토마토가 이탈리아만큼 풍부하지 않은 거예요. 그래서 토마토소스를 대신해 케첩을 사용하게 되었습니다.

영지 그러니까 일본 사람들이 아니라, 미국으로 이민 간 이탈리아 사람들이 토마토소스 대신 케첩을 사용한 거네요.

구루 그렇죠. 그 이민자들이 케첩을 묽게 해서 스파게티에 비벼 먹은 게 시작이었어요. 미국은 일본에 주둔 중인 미군에 스파게티면이랑 케첩을 잔뜩 보냈고, 일본에 머물던 미군도 이탈리아 사람들처럼 케첩을 스타게티면에 비벼 먹기 시작했대요.

밀 전쟁 때 이야기인 거죠?

구루 네, 제2차 세계대전 때 일본이 항복 선언을 하고, 미군 주둔이 시작됐죠. 그때 배식한 게 스파게티랑 토마토케첩이에요. 스파게티를 대충 삶아서 케첩에 비벼 먹은 거죠. 그걸 어느 호텔의 일본인 주방장이 보고는, 그렇게 먹고 있는 게 좀 안돼 보였는지 '요리를 좀 해보자' 해서 양파도 넣고, 소시지도 넣고 이것저것 넣어서 지금의 나폴리탄과 비슷한 스파게티가 탄생했어요. 그게 꽤 맛있다 보니 일본 전역으로 퍼지게 된 거고요. 나폴리탄 레시피는 그때의 레시피가 원조라고 할 수 있답니다.

영지 한데 케첩만 해서 먹는 건 왠지 맛이 없을 것 같아요. 생 케첩을 비벼 먹는 건 진짜 이상할 듯해요. 불 위에 케첩을 어느 정도 익히면 좀 괜찮아질 것 같기도 하지만……

구루 방금 이야기한 게 포인트예요. 토마토케첩을 그냥 먹어보면 새콤한 맛이 강하잖아요. 그런데 프라이팬에서 여러 재료와 함께 볶으면 신맛은 날아가고 다른 재료의 맛이 함께 녹아들어서 완전히 다른 소스가 돼요.

밀 아- 그래서 오리지널 케첩과는 다른 맛이 나는 거군요.

구루 재밌는 게, 지금은 일본에서 나폴리탄 대회도 열린대요.

영지 아, 진짜요?

구루 그래서 최근에 열린 나폴리탄 요리 대회를 찾아봤는데, 잠깐 소개할게요.

영지 일본에서요?

구루 네. 처음으로 소개할 메뉴는 홋카이도 대표가 만든 요리로, 인도리탄이에요. 나폴리탄 옆에 밥이랑 카레를 같이 올려서 만든 거래요. 인도리탄이라는 이름이 일단 재밌죠?

밀 음? 그건 인도리탄이라기보다 나폴리탄이랑 카레라이스 반반 세트 아닌가요? 우리나라 짬짜면 같은?

구루 하하, 그렇게 볼 수 있겠네요. 그리고, 토로토로타마코나폴리탄온함바그. 해석하면 수란 형태의 달걀을 나폴리탄에 올리고, 그 옆에 햄버그스테이크를 올린 요리가 있네요. 칼로리가 어마어마할 것 같은데요?

영지 그렇네요. 그런데 소개해준 음식들은 나폴리탄을 변형했다기보다, 나폴리탄 옆에 또 다른 음식을 곁들인 게 특징인 것 같아요.

구루 그런 것 같네요. ㅎㅎ

밀 그런데, 스파게티를 마요네즈소스로 만들어 먹어도 좋을 것 같아요. 카르보나라 같은 맛이 나지 않을까요?

영지 마카로니! 그건 마카로니샐러드.

밀 맞다. 그러고 보니 우리도 의외로 나폴리탄 비슷한 음식을 먹고 있었네요.

영지 그렇네요.

밀 마카로니샐러드는 어쩐지 감자샐러드랑 어울려요. 밥이라기보다는 반찬이었죠?

영지 네, 샐러드 반찬이었죠. 또 커다란 볼에다 파스타면 넣고, 마요네즈에 비벼 먹은 적도 있었는데, 생각보다 맛있었어요.

밀 어떤 맛인지 상상이 되기도 하고 안 되기도 하지만 맛있을 것 같아요.

구루 다시 나폴리탄 이야기로 돌아가면, 일본에서 아직껏 사랑을 받고 있죠. 사실 굉장히 오래된 음식이잖아요. 일본 사람들은 그래서, 나폴리탄을 그립고 정겨운 음식으로 생각하기도 해요. 옛날 생각나는.

영지 그렇군요……

나폴리탄의 특징

구루 다음으로, 나폴리탄 요리법에 대해 좀더 이야기해보죠. 보통 파스타는 알덴테라고 해서, 삶을 때 심이 살아 있어야 한다고 하잖아요? 그런데 나폴리탄은 그렇게 하지 않고, 푹 삶는 게 특징이에요. 불어터진 것처럼 오래 삶아야 하죠. 생각해보세요. 군대에서 먹던 음식이니까, 불리면 좀더 포만감이 느껴졌겠죠. 또 많이 불리면, 소스도 잘 배요.
또 하나, 나폴리탄은 고급 음식이 아니에요. 길거리 음식, 단체 급식, 엄마가 대충 급하게 만들어서 주는 음식이죠. 그 느낌을 잘 살리는 게 포인트입니다. 비싼 재료인 트러플오일을 뿌린다든지, 고급 치즈를 쓰는 것과는 거리가 멀죠.

영지 치즈도 가루로 뿌려야 해요. 갈아서 넣으면 안 돼요.

구루 맞아요. 피자집 테이블에 놓여 있는 그런 치즈요. 나폴리탄을 준비하면서, 우리나라 음식 중 뭐랑 비슷할까 생각해봤는데, 짜장면이 떠올랐어요.

영지 옛 생각이 나는 음식이라서요?

구루 그것도 그런데, 짜장면은 원래 중국 음식이었던 것이, 우리나라 음식이 되었잖아요. 나폴리탄도 이탈리아 음식인데, 일본 음식이 되었고요. 그런 면에서 비슷하지 않나 하는 생각을 했습니다.

밀 그렇게 보니까 비슷하네요.

구루 맛있고, 싸고, 오래되었고…… 여러 면에서 공통점이 많죠.

영지 짜장면도 예전에 춘장에 그냥 비벼 먹었다는 설을 들어본 것 같아요.

밀 불에 볶지 않고요?

영지 네.

밀 나폴리탄도 원래는 케첩에 비벼 먹었다고 하니까, 비슷하네요. 저는 예전에 일본에서 처음 나폴리탄을 먹었던 때가 생각나는데요. 300엔인가 400엔인가…… 정말 저렴한 스파게티 체인점이었어요. 지하에 있고, 주로 어린 학생들이 한 끼 때우려고 가는 식당이었는데, 그냥 짠맛밖에 기억이 안 나네요.

구루 그 가격에 맞춰 나온 음식이니, 기억에 남을 만한 맛을 기대하긴 어렵죠.

밀 그래도, 나폴리탄이라는 건 뭘까 하고 좀 기대하기도 했거든요. 그래서 오늘 만드는 나폴리탄 맛이 더 기대되네요!

나폴리탄 만들기

구루 자, 이제 레시피를 보세요. 재료와 조리과정을 보면, 맛이 없을 수가 없겠죠? 아까 얘기했듯이, 스파게티면과 케첩이 주재료예요. 여기에 피망도 들어가고, 소시지도 들어가고…… 여러 재료가 옵션으로 계속 들어갑니다. 그런데 이게 끝이라고 하면 생색요리 취지에 너무 안 맞으니, 뭘 더 추가해야 할까 생각해봤어요. 버터와 우유, 파스타 삶은 물을 더해 녹말가루 역할을 하게 하려고요.

밀 버터가 들어갔으니 풍미가 좋을 것 같아요.

구루 그럼요. 소스가 뭉근해지고 음식은 반짝반짝 윤기가 나죠. 추가한 재료가 들어가면서 맛이 굉장히 풍성해진다고 생각하면 됩니다. 또 아까 영지 님이 얘기한 것처럼, 케첩만 비비면 맛이 없어요. 케첩은 그냥 새콤하기만 하거든요. 그걸 프라이팬에 볶으면 신맛이 싹 날아가면서 단맛이 졸아들고, 나머지 재료들의 풍부한 향이 더해져서 훨씬 더 맛있는 소스가 됩니다.

밀 영지 님은 면 요리를 좋아하니까, 이거 배우면 아마 집에서 쉽게 자주 해 먹을 것 같아요.

영지 그럴까요? ㅎㅎ

구루 스파게티는 여러 종류가 있는데, 나폴리탄은 지름이 1.7~1.8밀리미터 정도 되는 두꺼운 면을 써요.

밀 쇼트파스타는 쓰면 안 돼요?

구루 어떤 면이든 괜찮아요. 푸실리 같은 것도 면 사이사이에 소스를 머금을 수 있으니 맛있을 테고요. 그런데 이 음식은 뭔가 정겨운 느낌을 주는 음식이니까, 원류를 따라가는 게 제대로 먹는 기분이 들 것 같아요. 그래서 길쭉한 스파게티면을 쓸 것을 추천합니다.

밀 그렇네요, 다른 형태라면 나폴리탄 같지 않을 것 같아요.

구루 소시지 등 나머지 재료는 다 선택이에요. 소스는 케첩이 포인트인데, 좀더 감칠맛을 주려고 우스터소스를 추가했어요. 그리고 우유를 넣을 건데요. 좀더 크리미하면서도 케첩의 시고 강한 맛을 중화시켜주는 역할을 합니다. 설탕은 살짝 감칠맛을 더하려고 쓴 거예요. 마지막으로 치즈 가루를 뿌려 먹는 것까지. 정말 쉬워요, 사실. 오늘 이 음식을 배우면 아마 쉽게 해 먹을 수 있을 거예요. 혼자서 해 먹을 수도 있고, 친구한테 해줄 수도 있고.

영지 신맛은 호불호가 사람마다 다르잖아요. 신맛을 조절하려면 케첩과 우유의 비율을 조절하면 되나요?

구루 좋은 질문이네요. 케첩이 8큰술이거든요. 120밀리리터, 약 3분의 2컵이 들어가는 거예요. 2인분이라고 해도 꽤 많이 들어가죠. 어차피 볶을 때 신맛이 대부분 날아가서 신맛이 더 강해지지는 않지만, 문제는 소스가 짜진다는 거예요. 케첩이 생각보다 짜거든요. 그래서 레시피는 그대로 두고 신맛을 더 살리고 싶다면, 마지막에 레몬 즙이나 식초를 추가해서 조절하는 게 좋아요.

영지 제가 일본 잡지에서 나폴리탄을 봤는데요. 나폴리탄이 카페 메뉴로 많이 소개되잖아요.

밀 맞아요. 카페 점심 메뉴로도 나오죠.

영지 미리 예습한다고 잡지를 봤더니 나폴리탄은 다들 비슷하게 플레이팅하더라고요. 어떤 데는 냉면처럼 삶은 달걀을 올려주기도 하고, 달걀프라이를 올려주기도 하던데. 노른자를 터뜨려서 먹으면 맛있을 것 같아요.

밀 아까 영지 님이 드라마 얘기를 했지만, 『심야식당』 만화에도 나폴리탄이 나오지 않나요?

구루 네, 잠깐 소개할게요. 마침 만화책을 갖고 있거든요.

영지 오오—!

구루 어떤 사람이, 이탈리아인 친구를 식당에 데려왔는데 알고 보니까 나폴리 사람인 거예요. 그래서, 나폴리탄이라는 메뉴를 아냐고 물어보니까 모른다고 해요. "어떻게 나폴리 사람이 나폴리탄을 몰라?" 하고 놀랐더니 옆에 있던 나이 든 이가, "이 무식한 사람. 나폴리탄은 일본에서 만든 거야"라고 알려줘요. 에피소드가 그렇게 시작되죠.

밀 나폴리 사람이 나폴리탄을 모르는 것으로 시작하다니! ㅋㅋ

구루 그런데, 이 이탈리아 사람이 나폴리탄을 먹어보더니 별 감흥을 못 느꼈어요. 그도 그럴 것이, 이런 건 이탈리아에서 접해보기 힘들었겠죠. 그런데 곰곰이 생각해보다가, 나폴리탄은 '포모도로 맛이다'라고 감탄을 해요. 이후 나폴리탄을 먹으러 계속 이곳을 찾죠. 『심야식당』 초반에 나오는 요리들을 보면 일본에서 1970~1980년대에 먹었을 법한 옛날 요리가 많이 나와요. 그래서 나폴리탄이라는 이름만 들어도 그 시절의 추억이 떠오르죠. 지금도 일본 지방의 식당이나 카페 같은 곳에 가보면 나폴리탄이라는 메뉴가 남아 있긴 하더라고요. 점심 메뉴로. 나비넥타이 매고, 옛날 느낌으로 서빙해주는 곳이요.

밀 카페에서 나폴리탄을 먹고, 후식으로 커피를 마셔도 잘 어울릴 것 같아요.

구루 자, 이제 재료를 살펴볼까요? 가장 중요한 스파게티부터. 지름이 1.7밀리미터 정도 되는 약간 두꺼운 면이에요.

영지 좀 두꺼운 스파게티를 쓰는군요.

구루 네, 나폴리탄을 두고 '케첩소스로 만든 야키우동'이라고도 해요. 알덴테가 다 뭐냐 싶게 면을 푹 삶아서 먹다 보니 그런 표현도 생긴 거죠. 그런 만큼 면은 굵은 편이 좋습니다. 다음은 소시지.

영지 소시지 엄청 좋은 거다!

밀 어? 어떻게 알아요?

영지 (소시지를 살펴보며) 표면이 울퉁불퉁 하잖아요. 저렴한 건 되게 균일해요.

구루 맞아요, 어묵도 그렇죠. 사용할 양은 80~100그램 정도면 적당할 것 같아요. 그리고 케첩이랑 양송이버섯. 표고버섯 등 다른 버섯을 사용해도 되지만, 나폴리탄에는 일반적으로 양송이가 들어가요. 나머지 재료로 양파, 피망, 파슬리와 버터 등이 있어요. 오늘 재료들 중에는 버터, 우유, 파스타 면수 이렇게 세 가지가 중요해요. 케첩의 도드라지는 센 맛을 순화시키고 나머지 재료와 부드럽게 어우러지도록 해주거든요.

영지 좋네요!

구루 일단, 피망부터 다듬어볼게요. 피망은 각 반 개씩이에요. 어떻게 다듬어도 상관없는데, 재료의 크기를 비슷하게 맞추는 게 좋겠죠?

밀 전에 음식 만들 때 재료 크기를 균일하게 하면 좀더 예뻐 보인다고 했던 것 같은데……

구루 ㅎㅎ 맞아요. 스파게티 면이 길쭉길쭉하니 채소 등 다른 재료는 눈에 잘 띄도록 좀

뭉텅뭉텅하게 썰어주세요. 예를 들어, 양송이버섯은 4등분을 하고요. 피망은 네모로 잘라주세요. 이렇게 하면 면을 먹고 건더기를 먹어야지 하는 생각이 들 때 먹기 좋죠. 하지만 꼭 이렇게 자르지 않아도 돼요. 각자 좋아하는 형태로 잘라도 상관은 없습니다.

영지 아하-!

구루 (피망을 썰며) 피망을 다듬을 때, 안쪽의 하얀 심 부분은 쓴맛이 나니까 제거해주세요.

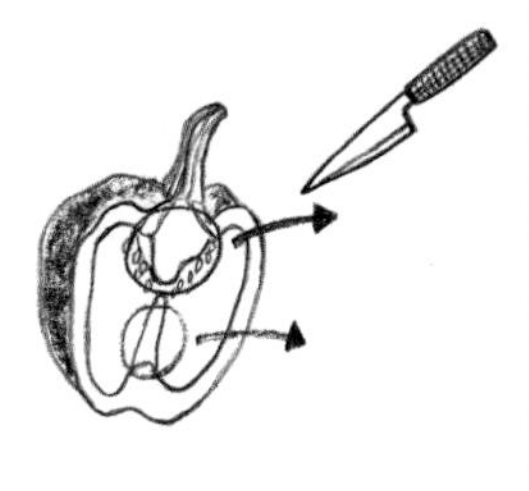

밀 저는 피망이랑 파프리카랑 맛 구분을 잘 못하겠어요. 생긴 게 비슷해서 그런지.

구루 피망과 파프리카는 같은 과예요. 맛은 조금씩 다른데, 둘 다 매콤한 맛이 더 강한 고추에 비하면 묽은 편이죠. 피망은 파프리카보다 과육이 상대적으로 얇습니다. 파프리카는 좀더 두꺼워서 과육을 즐기기 좋고, 수분도 더 풍부해요. 피망은 주로 부재료로 쓰지만, 파프리카는 불에 살짝 구워서 껍질을 살짝 깐 다음 부드럽게 해서 먹을 수도 있죠. 굉장히 맛있어요.

밀 피망도 약간 맵지 않나요?

구루 피망 안 매운데요?

밀 왠지 고추를 크게 키운 느낌이라 매울 것 같은……

구루 색이 빨개서요?

밀 매운 냄새도 나는데……?

구루 네? 피망에서 매운 냄새가 난다고요?

영지 응?

밀 안 매워요? 저는 생고추를 못 먹거든요. 피망 냄새를 맡으면 고추 냄새가 나서 너무 매울 것 같고, 잘 못 먹겠어요.

구루 네, 그렇다면 피망은 빼고 만들어보세요.

밀 네!

구루 양파도 비슷한 크기로 잘라주세요. 보통 파스타에 양파를 넣을 때는 프라이팬에 오래 볶아서 향을 날리고 단맛을 살리는데요. 나폴리탄은 토마토케첩이 메인이기 때문에 양파가 그렇게 중요하지 않아요. 덩어리를 살리는 게 훨씬 좋으니까 비교적 큼직하게 썰어서 준비해주면 됩니다.

밀 물 끓어요.

구루 (스파게티면을 넣으며) 파스타 삶을 때 소금을 꽤 넣잖아요, 한 움큼 정도. 면 삶을 때 소금으로 간을 하면 간이 배서 훨씬 더 맛있어지는데 오늘은 토마토케첩이 들어가기 때문에 소금 간을 하지 않아도 상관없어요. 앞에서 말한 것처럼 케첩 자체에 간이 되어 있으니까요.

밀 케첩에 그렇게 소금이 많이 들어가는지 몰랐어요.

구루 케첩에서 소금이 빠지면 정말 맛이 없을걸요.

영지 프렌치프라이 먹을 때 저는 케첩 안 찍어 먹어요.

밀 응? 왜요?

영지 감자 맛이 좋아서요. 케첩을 찍으면 케첩 맛만 나잖아요.

밀 저는 케첩 먹으려고 감자를 도구처럼

쓰는데……

영지 이 파스타면은 몇 인분이에요?

구루 2인분이에요. 200그램.

밀 팍팍 끓여도 된다니까 부담은 없네요. 불어도 된다니까!

영지 (끄덕끄덕) 몇 분 삶아요?

밀 (레시피를 보며) 10분이네요.

구루 다 삶은 다음에 소스랑 섞어요. 살짝 버무리는 정도로. 파스타면은 급할 때가 아니면, 10인분 이상 해야 할 때는 이렇게 삶아서 식힌 다음에 올리브유로 버무린 다음 냉장고에 넣어뒀다가 나중에 소스만 끓여서 버무려 내도 됩니다.

자, 부재료는 다 준비됐죠? 파슬리. 이건 없어도 되고, 있으면 좋아요. 잘게 다진 다음 물기를 빼주면 보슬보슬해져요. 나중에 뿌릴 때 편하게 사용할 수 있습니다.

영지 파슬리 가루 써도 되죠? 마른 거?

구루 (면을 꺼내며) 그럼요. 면을 삶을 때는 한 번씩 저어주면 좋아요. 서로 눌어붙을 수 있으니까. 소스를 끓이기 전에 부재료를 먼저 볶아서 덜어두세요.

이제 소스를 끓여서 새콤한 맛을 날려주고 부재료와 섞을 건데요. 왜 이렇게 하냐면 소스 끓일 때 처음부터 넣고 익히면 채소의 식감이 확 죽어버려서예요.

밀 그런데 올리브유를 두르고 대략 몇 분 뒤부터 볶기 시작해야 하나요?

구루 (팬 위에 손을 올리며) 이렇게 손을 대보고 따뜻해졌을 때요.

영지 버터는 나중에 넣어요?

구루 나중에 넣어도 되고 지금 넣어도 돼요. 양파 먼저 넣을게요. (팬에 양파를 넣는다.)

밀 저는 짜장면에 들어가는 양파도 이렇게 네모난 게 좋더라고요. 채로 썰려 있으면 뭔가 풀이 죽어 있는 모습이 슬프다고 할까. 재료들이 이렇게 네모나게 썰려 있으면 음식이 풍성해 보이는 것 같아요.

구루 이 부재료들은 살짝 익히기만 하면 돼요. 너무 확 익혀버리면 숨이 죽어버리니까요. 그다음에 소금과 후추로 간을 하고요. 생으로 먹어도 상관없고, 약간 익혀서 먹어도 상관없습니다. 취향에 맞게 준비하면 돼요. 저는 개인적으로 피망 같은 재료가 물컹한 게 싫어서 이렇게 약간만 익혀요.

밀 생토마토는 아예 안 들어가나요? 반은 생토마토를 넣고, 반은 케첩을 넣어야 할 것 같은데……

구루 나폴리탄을 만드는데 그렇게 할 필요가 있을까요?

밀 저는 처음에 나폴리탄이란 요리가 토마토 베이스에, 케첩은 거드는 게 아닌가 했거든요.

구루 애초에 토마토가 없어서 토마토케첩을 쓴 요리인데, 토마토를 넣어버리면……

밀 나폴리탄이 아니다?

구루 그렇죠. (소스를 끓이며) 이렇게 안 흔들면 튀니까 프라이팬을 조금씩 흔들어주세요.

밀 아, 흔들어야 하는구나!

구루 지금까지 어려운 부분 있어요?

영지/밀 아뇨.

구루 이 상태에서 삶은 면을 넣어요. 이미 면이 불어 있네요, 살짝. 여기에 녹말가루가 들어가도 좋고요.

밀 원래 파스타는 몇 분 정도 삶나요? 나폴리탄이랑 차이가 많이 나나요?

구루 1~2분 정도 차이예요. 안단테로 삶은 면도 조금 놓아두면 불어버리니까. (면을 넣고 볶은 것을 보여주며) 이상입니다. 그다음에 접시에 붓고, 플레이팅하면 끝.

밀 소시지가 많이 들어갈 줄 알았는데, 이렇게 잘라서 넣으니까 얼마 안 들어간 것 같아요. 그렇죠?

영지 (끄덕끄덕.)

밀 완성!

구루 간단하지 않아요? 15분이면 돼요. 이제 음료를 준비하려고 하는데, 오늘 준비한 건 '사와サワー'예요.

영지 사와가 무슨 뜻이에요?

구루 칵테일 종류인데요. 사와는 일본에서 증류주에 탄산수나 과즙 같은 걸 넣어서 사이다처럼 마시는 술이에요.

밀 제가 좋아하는 술이에요! 정말 맛있어요.

구루 요즘은 한국에서도 많이 팔아요.

영지 일본은 우롱차를 많이 마시나요?

밀 네, 술집 같은 데도 음료 메뉴로 우롱차가 있어요.

영지 옛날엔 우리나라에도 있었던 것 같은데……

밀 술 못 마시는 사람도 술집에 가잖아요, 저처럼. 그럴 때 우롱차를 시켜 먹어요. 술 대신 얼음 채워서 우롱차를 부어두면, 색이 맥주 같기도 하고 술자리에 잘 어울리더라고요.

영지 보리차랑 비슷해요?

밀 조금은 달라요. 보리차가 가볍지만 구수한 맛이라면 우롱차는 보리차보다 더 진하고 깊은 맛을 느낄 수 있어요. 우롱차가 녹차와 홍차의 중간 정도 되는 반半 발효차라서 때에 따라서는 녹차의 쓴맛이 진하게 느껴지기도 하는데요. 반대로 산뜻한 형태로 로스팅된 우롱차는 보리차처럼 마시기 편해요. 시중에 음료로 나오는 우롱차는 산뜻한 쪽이라 여름에 더우면 얼음을 넣고 차갑게 해서 꿀꺽꿀꺽 마셔요.

구루 먼저 컵에 얼음을 가득 채우고 탄산수, 레몬 즙, 라벤더레몬코디얼, 소주를 비율에 맞게 채워주세요. 지금은 코디얼을 사용했지만 일반 시럽을 써도 됩니다. 시럽의 양은 입맛에 맞게 조절하고요. 시럽은 무거워서 아래로 가라앉으니, 한 번 저어주면 좋아요. 완성입니다!

추억의 스파게티 맛

영지 (사와를 마시며) 와아–사와 맛있어요. 상큼한데요?

구루 안 마셔본 사람은 술이 좀 연하게 느껴질 것도 같아요.

밀 어디서 먹어본 맛 아닌가요?

영지 그렇네요. 어디선가 먹어본 맛이에요.

밀 예전에 한참 유행했던 레몬 소주 비슷한 맛?

영지 그것보단 연하지만요.

밀 (나폴리탄을 맛보며) 케첩 향이 나긴 하지만 많이 시지는 않네요, 좋아요.

구루 『심야식당』에서는 나폴리탄을 맛있다기보다는, 먹어보고 싶은 맛이라고 표현하더라고요.

밀 일리 있는 표현 같아요.

영지 진짜 면이 불었나 봐요. 양이 많아요.

밀 처음에 만든 거랑 비교하니까 면이 엄청 불었네요.

영지 (먹어보며) 소면이 중면이 된 느낌.

밀 조금 지나면 칼국수 면발이 되겠군요. ㅎㅎ 면발이 불어서 좀더 부드러워진 느낌이라 저는 이렇게 불어난 면의 식감이 좋네요.

구루 어때요? 불어도 괜찮죠?

영지 면이 불면 안 된다 생각했는데, 이건 좀 다르네요. '불어터진 면' 하면 일단 맛없겠다는 생각부터 들잖아요.

밀 맞아요. 그런데 오히려 기분 좋은 식감이 더해진 느낌? 일부러 면을 더 불리고 싶어요.

구루 (나폴리탄을 먹다가) 경양식집처럼, 김치 좀 드릴까요?

영지 네, 조금 주세요. ㅎㅎ

밀 역시 한국인이라, 김치랑 먹으니까 맛있네요.

구루 그런데 김치랑 먹으니까 김치 맛이 압도하네요. 저는 그냥 나폴리탄만 먹어야겠어요. 레몬사와랑은 생각보다 잘 어울리네요. 대신 다른 음료를 마신다면 어떤 게 좋을까요?

영지 맥주요.

밀 저는 역시 콜라입니다.

구루 레시피대로 요리하니 전체적으로 짜거나 시지 않고 나폴리탄답게 완성된 것 같아요. 신맛이나 짠맛을 더하고 싶다면 케첩을 추가해 기호에 맞게 간을 조절하면 돼요.

밀 신맛은 아주 조금 느껴지지만, 짠맛은 잘 느껴지지 않아서 제 입맛엔 딱 좋네요.

영지 케첩 향만 살짝 남는 느낌이랄까요?

밀 특히 소시지랑 함께 먹으니까 더 좋아요. 쫀득한 소시지 주변에 퉁퉁 불은 면이 잘 어울려요.

구루 오히려 소시지가 굉장히 질긴 것 같죠? 면이 부들부들하니까요.

영지 소시지는 잘 익어 탱글탱글하게 씹히고, 피망은 아삭한 식감이 남아 있어요. 따로따로 먹어도 맛있지만, 면과 여러 재료를 함께 올려 먹으니 더 맛있는 것 같아요.

구루 오늘 요리는 어렵지 않으니 가정식으로 쉽게 만들 수 있을 거예요.

밀 네! 직접 만들어서 친구와 함께 먹고 싶어요.

영지 저도 종종 해 먹을 것 같아요.

구루 오늘도 수고 많으셨습니다.

밀/영지 맛있게 잘 먹었습니다!

❶
넉넉한 크기의 냄비에 물을 채워서
센 불에 올려둡니다. 끓어오르면
파스타를 부드러운 식감으로 익혀주세요.

↓

❷
피망, 버섯, 소시지, 양파를
비슷한 크기로 다듬어주세요.

↓

❸
파슬리를 다져서 키친타월에 놓고
꾹꾹 눌러주면 향이 살아나고
흩뿌리기 좋게 부슬부슬해집니다.

❹
프라이팬을 센 불에서 충분히 달군 후
식용유를 두르고 양파부터 익혀줍니다.

↓

❺
나머지 재료를 모두 추가해 골고루 익으면
넓은 트레이에 덜어 펼쳐둡니다.

↓

❻
같은 프라이팬에 소스 재료를 모두 넣고
중불에서 끓여주세요.

❼
소스가 끓어오르면 덜어두었던 건더기 재료를 넣고
골고루 섞어주세요.

↓

❽
스파게티면을
넣습니다.

↓

❾
면수를 더해
농도를 조절해주세요.

❿
센 불에서 맛이 잘 어우러지도록 버무린 뒤
불에서 내립니다.

↓

⓫
그릇에 파스타를 담고 위로 건더기를 넉넉히
올린 다음 치즈 가루를 듬뿍 뿌리고,
다져두었던 파슬리를 뿌려주면 완성!

↓

⓬
얼음을 가득 채운 텀블러 잔에
소주, 탄산수, 과실시럽 등을 채운 뒤 섞어서
짜릿한 레몬사와를 곁들여보세요.

과일샌드위치

Fruits Sandwich

생색 포인트

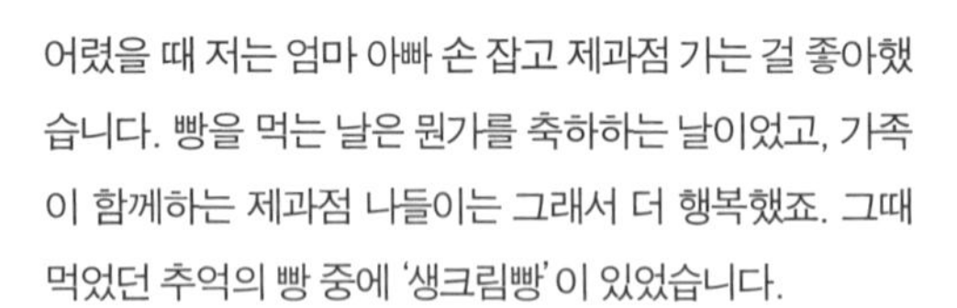

어렸을 때 저는 엄마 아빠 손 잡고 제과점 가는 걸 좋아했습니다. 빵을 먹는 날은 뭔가를 축하하는 날이었고, 가족이 함께하는 제과점 나들이는 그래서 더 행복했죠. 그때 먹었던 추억의 빵 중에 '생크림빵'이 있었습니다.

커다랗고 둥근 빵을 반달 모양으로 접어 만든 생크림빵엔 이름처럼 생크림이 넉넉하게 들어갔고, 그 안에 씹히는 통조림 과일은 달착지근했어요. 두툼한 빵 사이에 가득 찬 생크림과 과일을 크게 한입 먹으면, 케이크를 빵으로 만들어 먹는 기분이 들었습니다. 생크림빵 하나를 온전히 다 먹은 날엔 다디단 행복감에 부풀어 들뜬 기분으로 하루를 보냈습니다. 피자랑 맛은 전혀 다르지만, 모양만은 비슷했던 피자빵과 커다란 소시지가 들어간 소시지빵, 그리고 달콤한 마요네즈 샐러드가 가득 들어간 일명 사라다빵(샐러드빵)도 생크림빵처럼 어린 제게 행복한 하루를 선물해주던 추억의 빵입니다.

오늘 함께 만들어볼 음식은 과일샌드위치입니다. 생크림빵과 달리 곱게 잘라서 내는 음식인데, 보기만 해도 예뻐서 먹기 전부터 눈이 즐거워지죠. 만든 지 얼마 안 된 폭신한 식빵 사이에 직접 만든 생크림을 바르고 입맛에 맞는 과일을 나란히 올려서 4등분하면 완성인 간단한 요리예요. 예쁘게 만들 자신이 없다면, 추억의 생크림빵처럼 푸짐하게 생크림과 과일을 올려도 좋아요.

과일샌드위치는 산미가 적고, 바디감은 풍부한 구수한 풍미의 아메리카노와도 잘 어울립니다.

#티타임 #디저트 #카페 #생크림 #샌드위치 #과일 #커피

과일샌드위치

재료(5~7인분)

생크림 250ml
정제당 10Ts
제철 과일(기호에 맞게) 적당량
식빵 10~14장
얼음 적당량

밑 작업

과일은 깨끗하게 씻어서 냉장고에 넣어 차게 보관한다. 넓은 볼에 얼음과 물을 조금 채운 뒤 휘핑크림을 만들 볼을 겹쳐 올리고 생크림을 붓는다. 설탕을 조금씩 추가해가며 거품기로 휘핑한다. 생크림이 분리되기 전 단단한 휘핑크림이 완성되면 짤주머니 또는 그릇에 덜어서 냉장고에 넣고 차게 식힌다.

샌드위치 만들기

식빵 두 장을 바닥에 깔고 한쪽에 휘핑크림을 적당히 펴 바른 다음, 냉장고에서 과일을 꺼내 먹기 좋은 크기로 잘라 골고루 올린다. 다시 한번 휘핑크림을 적당히 펴 바른 다음, 다른 식빵을 포개어 랩으로 단단히 감싸고, 반나절 정도 냉장 보관한다.

자르기

냉장고에서 샌드위치를 꺼내 랩을 씌운 상태에서 테두리를 잘라내고 4등분한다.

Tip!

- 생크림은 유지방 함량이 높을수록 진하고 단단한 휘핑크림이 된다.
- 과일을 올릴 때는 4등분으로 자를 때를 고려해 한가운데에 덜 단단한 과일을 배치한다.
- 완성된 샌드위치는 냉장고에서 반나절 정도 차갑게 식히면 단단해져서 자르기 좋다.
- 되도록 갓 구운 폭신폭신한 식빵을 사용할 것.
- 곁들이는 커피는 산미가 적고 바디감이 진한 게 좋다.

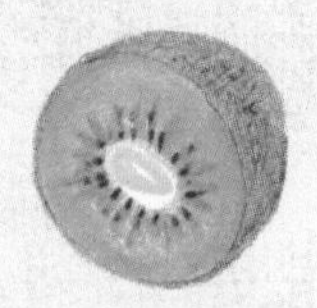

한여름의 과일샌드위치

구루 날씨가 무척 덥군요. 여름이네요.

영지 네, 가만히 있어도 기운이 빠져요.

밀 (부채질하며) 덥다, 더워!

구루 오늘의 요리는 과일샌드위치입니다. 레시피가 간단해서 다른 요리에 비해 빨리 끝날 것 같아요.

밀 오늘 같은 날씨에, 불을 쓰지 않아 다행이네요. 여름에 더운 주방에서 불 쓰는 요리를 하는 분들은 정말 고될 거예요.

영지 맞아요, 오늘 만드는 음식이 과일샌드위치라 어찌나 다행인지!

구루 네. ㅎㅎ 계절이 여름이니만큼 맛있는 여름 과일을 몇 가지 준비해봤어요. 계절에 따라, 맛있는 제철 과일을 준비해보세요.

밀 가을, 겨울이라면 귤도 좋겠네요.

영지 귤이 들어가면, 상큼한 과일샌드위치가 될 것 같아요.

구루 오늘은 티타임을 즐기는 콘셉트로 커피랑 먹을 거예요. 달콤한 과일샌드위치와 구수한 풍미의 커피는 참 잘 어울리죠.

재료 살펴보기

영지 오늘 사용하는 과일이……

구루 오늘 준비한 과일은 살구, 청포도, 적포도, 체리, 키위입니다. 맛도 맛이지만 색의 조화가 중요해요. 과일 종류가 지나치게 다양할 필요는 없어요. 서너 종류면 충분하답니다. 식감이나 신맛을 고려하면 오늘 과일샌드위치는 아무래도 포도가 중심이 되겠네요. 잘 익은 키위의 상큼한 향은 샌드위치의 풍미를 높여줄 거고요. 나중에 잘라보면 알겠지만, 살구의 산뜻한 주황색과 체리의 깊은 자주색이 포인트가 되겠네요. 두 분도 좋아하는 과일이 있으면 맘껏 활용해보세요!

밀 과일과 생크림, 식빵만 있으면 만들 수 있는 거군요!

구루 그렇죠. 특히 고소하고 진한 생크림의 역할이 커요. 시판되는 생크림—휘핑크림이라고 하죠—을 사용하면 질감은 생크림과 비슷한데 고소한 맛이 떨어져요. 신선하고 상큼한 요리에 사용하면 좋지만 오늘 만들 과일샌드위치처럼 생크림의 고소한 맛이 필요하다면 직접 만들어 사용해볼 것을 추천해요.

영지 시중에서 파는 휘핑크림과 맛이 많이 다른가요?

구루 네, 질감도 다르고 맛도 전혀 달라요. 다른 재료라고 생각해도 좋을 만큼.

밀 그렇구나……

구루 또 하나 중요한 게 빵이에요. 여러 번 테스트해보니, 빵의 역할이 매우 중요하다는 생각이 들었어요. 재료가 간단하다 보니 뭐든 가장 좋은 것을 고르는 편이 좋습니다.

밀 (레시피를 살펴보며) 그런데 레시피에 있는 풀먼 식빵이라는 건 뭔가요?

구루 풀먼 식빵은 뭐냐면…… 풀먼은 사람

이름이에요. 미국에서 기차를 발명한 사람인데, 식빵 모양이 딱 풀먼 기차 형태랑 닮아서 붙은 이름이죠. 윗부분이 봉긋한 게 아니라 사각형인 식빵.

영지 아— 한마디로 샌드위치용으로 나오는 사각 식빵을 풀먼 식빵이라고 하는 거네요?

구루 네, 맞아요. 빵은 뭐든 상관은 없지만, 모양을 예쁘게 잡기 위해서는 풀먼 식빵이 좋을 거예요. 버리는 부분 없이 다 사용하니까 실용적이기도 하고요.

밀 샌드위치용 식빵을 구하면 되는 거군요, 쉽게 얘기하면.

구루 그렇죠. 그런데, 의외로 제과점에서도 이런 모양의 식빵을 찾기가 힘들어요. 슈퍼에서는 이런 네모 식빵을 찾을 수 있었던 것 같기도 하지만요.

영지 그러고 보니 슈퍼에선 샌드위치용 식빵을 많이 본 듯한데, 빵집에서는 대부분 위가 둥근 형태만 본 것도 같네요.

구루 네, 맞아요. 주로 위가 둥근 식빵을 팔죠. 빵은 식감이나 향이 중요한데, 오래돼서 향이 거의 없거나, 식감이 질긴 건 피하는 게 좋아요. 가능하면 질 좋은 빵을 고르는 게 중요합니다. 오래된 빵은 수분이 다 빠져나가서 퍼석하고, 밀가루의 질감도 좋지 않거든요. 그래서 엇그제부터 빵집 몇 곳을 찾아보다 마침 풀먼 식빵을 파는 곳이 있어 오늘 아침 11시에 나온 빵을 가져왔습니다. 살짝 맛을 봤는데, 향도 좋고 맛도 좋아요. 원래 갓 구운 빵이 맛있잖아요.

밀 맞아요. 갓 구운 빵은 정말 맛있죠!

구루 이 맛있는 빵에 좋아하는 과일을 올려서 과일샌드위치를 만들어보죠. 앞에서 설명한 것처럼 생크림 대신, 휘핑크림을 쓸 수도 있어요. 잠시 뒤에 맛을 비교해볼 건데요. 시판용 휘핑크림을 좋아하는 분은 그냥 써도 되지만, 직접 생크림을 휘핑해 만든 것보다 맛이 가벼워요. 그래도 바로 뿌려서 사용할 수 있으니 간편하긴 할 거예요.

밀 어떻게 다른지 맛보고 싶어요.

영지 (끄덕끄덕)

구루 오늘 요리 중에 조금 품이 드는 건 생크림 만들기 정도예요. 생크림 만들 때 시간과 기술이 필요한데, 안 해본 사람들은 막연할 거예요.

영지 네……

우유, 생크림, 버터

밀 슈퍼에서 생크림이라고 적힌 걸 사서 바로 쓰는 건가요?

구루 거기에 대해 제가 할 말이 좀 있는데. 시판되는 생크림은 우유에서 버터로 가는 과정 사이의 유제품이에요.

밀 완성된 생크림이 아니고요?

구루 그렇죠. 좀더 자세히 설명하자면 우유의 지방이 대략 20퍼센트 정도 되는데, 지방 함량을 30~50퍼센트까지 높인 게 시판 생크림이죠. 무슨 얘기냐 하면, 우유에 있는 수분을 날린 겁니다. 그러면 지방 함량이 높아지겠죠.

지방이 30~40퍼센트 정도 되면 우유가 굉장히 크리미해져요.

영지 지방이 많은 걸쭉한 우유로군요.

구루 맞아요. 그런 생크림 상태에서 수분을 더 빼서 크리미하던 우유가 단단해지면, 버터라고 할 수 있어요. 이걸 휘핑하면—휘핑이란 생크림을 마구 저어서 크림에 공기를 넣는 것을 말하는데—휘핑크림이 되는 거예요. 우리가 흔히 구할 수 있는 생크림은 지방 비율을 높인 우유라고 보는 게 오히려 이해하기 쉬워요. 여기서 생크림 형태의 질감을 만들려면 직접 휘핑을 해야 하고요.

밀 저는 제품을 따면 생크림이 나오는 줄 알았어요……

구루 그랬으면 얼마나 편했을까요. 한데 생크림을 젓지 않고, 요리에 그대로 사용하기도 해요. 진한 농도의 우유가 필요할 때, 예를 들면 스튜나 파스타소스를 만들 때.

영지 아— 우유 대신 사용하는 거군요?

구루 그렇죠. 좀더 진한 우유 맛을 내고 싶을 때. 사람들이 생크림을 계속 쓰다 보니, '이런 것도 되네?' 해서 나온 게 휘핑크림이에요. 기술이 없던 옛날에 우유를 계속 젓다 보니 되직해지는 걸 보고 '뭔가 달라지는군' 하면서 생크림이라는 게 발견된 거죠. 기계도 없었을 때니까, 생크림 상태로 만들려면 한 시간 가까이 걸렸대요. 한 시간 동안 계속 젓는 거죠.

밀 한 시간이나요?

구루 네, 그래서 굉장히 귀한 재료 중의 하나로 생각한 게 바로 이 생크림을 직접 저어서 만든 휘핑크림이에요.
시판 휘핑크림을 사면, 짤 때 바로 그 생크림에 액화질소가 결합돼 나와요. 가스가 같이 뿜어져 나오면서 크리미하던 우유를 휘핑크림으로 만들어주는 겁니다. 그래서 약간 퍼석퍼석한 감이 있지만, 오랜 시간 젓지 않고 바로 휘핑 상태의 생크림을 쓸 수 있으니 매우 간단하고 편하죠.

영지 크레이프 만들 때 쓰는 걸 본 적이 있어요.

밀 맞아요! 얇은 생지를 깔고 과일 등을 올린 후에 휘핑크림을 짜서 모양도 내고 하잖아요.

구루 네, 과일뿐 아니라 초콜릿이나 단맛이 나는 재료를 많이 쓰니, 크레이프에는 생크림보다 휘핑크림이 더 잘 어울리죠. 그런데 개인적으로 저는 휘핑크림을 별로 선호하지 않아요. 앞에서도 얘기했지만, 생크림을 보완하기 위해 나온 거라 맛만 놓고 보면 생크림을 못 따라가죠. 크레이프야 과일 말고도 초콜릿이나 시럽 등 단맛이 나는 재료를 많이 쓰니까, 생크림보다 휘핑크림이 더 어울리겠지만요. 휘핑크림이 산뜻한 단맛을 내주니까요.
오늘 요리는 전반적으로 간단한 대신, 가장 어려운 부분이 생크림 만들기예요. 직접 해본 분 있어요?

영지 설마요.

밀 저도 해본 적은 없어요.

구루 본 적은 있어요? 이렇게 생크림 만드는 것?

영지/밀 텔레비전에서요.

구루 생크림 만드는 사람들 표정 보면 '와— 저거 만들다 죽겠다' 싶은 표정이잖아요. 그만큼 힘이 들고 시간이 걸리는 과정이에요.

밀 얼마나 걸려요? 시간이?

구루 손으로 하면, 기계를 쓰는 것보다 시간이 5배 정도 더 들죠. 그렇지만 우리에게는 간단하게 만들 수 있는 기계가 있으니 그렇게 어렵진 않을 거예요.

영지 일정한 방향으로 저어야 하나요?

밀 좌로 갔다 우로 갔다 아무렇게나 저으면 생크림이 풀어지나요?

구루 생크림이 풀어지는 건 속도나 방향과는 크게 상관이 없어요. 시간과 관계가 있죠. 그래도 빨리하면 빨리할수록 좋죠. 그 이유는 생크림을 만드는 원리에 있어요. 생크림에는 지방과 수분이 있잖아요. 그런데 그 사이에 공기를 주입해야 하거든요. 휘핑을 하다 보면 거품이 막 일어나겠죠. 그런데 계속 쳐주지 않고 그냥 두면 거품이 사라질 것 아니에요? 그 거품이 사라지지 않게 하는 게 휘핑의 기술이거든요. 미세한 거품을 지방이 풍선처럼 다 감싸는 거죠, 안 꺼지게. 생크림을 휘핑크림처럼 부풀리려면 미세한 거품이 아주 많이 있어야 하니까 오랫동안 쳐줘야 해요.
또 완성한 휘핑크림은 되도록 냉장 보관하는 게 좋아요. 막 휘핑해서 수분과 지방을 공기랑 억지로 묶어둔 상태인데, 상온에 두거나 온도가 높은 곳에 두면 당연히 쉽게 풀어지겠죠? 공기도 빠지고, 수분과 지방도 마르고. 상온에 완성한 휘핑크림을 가만 놔두면 지방과 수분이 분리된 걸 볼 수 있어요. 아랫부분에 물이 고이죠. 계속 그대로 놔두면 지방은 계속 굳어서 버터가 되고, 아래는 계속 물이 고여요.

영지 그러면 시판 생크림 케이크도 그대로 놔두면 그렇게 돼요?

구루 일단 녹아버리죠. 온도가 차가워야 생크림이 그대로 뭉쳐져 있어요.

밀 그럼 생크림 케이크는 빨리 먹어야겠네요?

구루 그렇죠. 첨가제가 안 들어간 수제 생크림 케이크 가게에서는 "되도록 빨리 드세요" "하루 안에 드세요"라고 얘기하잖아요.

영지 오래가는 생크림 케이크는 첨가제가 무너지는 걸 막아주는 거예요?

구루 그렇죠. 생크림에는 두 종류가 있어요. 동물성과 식물성. 우리가 맛있다고 하는 것은 대부분 다 동물성이에요. 우유는 당연히 동물성 지방이고, 코코넛이나 참깨 같은 식물에서 추출한 지방이 식물성 지방인데요. 이런 식물성 기름을 동물성 휘핑크림처럼 만들려고 유화제라는 것도 넣고, 이왕 만드는 거 오래 사용할 수 있도록 보존제도 추가하고요. 이렇게 식물성 지방으로 만든 크림은 단단하고 질감도 매끄러워서 섬세한 장식으로 모양을 낼 때 좋아요. 그런데 이게 몸에는 좋지 않다는 얘기도 있어요.

영지 네? 왜요?

구루 식물성 지방을 굳히려면 유화제 같은 첨가물이 필요한데, 이때 발생하는 트랜스 지방 등이 배출되지 않고 몸에 쌓이니까 좋을 리가 없겠죠. 어찌 보면 버터 대용품으로 만들어진 초창기 마가린 같은 거예요.
옛날 제과점에서 보던 흰색, 분홍색, 노란색 케이크도 비슷해요. 일종의 가공유인데, 케이크를 만들 때 동물성 크림과 식물성 크림을 섞어 쓴 거죠. 동물성은 맛있고 진하고 크리미한 데 비해 단단하게 고정하기가 어려워요. 여기에 식물성 크림을 섞어주면 굉장히 쫀쫀하고 매끄럽고, 탄력이 생기거든요. 또 버터크림도 많이 썼어요. 버터에 달걀 노른자와 우유, 설탕을 넣어 만든 크림인데, 주로 케이크 장식용으로 사용됐죠. 생크림에 비해 단단해서 다양한 모양을 만들 수 있고 오래 보존할 수도 있었어요. 옛날 케이크를 보면 글씨나 꽃모양 장식 있잖아요. 먹어도 된다고 하지만 저는 왠지 플라스틱으로 만든 장난감 같아서 절대 먹지 않았어요.

영지 저는 그것부터 먹었는데…… 케이크가 있으면 장식부터 떼 먹었어요. 생크림보다 몇 배는 진한 맛이었어요.

구루 버터크림은 우유 외에도 다양한 재료가 들어 있어서, 생크림이랑은 전혀 다른 맛이잖아요.

영지 아— 그렇네요. 맛이 전혀 다르죠.

구루 다시 본론으로 돌아가서, 집에서 직접 생크림을 휘핑해 만든다면 어느 정도 수고가 필요해요. 손으로 하긴 힘드니까, 기계가 있다면 좀더 편하게 만들 수 있어요. (거품기를 가리키며) 거품을 만드는 체에 이렇게 줄이 많은 이유가 있는데요. 이 사이사이에 공기가 많이 들어가야 하기 때문이죠.

밀 아—

구루 그리고 백설탕도 들어가는데, 이건 섞어줘야 해요. '나는 몸 생각해서 유기농 설탕을 써야지' 하면 안 되고요. 정제당이 아닌 유기농 설탕은 풍미도 다르고, 당 외에 다른 물질이 포함되어 있어요. 이게 기름과 공기 사이에 있으면, 크림이 되는 것을 방해해서 휘핑크림 만들기가 어려워요. 그러니 순수하게 가공된 정제당을 써야 합니다.

정제당은 보통 생크림의 10퍼센트를 쓰는데요. 오늘은 그것보다 설탕이 좀더 들어가요. 과일샌드위치에 사용되는 생크림은 더 달달해야 하거든요.

밀 그렇게나 많이요?

구루 네, 생과일만으로는 원하는 단맛을 내기 어려워요. 과일은 사실 단맛보다는 새콤한 맛을 중심으로 복합적인 맛을 내거든요. 그래서 설탕으로 필요한 단맛을 잡아주는 겁니다.

밀 베이킹할 때 설탕을 생각보다 많이 쓴다고는 들었지만……

구루 이번 레시피는 빵을 만들 때라기보다, 휘핑크림을 만들 때 필요한 당이죠. 휘핑크림을 만들 때는 당 외에 유지방도 중요해요. 시판 생크림은 지방 함량이 보통 30~38퍼센트 이내거든요. 오늘 사용할 생크림은 38퍼센트라고 되어 있네요. 당연한 얘기지만 지방 함량이 높으면 높을수록 고소하고 맛있어요. 생크림 중에서 지방 함량이 42퍼센트까지 되는 제품도 봤는데, 그건 고소한 맛이 더 강하겠죠.

밀 저지방 우유, 일반 우유의 고소한 맛 차이처럼요?

구루 네, 카페라테를 만들 때도 어떤 우유를 쓰느냐에 따라 맛이 달라지는 것처럼.

자, 다음은 과일인데요. 오늘 가져온 게 살구, 체리, 청포도, 적포도, 키위, 천도복숭아예요. 대부분의 과일이 단단한 질감인데요. 씹을 때 식감과 과일의 새콤달콤한 맛이 잘 살아나야 하고, 당연히 과일이니까 상큼함이 느껴져야 합니다. 과일을 선택할 때는 이런 맛의 조화를 생각하면서 어떤 비율로 넣을지 생각해보세요. 과일뿐 아니라, 생크림의 고소한 맛과도 잘 어울리는지 미리 생각해보고, 재료를 결정하는 게 중요합니다.

영지 과일이 단단하지 않으면 생크림과 질감이 비슷하게 느껴질 수 있겠네요.

구루 그렇죠. 그런 질감이 좋으면 식감이 연한 과일을 선택하면 좋아요. 전반적으로 재료도 간단하고, 과정도 어렵지 않은데요. 앞서 말씀드렸다시피, 오늘 요리에서 가장 중요한 것은 휘핑크림을 만드는 단계예요.

생크림으로 휘핑크림 만들기

구루 휘핑을 할 때는 온도가 중요해서, 여름에 만들 때와 겨울에 만들 때가 달라요. 그건 직접 하면서 설명해볼게요. (볼에 얼음을 넣으며) 휘핑을 할 때는 모든 게 차가워야 좋아요.

밀 그럼 겨울엔 밖에 나가서 하면 되겠다.

영지 킥킥……

구루 휘핑크림을 만들 때 겨울에 한 시간이 걸리면, 여름엔 한 시간 반이 걸린다고 생각하면 됩니다. 우유의 유지방이 잘 유지되어야 휘핑크림이 잘 만들어지는데 온도가 10도 이상으로 오르면 급격하게 녹아내려요. 그만큼 온도를 차갑게 유지하면서 휘핑을 쳐야 하는 거죠. 과거에는 얼음이 없었을 테니, 여름에 이걸 만드느라 얼마나 고생했겠어요.

일단, 재료는 계량을 해두었어요. 마트에서 사온 생크림을 그릇에 부었을 때, 오래되면 지방과 수분이 분리되기도 해서, 이걸 보고 신선도를 체크할 수 있어요.

밀 옆면으로 층이 분리되나 보면 되는군요.

구루 그렇죠. 볼에 얼음을 넣어 차가운 상태를 유지해주세요. 그다음 생크림을 넣고, 잘 저어주면 돼요. 휘핑을 하면서, 귀찮다고 설탕을 확 부어버리면 안 되고요. 생크림을 저으면서 설탕을 조금씩 넣어 녹여줘야 해요. 그냥 한꺼번에 넣으면 설탕이 안 녹을 수도 있으니까요.

영지 아하?

구루 차가운 상태에서 해야 하니까 시간이 좀 걸리거든요. 휘핑할 때 쓰는 도구를 초보자들은 보통 이렇게 잡아요. (거품기를 옆으로 잡는다.) 그렇지만 프로는 이렇게 잡고 스냅을 이용해요. (거품기를 아래쪽으로 향하게 잡는다.) 이런 식으로 거품을 치는 거예요. 이걸 계속하면 미세한 거품이 일어나면서 생크림이 단단해져요. 손으로 하려면, 엄청 오래 걸리겠죠? 그래서 우리는 기계를 쓸 거예요. 가끔 베이커리에 가면, 어떤 시간엔 모두 이것만 하고 있어요. 생크림 만들기.

밀 종일 크림만 만든다면 정말 힘들 것 같아요.

구루 거품기는 2단으로 설정할게요. (거품기를

들고) 눕혀서 치면 거품이 다 튀겠죠. 세워서 칠게요. 시간이 지나면서 거품이 점점 더 많아져요. 이 사이사이에 설탕을 넣고, 다시 거품을 만드는 과정의 반복입니다. 얼마나 걸릴지 시간을 한번 체크해보죠. 설탕이 녹으면 끈적끈적해지잖아요.

영지 다 됐는지는 어떻게 알아요?

구루 (체를 들고) 이 크림이 최대한 3초 이상은 떨어지지 않고 그대로 있으면 다 된 거예요.

영지 너무 많이 해도 안 되죠?

구루 네, 고체화가 되니까. 질감이 몽글몽글해질 때까지 저어보세요. 잠깐 먹어볼까요?

영지 (맛보며) 괜찮네요. 분유 찍어 먹는 느낌이에요.

구루 다 된 것 같으니까, 짤주머니에 넣을게요. 그냥 빵에 발라도 되지만 주머니를 이용해서 생크림을 균일하게 발라보겠습니다. 사실 정석대로 하려면 휘핑한 생크림을 냉장고에 반나절 정도 넣어두는 게 좋아요. 지금 상태보다 더 탄력 있고 단단해지거든요. 시중에서는 이 과정을 생략하고 첨가제 등을 넣어 고정시키죠. 자, 이제 완성됐으니 샌드위치를 만들어볼까요?

과일샌드위치 만들기

밀 저는 빵 끝부분 좋아하는데, 영지 님은 어때요?

영지 저도요. 김밥 꽁지, 부침개 가장자리도 좋아해요.

구루 생크림을 바른 후에, 과일을 올리고. 저는 포도를 좀 많이 넣어볼게요.

밀 그런데 왜 과일은 이렇게 놓나요? 십자로?

구루 이렇게 자를 거니까요. 십자로 잘리는 단면을 상상하고 올리면 됩니다. 자르기 좋게, 과일도 그에 맞춰 배열하는 거죠. 그리고 살구는 씨가 잘 분리되거든요. 반을 나누면 씨가 나오는데, 깔끔하게 떨어집니다. 저는 상큼한 맛을 강조하려고, 키위랑 포도를 중심으로 과일을 골랐어요.

영지 저는 좀 다른 배치를 해볼게요.

밀 저는 그냥 많이 넣을래요. 내가 먹을 거니까.

영지 (샌드위치를 만들며) 생크림을 먼저 바르고, 그리고 과일을 올린다…… 그런데 생크림이 옆으로 흐를까 봐 걱정이에요.

밀 (과일을 잔뜩 올리며) 달라고 하지 말아요. 제가 만든 게 제일 맛있을 거예요!

구루 만든 샌드위치는 랩에 잘 싸서, 모양을 만들어야 해요. 그다음 냉장고에 두고 굳혀야 해요. 오픈 샌드위치라면, 놓인 모양이 중요하니까……

(냉장고에 어제 만들어둔 샌드위치를 꺼내며) 이건 어제 만들어둔 거예요.

밀 오픈 샌드위치는 그냥 통으로 두는 게 좋지 않을까요? 푸짐해 보이기도 하고?

구루 좋은 의견이네요. 오픈 샌드위치로 할 때는 핫도그빵이나 모닝빵 사이에 넣는 것도 나쁘지 않더라고요. 먹기도 편하고, 과일도 잘 보이고.

영지 겨울엔 어떤 과일이 좋을까요?

밀 딸기?

영지 귤도 괜찮을 듯해요. 배는 안 어울리겠죠?

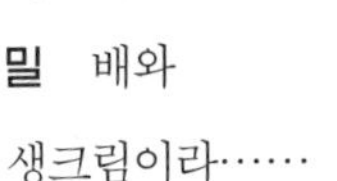

밀 배와 생크림이라……

구루 서양배는 괜찮은데, 우리나라 배는 안 될 것 같아요. 물기가 너무 많아서.

자, 이제 잘라볼게요. 과일도 너무 단단하면 곤란한 게 잘 안 잘릴 수 있어요. 그리고, 자르면서 크림이 칼에 묻으면 다음번 칼질을 할 때 쓰기 어려우니 잘 닦아가면서 잘라주세요.

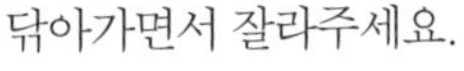

(칼을 키친타월에 닦으며) 일단 저는 식빵 귀를 자르고, 사선으로 잘라볼게요. 단면에 나오는 게 예뻐야 과일샌드위치의 진정한 완성입니다. 색의 조화도 잘 생각해서 과일을 배치해야 하고요.

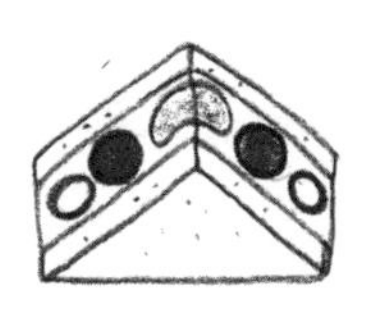

커피 내리기

구루 샌드위치를 먹기 전에 함께 마실 커피를 내려볼게요. 핸드드립 커피예요. 일단 원두를 갑니다.

밀 원두는 제가 갈게요.

구루 드립을 할 건데, 커피에 관해서 좀 아세요?

영지 아뇨……

밀 그냥 일반적인 정도요. 원두는 신선한 걸 쓰면 좋고 원두를 가는 것도 커피를 마시기 직전에 갈면 더 좋다는 정도요.

구루 저는 과일샌드위치가 달콤하니까, 커피는 쌉쌀한 맛이 어울리지 않을까 했어요. 그래서 에스프레소나 진한 아메리카노를 생각해봤는데요. 산미가 있는 원두나 스페셜티 커피를 마신다면 오히려 잘 안 어울릴 듯해요.

(밀, 원두를 열심히 갈고 있다.)

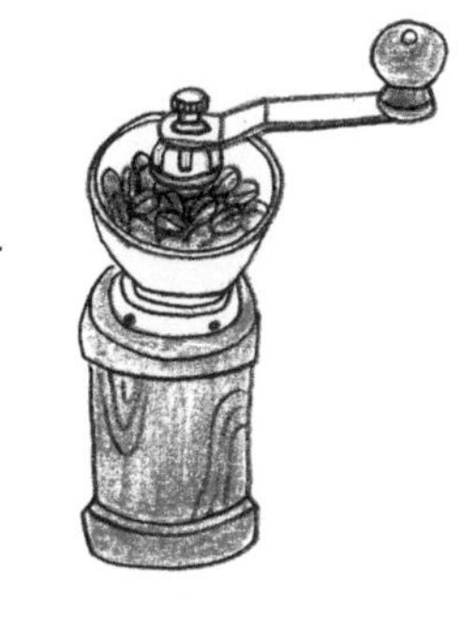

구루 원두를 갈 때는 곱게 갈아야 좀더 쌉쌀한 맛이 나요. 그래서 그라인더를 조절해서 갈아주는 게 좋습니다. 그다음 커피를 내릴 때는 물을 빨리 부어서 쭉 뽑으면, 굉장히 산뜻한 맛이 나요. 향도 은은하고. 천천히 내리면 당연히 많이 우러나니까 커피의 향과 바디감이 진하게 내려오겠죠? 제가 원하는 진한 커피의 맛이죠. 핸드드립으로 빨리 뽑으려면 하리오처럼 구멍이 큰 드리퍼를 사용하고, 천천히 뽑으려면 칼리타처럼 구멍이 작은 드리퍼를 사용하면 됩니다.

밀 원두가 되게 곱네요?

영지 그냥 쓴맛 나는 원두를 내려도 되지 않을까요? 케냐 같은 거.

밀 쓴맛 커피는 탄 맛이랑 헷갈릴 때가 있어요.

구루 탄 거랑 다른 건데 그건…… 강배전을 하면 당연히 탄 맛이 나죠. 그래서 강배전을 하면 좋은 원두인지 나쁜 원두인지 구분이 잘 안 돼요. 물론 에스프레소머신으로 뽑는다면 강배전의 원두가 맞긴 하죠. 그런데 핸드드립용이면 너무 세게 볶은 강배전보다는 중배전으로 로스팅한 원두가 더 좋을 수도 있어요.

밀 영지 님은 어떤 원두를 주로 드세요?

영지 다양하게 먹어요. 그냥 '저번엔 이걸 마셨으니 이번엔 이걸 마시자' 이렇게요.

밀 딱히 좋아하는 원두는 없어요?

영지 과테말라? 케냐는 쓴데 나름 맛도 있고요.

구루 스페셜티 커피가 요즘 인기잖아요. '원두의 맛을 최대한 살리겠다'고 하다 보니 산미가 굉장히 풍부해지더라고요. 저는 개인적으로 요리를 할 때도 산미를 좋아하는 편이 아니라서—산미에 단맛도 조금 있다든지 뭔가 다른 맛이 어우러져야 하는데—스페셜티 커피 하면 산미라고만 느껴져서 그 고급 커피를 제대로 즐기지 못하고 있어요. 취향의 문제겠지만.

밀 저도 개인적으로 신맛을 별로 안 좋아해요. 그래서 요즘 나오는 청포도 같은 건 먹는데, 옛날 어렸을 때 먹었던 포도는 먹다가 갑자기 신맛이 세게 올라오면 놀라서 잘 안 먹게 되더라고요.

영지 자몽도 싫어해요?

밀 네, 자몽 별로 안 좋아해요.

영지 저는 자몽 좋아하는데, 맛있어요.

구루 어떤 매력이 있어요?

영지 레몬하고는 다른, 특별한 맛이 있어요. 상큼한 느낌이랄까.

밀 아– 저는 귤의 신맛 정도까지만 허용돼요. ㅎㅎㅎ

구루 그런데, 커피는 잘 내려 마셔요?

영지 네, 드립해서 자주 마셔요.

밀 저는 좀 다양한 브랜드로 핸드드립을 해서 먹어봤는데, '칼리타나 하리오나 케멕스나 비슷한 거 아냐' 하는 생각이 드는 게, 지금 마시는 커피의 맛이 원두의 차이인지, 드리퍼의 차이인지 잘 구분이 안 되더라고요.

구루 사실 드리퍼에 따라 차이가 나긴 해요. 그 차이를 느끼려면 입맛이 예민해야 하는데 예민하지 못한 사람이 가끔 마시니까 원두를 제대로 비교하기 어렵죠. 뭔가 비교해보고 싶으면 같이 놓고 드립해보면 차이를 확실히 느낄 수 있어요.

그리고 융 드립 있잖아요. 융 드립이 종이 필터와 다른 게 기름을 걸러내느냐, 쭉 뽑아내느냐의 차이거든요.

밀 융 드립은 기름을 걸러내나요?

구루 그 반대죠. 융 드립은 기름기를 거르지 않고 드립할 때 같이 내려요. 종이 필터는 이 기름을 거르고요. 신선한 원두는 표면이 반질반질한데, 오래된 건 이렇게 반질반질하지 않아요. 기름기

커피의 맛을 결정하는 요소들

원두의 종류

아라비카Arabicas

전 세계 커피 농장의 70퍼센트가 아라비카를 생산한다. 비교적 비싼 가격이지만 커피의 풍부한 맛을 즐기는 사람들이 주로 선택한다. 핸드드립용 원두로 많이 사용된다.

로부스타Robustas

아라비카에 비해 향은 약하고 신맛보다는 쓴맛이 나는 커피로, 인스턴트커피나 에스프레소 원료로 사용된다.

리베리카Libericas

소량 생산되는 커피로, 생산 후 바로 자국에서 소비되는 품종. 향이 매우 약하며 매운맛에 가까운 쓴맛을 낸다. 다른 원두에 비해 카페인 함량이 높다.

로스팅의 종류

	로스팅 단계	맛	용도
약배전	라이트 로스팅	신맛이 강함	–
	약배전 시나몬 로스팅	약한 신맛	–
중배전	미디엄 로스팅	일반적인 배전	아메리칸 커피
	중배전 하이 로스팅	적당한 맛	레귤러 커피, 일본식 커피
	중배전 시티 로스팅	표준적인 맛	스트레이트 커피
	중배전 풀시티 로스팅	쓴맛이 신맛보다 약간 강한 맛	아이스 커피
강배전	프렌치 로스팅	쓴맛이 강하고 독특한 맛	유럽식 커피
	강배전 이탈리안 로스팅	쓴맛이 강하고 신맛은 없음	에스프레소, 카푸치노

드립의 종류

에스프레소머신

높은 압력에서 빠르게 추출하는 방식으로 농도가 짙고 주로 강배전의 원두를 사용한다. 카페인이 적으며, 커피의 깊은 맛을 느낄 수 있다.

핸드드립

일반적으로 종이 필터를 사용하며, 드리퍼는 칼리타, 하리오가 대표적이다. 구멍의 크기가 큰 하리오는 빠른 추출 속도로 부드럽고 뒷맛이 깔끔한 특징이 있으며 강배전의 커피 추출에 적합하다. 구멍의 크기가 작은 칼리타는 추출 속도가 느려, 커피 맛의 변화 폭이 작다. 그래서 안정적으로 추출할 수 있다는 장점이 있으며, 중배전에 어울리는 드리퍼다. 그 외에 천으로 내리는 '융 드립'이나 '스테인리스필터 드립' 방식이 있는데, 원두의 오일을 걸러내는 종이 필터와 달리, 오일까지 내려지는 방식으로 커피의 깊고 풍부한 맛을 즐길 수 있다.

콜드브루

차가운 물을 이용해 오랜 시간 우려내는 방식으로, 더치커피라고도 한다. 독특한 풍미를 내는데, 3~4일 정도 숙성할 때 커피 향이 풍부해진다. 원두 분쇄는 최대한 가늘게 한다. 카페인 함량이 가장 높다.

커피를 마시는 다양한 방법

에스프레소

에스프레소 100%

에스프레소콘파냐

에스프레소 30% + 휘핑크림 70%

카페라테

에스프레소 20% + 우유 70% + 우유거품 10%

카푸치노

에스프레소 20% + 우유 50% + 우유거품 30%

아메리카노

에스프레소 20% + 물 80%

카페모카

에스프레소 10% + 초콜릿시럽 10% + 우유 60% + 휘핑크림 20%

안에는 향이 들어가 있는데, 드립을 할 때 이 기름기가 같이 빠지면 향이 아래로 내려가고, 걸러지면 담백한 커피가 되겠죠? 최근에 나온 스테인리스필터도 있어요. 이런 필터는 기름기를 걸러낼까요? 아니죠. 당연히 모든 걸 같이 내려주니까 기름기나 향도 같이 내려가겠죠. 예민한 사람이라면 이런 차이까지 다 알아낼 거예요.

밀 커피머신으로 뽑는 커피는 숭늉 같을 때가 있어요.

구루 뽑아놓고 오래 둬서 그럴 수 있어요. 좋은 원두를 쓰고, 기계를 잘 청소하면 그것도 나름 맛있어요.

나른한 오후의 달콤한 맛

구루 자, 이제 커피도 다 내렸으니 샌드위치를 플레이팅해보죠.

영지 저는 귀를 살려서 자를래요. (샌드위치 옆에 생크림이 터지며) 으악! 망했다! 과일을 너무 많이 넣었나 봐요.

밀/구루 ㅎㅎㅎㅎ

영지 이게 뭐야……

구루 만든 지 얼마 안 돼서 자르기가 어려웠을 거예요. 냉장고에 조금 더 오래 넣어뒀다 했으면 이것보다는 괜찮았을 텐데. 비교해볼 수 있게 시판 스프레이형 휘핑크림으로도 하나 만들어봤어요. 어때요?

밀 (휘핑크림 샌드위치를 먹으며) 음…… 맛이 뭔가 허전해요.

영지 크림 맛이 안 나는데요?

구루 생크림에 비해서는 매력이 없죠? 뭔가 빠진 느낌도 들고. 휘핑크림은 그냥 모양을 내는 용도로 사용하는 편이 좋을 것 같아요.

밀 제 샌드위치는 잘라보니 괜찮네요. 아무거나 막 넣은 것 치고는. 과일샌드위치의 하이라이트는 잘 자르는 게 아닌가 싶네요.

구루 각자 접시에 플레이팅을 해보세요. 잘려진 단면이 잘 보이도록 위쪽을 향하게 놓아야 예뻐 보이겠죠? 다 되었으면 서로 시식해보세요. (과일샌드위치를 맛보며) 생크림도 괜찮네요. 휘핑이 잘돼서 그런지 부드러우면서 밀도도 곱게 느껴져요. 개인적으로 농후하고 단단한 질감의 생크림 케이크는 한 조각만 먹어도 느끼해서 좋아하지 않는데 과일샌드위치는 먹고 나서도 입안이 깔끔한 게 좋네요.

영지 저는 왜 과일이 안 보이죠? 크림 많이 안 넣은 것 같은데……

구루 (식빵 귀를 살린 과일샌드위치를 맛보며) 저는 식빵 귀를 잘라낸 게 좋아요. 생크림과 보드라운 빵의 식감을 방해하는 느낌이 들어서요.

밀 저는 좋은데요? 갑작스런 반전 같아서. ㅎㅎ 깔끔하거나 예쁘진 않지만. 제 건 어때요? 과일 많이 들어가니까 맛있죠?

구루 (맛보며) 역시 과일 종류는 다양한게 좋네요. 오늘 들어간 포도, 살구, 체리, 키위 하나하나 맛있지만 새콤함이나 단맛의 강도가 달라 입안에서 씹을 때마다 과일의 개성처럼 느껴져서 즐거워요. 새콤하고 탱글한 포도에서 깜짝 놀랄라 치면 말랑한 살구의 얌전하고 단아한 맛이 치고 올라오기도 하고요.
생색낼 만한 메뉴인가요? 과일샌드위치?

밀 생색내려면 마지막에 잘 잘라야 해요. 실패하면 혼자 먹어야 할 것 같고요.

구루 자를 땐 생크림을 단단하게 하는 게 중요하니, 랩으로 감싸서 하루 냉장고에 두었다가 자르는 것도 방법이겠어요.

영지 예쁘게 먹으려면 역시 식빵 귀를 잘라야 할 것 같아요.

밀 이 과일샌드위치는 차나 커피와 함께 조금만 먹는 거니까 부담도 적네요.

영지 많이 먹으면 또 몰라요.

밀 ㅎㅎㅎ

구루 커피랑 함께 내니까, 우아한 디저트로 소개하기 좋죠?

영지 네!

구루 커피는 개성 있는 맛보다는 산미가 적은 구수한 맛으로 준비하는 게 좋아요. 과일샌드위치가 달콤새콤하니까요. 부담스럽지 않으면서도 제철 과일의 다양한 맛과 깊은 생크림의 풍미를 즐길 수 있는 디저트, 기분 전환하고 싶은 날 만들어보세요.

❶
과일은 깨끗하게 씻어서
냉장고에 차게 보관해주세요.

↓

❷
얼음물 위에 볼을 겹쳐두고 설탕을 조금씩 부어가며
휘핑해주세요. 핸드블렌더를 이용하면 편리해요.
완성된 생크림은 냉장고에 넣어둡니다.

↓

❸
과일을 먹기 좋은 크기로
손질해주세요.

❹
한쪽 식빵에 생크림을
넓게 펴 바릅니다.

❺
과일을 올릴 때 원칙은 따로 없지만,
대각선 십자가 모양으로 자를 것을 고려해서
배치하면 자를 때 편해요.

❻
과일 위로 한 번 더
생크림을 골고루 펴 발라주세요.

❼
남은 식빵을 올려 과일 사이사이에
빈 공간이 없도록 살포시 눌러줍니다.

↓

❽
랩을 빈틈없이 감싼 뒤에
냉장 보관합니다.

↓

❾
식빵을 자를 때는 칼날을
날카롭게 세워 잘라야 깔끔하게 잘려요.
(식빵 귀를 좋아한다면 굳지 자르지 않아도 됩니다.)

❿
다음 칼질을 할 때는
칼날에 묻어난 생크림을 깨끗하게 닦아냅니다.

↓

⓫
깔끔하게 마무리하려면
집중력이 필요해요.

↓

⓬
커피가 빠질 수 없겠죠.
바디감이 풍부한 것이 잘 어울립니다.

로코모코

Loco Moco

생색 포인트

일본 유학 시절, 구청에서 운영하는 일본어 교실에 다닌 적이 있어요. 하루는 수업을 들으러 계단을 오르는데 훌라 댄스 의상을 입고 체육관에 들어서는 할머니들이 보였습니다. 할머니들은 백발이 성성한 머리 위에 화관을 쓰고, 화려한 스커트를 입고 있었죠. 마침 시간이 조금 남았던 터라 체육관 뒤에 서서 할머니들의 훌라 댄스를 구경했습니다. 춤사위가 어땠는지는 잘 기억나지 않아요. 그런데 이상하게 행복에 겨운 할머니들의 미소만은 아직도 생생히 기억납니다. 말 그대로 하와이가 떠오르는 얼굴들, 늘 꿈에 그리던 휴식의 순간이 생각나는 표정이었죠.

언제나 여유롭고 행복할 것 같은 하와이지만, 옛 하와이 사람들은 낚시로 생선을 잡고 구황작물인 타로로 끼니를 때웠다고 해요. 섬이라는 척박한 환경에서 삶을 이어가야 했죠. 요즘 사람들이 하와이 하면 떠올리는 음식은 하와이가 전 세계적인 휴양지로 알려지기 전인 1850~1930년경 이민을 간 아시아인들에 의해 탄생했습니다. 쌀이나 밀을 주로 먹던 이주민들의 음식 문화에, 하와이에서 쉽게 구할 수 있는 재료들이 융합돼 특유의 퓨전 음식이 탄생한 거죠. 잘 알려진 하와이 음식은 로코모코나 무스비Musubi(통조림 햄을 올려 만든 초밥 형태의 주먹밥), 포케Poke(네모나게 썬 생선을 넣어 만든 샐러드) 등입니다.

오늘 만들어볼 로코모코는 제2차 세계대전 후 하와이로 이주해온 한 일본 여성이 밥과 햄버그스테이크, 달걀프라이를 올려 만든 요리인데요. 한참 많이 먹을 나이, 언제나 배고픈 학생들의 허기를 달래기 위해 만들어졌다고 합니다. 현재 로코모코는 하와이뿐만 아니라, 일본에서도 많은 사람이 즐겨 먹는 대중적인 음식입니다. 로코모코를 만들며 하와이 음식 이야기를 나눠볼까요?

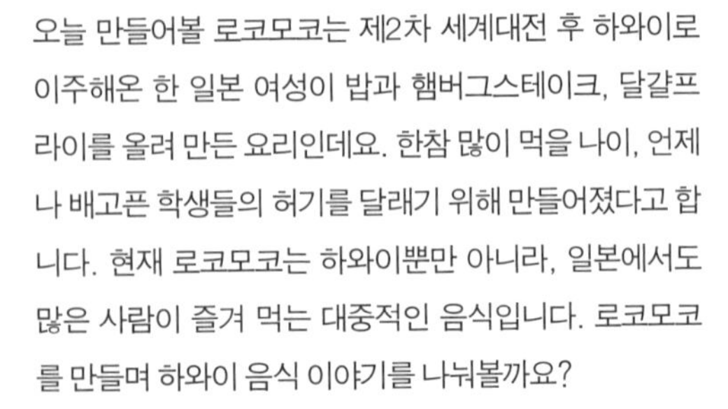

#로코모코 #하와이 #여름 #휴양지 #휴가 #타로 #파인애플

로코모코

재료(4인분)

햄버거 패티
다짐육(소고기 3 : 돼지고기 1) 400g
간장 1Ts
소금 1/2ts
설탕 1ts
식용유 2Ts
다진 마늘 1Ts
다진 생강 1ts
달걀 1개
밀가루 1Ts
양파 1/2개
후춧가루 1ts

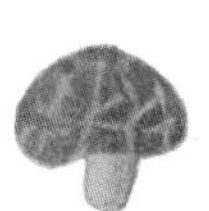

버섯 그레이비소스
생표고버섯 또는 양송이버섯 200g
버터 50g
다진 마늘 1ts
밀가루 4Ts
비프스톡 4C
간장 1ts
설탕 1Ts

기타
밥 4인분
달걀프라이 4장
쪽파(가니시용) 적당량
파인애플(통조림) 4개

밑 작업
패티용 양파는 잘게 다져서 달궈둔 프라이팬에 투명하게 볶아 식힌다. 큰 볼에 다진 고기와 나머지 재료를 모두 넣고 꼼꼼하게 치댄다. 4등분으로 나누어 하나씩 양손으로 여러 번 두드려 공기를 빼내고 패티 모양을 잡아서 냉장고에 넣어둔다. 버섯은 먼지를 털어내고 얇게 슬라이스해 준비하고, 나머지 재료들을 계량해둔다.

그레이비소스 만들기
바닥이 두툼한 소스 팬을 중불에 올리고 버터를 녹인 다음 버섯, 다진 마늘을 넣고 갈색이 날 때까지 볶아준다. 볶은 버섯을 덜어내고 같은 팬에 밀가루를 밝은 갈색이 될 때까지 볶은 다음 육수를 붓고 센 불에서 끓여준다. 덜어둔 버섯을 다시 넣고, 간장과 설탕으로 맛을 조절한 뒤 약한 불에서 따뜻하게 데운다.

패티 굽기
바닥이 두툼한 프라이팬을 중불에 올리고 뜨거워지면 식용유를 두른다. 만들어둔 패티를 올리고 3분 정도 구워서 바닥이 적당한 갈색이 되면 뒤집는다. 뚜껑을 덮고 약불에서 8~10분 정도 익혀준다. 별도의 프라이팬에 달걀프라이를 준비한다.

담기
그릇에 밥을 담고 패티를 올린 다음, 그레이비소스를 적당히 두른다. 파인애플과 달걀프라이를 위에 올리고 가니시용 쪽파를 조금 뿌려주면 완성.

Tip!
- 패티는 고기 반죽을 끈기가 생기도록 꼼꼼하게 치대야 모양이 부서지지 않고 잘 유지된다.
- 그레이비소스는 재료의 맛이 잘 어우러지고 응축되도록 뭉근하게 졸여주는 것이 중요하다.

하와이 음식의 세계

구루 오늘이 벌써 열 번째 수업인가요?

밀 네, 벌써 그렇게 되었네요.

구루 오늘 메뉴는 로코모코입니다. 처음 생색 요리 메뉴를 선정할 때는 목록에 없었지만 이름만큼 재미있는 요리라는 생각이 들어 추가해봤어요. 요리를 공부하면 할수록 생색 요리에 딱 들어맞는다는 생각이 들었거든요. 이따가 만들어보면 알겠지만, 로코모코는 레시피가 매우 단순해요. 그러면서 흥미롭기도 하고요. 우리에게는 이국적인 하와이 음식이라 특별하기도 하죠. 쉽게 만들 수 있고, 그럴듯하게 차려낼 수 있으니 생색요리로는 제격인 메뉴입니다.

영지 이름도 로코모코고요. ㅎㅎ

구루 그렇죠. 이름도 독특해요. 약간 외계어 같기도 한데요. 사실 로코모코는 합성어예요. '로코loco'와 '모코moco'를 더한 이름이라고 합니다. 로코는 스페인어로 '미치다', 모코는 '콧물'이라는 뜻인데요. 일본인이 운영하는 식당을 즐겨 찾던 단골 학생들 덕분에 이런 푸짐한 음식이 탄생했다고 해요. 학생들 중에 별명이 크레이지crazy(로코loco)라는 친구가 있었는데, 스페인어를 공부하던 학생이 여기에 모코라는 단어를 붙여 음식 이름을 만들었다는 설이 있어요. 재미있죠. 이 음식은 식당 주인이 학생들에게 저렴하고 푸짐하게 먹일 수 있는 메뉴가 없을까 고민하다가 만들어낸 음식이에요. 일본과 서양의 음식 문화가 결합된 요리죠.

밀 햄버거는 빵에 패티를 끼우는 방식이고, 로코모코는 빵 대신 밥을 사용했다는 게 특징이라면 특징일까요?

구루 하와이에서는 쌀을 많이 먹으니까, 흔하게 구할 수 있는 쌀에 고기를 올린 거죠. 또 미국 땅이니 두툼하게 만든 패티를 구하기도 쉬웠을 거고요. 여기에 아쉽다 싶으니 달걀프라이까지 올린 건데요.

영지 칼로리 폭탄이겠어요!

구루 맞아요, 로코모코의 열량은 약 1260킬로칼로리입니다. 햄버거가 600킬로칼로리, 돈가스가 560킬로칼로리, 비빔냉면이 460킬로칼로리 정도 되니까 꽤 높긴 하죠?

밀 엄청나요!

영지 로컬 요리들은 대개 싸고 구하기 쉬운 재료로 만들어지잖아요. 그래서 고기 패티도 슈퍼마켓 같은 곳에서 쉽게 구할 수 있지 않았을까 하는 생각이 들어요. 패티만 있으면 로코모코뿐 아니라, 햄버거도 쉽게 만들 수 있고요.

밀 맞아요. 마침 냉동실에 패티가 있었는데, 이걸 밥 위에 올려주면 푸짐하게 먹을 수 있지 않을까 해서 나온 요리가 이 로코모코가 아닐까……

구루 저도 그렇게 생각해요.
이 요리가 나오기 시작한 해가 1949년도. 제2차 세계대전이 끝난 무렵이었거든요. 일본이 패망하고 많은 일본인이 하와이로 이민을 갔는데, 그 일본인들이 하와이의 식재료로 무얼 만들어 먹을까 이런저런 궁리를 하다 탄생시킨 요리가 아니었나 하는 생각이 듭니다. 일본 음식의 기본 재료인 다시마나 가다랑어포 같은 건 아마 구하기 쉽지 않았을 거고요. 흔히 구할 수 있는 재료가 고기였으니, 이 재료를 이용해 이것저것 만들어보다가 완성된 요리라고 할 수 있죠.

밀 일본은 특유의 돈부리丼物(밥 위에 반찬을 올려 담는 일본식 덮밥) 문화가 있잖아요.

구루 맞아요. 돈부리, 말하자면 덮밥류의 형태로 완성된 게 이 로코모코예요. 밥 위에 패티를 얹고, 그 위에 달걀프라이도 얹고요. 사실 달걀프라이를 올리는 게 우리에게는 크게 어색하지 않잖아요. 그런데 당시 하와이 사람들에겐 굉장히 낯선 조합이었나 봐요. 그들에게 달걀프라이란, 아침에 일어나서 베이컨과 같이 먹는 음식이었을 테니까요.

밀 우리 눈으로 보면 베이컨도 아침에 먹는 건 조금 특이하지 않나요? 우리나라로 치면 삼겹살인데……

영지 그러고 보니 그렇네요.

밀 예전에 식재료에 관한 글•을 읽은 적이 있는데, 베이컨이 아침 메뉴로 자리 잡은 건 베이컨 회사의 광고 때문이었대요. 베이컨을 팔아야 하는데 어떻게 포지셔닝해서 홍보를 해야 할까 하다가, '아침 식사로 먹는 베이컨'으로 콘셉트를 잡은 거죠. 의사협회의 설문지를 근거로 "가벼운 아침 식사보다는 푸짐한 아침 식사가 더 좋다"는 카피를 만들어 베이컨과 달걀을 함께 곁들인 이미지로 베이컨 판매를 끌어올렸다고 해요. 그 후로 '아침 식사엔 베이컨이지'라는 생각이 굳어져 아직까지도 아침 식사로 베이컨을 먹는다고 하더라고요.

구루 어쨌든 달걀프라이 하면 어딘가에 올려 먹기보다는 달걀프라이만 따로 먹는 음식이라고 여겼는데 밥 위에 패티를 올리고 그 위에 또 달걀프라이를 올리니 푸짐하고, 특이하다고 생각했나 봐요.

밀 칼로리로만 놓고 봐도 과하죠.

영지 맞아요. 밥이랑 고기, 달걀프라이에 소스까지…… 정말 칼로리 폭탄 수준이죠.

구루 그래도 이 음식이 만들어졌던 시절 가난하고 배고픈 사람들에겐 정말 훌륭한 조합이 아니었을까요? 어찌 되었건 든든하게 먹을 수 있으니까요. 로코모코는 하와이에서 오늘날에도 흔하게 먹는 대중적인 메뉴인데요. 우리가 생각하는 것 이상으로 굉장히 푸짐해요. 푸짐하게 먹는 게 로코모코의 특징이라고 할 수 있을 정도로요.

영지 요즘 그림책 작업으로 로코모코를 하는데요. 오늘 레시피엔 패티지만, 새우도 넣고 이것저것 많이 넣더라고요.

구루 맞아요. 최근 들어 상당히 다양한 재료를 쓰고 있어요.

영지 네, 정말 푸짐—해 보이더라고요.

구루 로코모코 외에 하와이 명물 음식들을 보면 스테이크소스 대신 데리야키소스를 뿌린

• 헤더 안트 앤더슨, 『아침식사의 문화사』, 이상원 옮김, 니케북스, 2016.

치킨이라든지, 뭔가 일본식 느낌을 주는 음식이 많이 보여요. 무스비도 대표적인 음식이죠.

밀 일종의 햄 초밥 같은 거죠?

구루 햄 초밥이라고 하니까 갑자기 어색하긴 하지만…… 그런데 로코모코도 그렇고, 무스비도 그렇고, 일본풍 요리가 많이 보이죠?

밀 하와이에 일본 사람이 많이 살아서 그런 걸까요?

구루 일본 사람뿐만 아니라 한국 사람도 많이들 이민을 갔다고 들었는데, 어째서 음식은 일본풍 하와이 요리가 발달했는지 신기합니다.

영지 무스비도 일본 요리라고 할 수 있을까요?

구루 초밥 형태니까 그렇게 볼 수도 있지 않을까요? 반대로 로코모코동이라고, 이 하와이 음식이 거꾸로 일본 본토의 돈부리 전문점이나, 패밀리레스토랑에 소개되기도 했습니다. 좀더 살펴보니까 우리나라 도시락 브랜드에서도 로코모코 비슷한 도시락 메뉴가 나왔더군요.

밀 그런데 오키나와도 그렇고 하와이도 그렇고, 뭔가 미군이 있는 곳 하면 통조림 햄 요리가 함께 발달하는 것 같아요. 우리나라 의정부에서 부대찌개가 나왔다고 하는 것처럼.

구루 음…… 생각해보면 음식 재료 하나를 가지고 다양하게 활용할 수 있다면 요리하는 사람에게는 더할 나위 없이 좋은 재료잖아요. 우리나라 김치가 대표적이죠. 이렇게 저렇게 조합하거나 요리를 하면 다른 음식이 나오니까요.

밀 하와이가 통조림 햄 소비 1위라고 들었어요.

영지 하와이 요리는 뭐든지 통조림 햄이 들어가는 것 같아요.

구루 덧붙이자면, 하와이 음식 중에 '포케'라는 게 있는데요.

밀 포케?

구루 포케는 '자르다'라는 뜻이에요. 포케라는 음식은 참치를 깍둑썰기 해서 간장 양념에 채소를 넣고 비벼서 만들어요.

영지 회덮밥?

밀 맞네요. 회덮밥 스타일인데요?

구루 거기에 아보카도도 같이 넣어 먹고요. 이 요리가 건강식으로 뉴요커들에게 상당한 인기라고 하더군요. 비빔밥 전문점이 많이 생겼듯, 포케 전문점도 부쩍 늘고 있대요.

밀/영지 아하!

로코모코 레시피 살펴보기

구루 그럼, 오늘의 메뉴인 로코모코 이야기를 좀더 해볼까요? 로코모코엔 그레이비소스라는 게 들어가요. 그레이비소스가 뭐냐면, 서양에서는 고기를 항상 구워 먹잖아요. 고기를 구워 먹고 나서 팬에 남은 고깃기름이 굉장히 맛있거든요. 거기에 물이나 육수를 부어 녹인 다음, 양념을 좀 더해서 뭉근하게 끓이면 풍부한 맛이 올라오겠죠? 이 육수에 밀가루를 넣어 점도를 주면 그레이비소스가 돼요. 로코모코뿐만 아니라 다양한 요리에 사용되죠. 서양 음식 문화에서는 자연스럽게 만들어질 수밖에 없었던 소스라고 할 수 있어요.

밀 음…… 고기 육수로 만든 소스라고 하니, 일단 상상만으로도 맛있겠는데요?

구루 영어에는 '그레이비 트레인gravy train'이라는 말이 있어요. 해석하자면, '날로 먹네?' 뭐 이런 뜻이라는데요. 그레이비소스가 처음 나왔을 때, 너무너무 맛있어서 사람들에게 인기가 많았어요. 이 소스를 대량 생산해서 열차에 실어 판매하기 시작했는데, 열차 가득 소스를 실어 가면 그때마다 매진이 될 정도였다고 해요. 그렇게 쉽게 쉽게 돈을 벌었기 때문에 '그레이비 트레인'이 돈을 쉽게 번다, 나아가서는 거저먹는다는 뜻으로 통용된 거죠.

영지 저는 설명 들을 때, 이 소스가 만들기 쉬워서 그런 뜻이 되었나 했어요.

구루 집에서도 쉽게 만들 수 있긴 하지만, 산업화가 진행되면서 편하게 사용할 수 있는 식자재가 생기니 사람들이 너도나도 사기 시작했나 봐요. 평소에 잘 인식하지 못했지만 사실 우리도 그레이비소스를 꽤 많이 먹고 있더라고요. 대형 마트에서 파는 미트볼에도 들어가고, 패스트푸드점에서 감자 튀김에 곁들여주기도 하죠. 우리나라 간장이나 고추장처럼 서양에서는 흔하게 먹는 소스예요.

영지 이거, 프렌치프라이에 찍어 먹으면 맛있어요!

구루 그렇죠? 그레이비소스는 원칙적으로 요리를 할 때 햄버거 패티를 먼저 굽고 난 후, 남은 기름을 이용해 만들어야 하는데요. 그러려면 팬도 세 개쯤 있어야 하고 여러모로 번거로우니 이번에는 그렇게 하지 않고 따로 육수를 준비해 그레이비소스를 만드는 방식으로 진행할까 합니다. 이렇게 해도 상관은 없어요. 육수를 졸이면 소스가 되니까요. 외국에선 시판용을 쉽게 구할 수 있지만, 우리나라에는 아직 나오지 않은 듯해요. 서양에선 분말 형태로도 많이 나온다고 하니까, 굳이 대체하자면 쇠고기 조미료를 써서 만들어도 비슷한 맛이 나오지 않을까 싶어요.
오늘은 육수 베이스로 그레이비소스를 만들되, 약간 변화를 줘서 표고버섯을 넣어 쫀득한 식감을 더해줄 거예요. 가을이기도 하고, 기본 소스로만 가기는 심심하기도 하니, 버섯 그레이비소스를 만들어볼게요.

영지/밀 네!

구루 이제 요리과정을 이야기해보죠.
먼저 고기로 패티를 성형해 완성한 후에 그레이비소스를 만들 거고요. 그다음에 패티를 굽고, 달걀프라이를 만들어 로코모코를 완성할 예정이에요. 물론 패티는 냉동 패티를 사용해도 되지만, 직접 만들어보는 것도 재미있고, 또 맛있으니 함께 만들어봐요.

영지/ 밀 네!

고기 패티 만들기

영지 최근에 본 일본 드라마가 있는데, 주인공이 식생활을 굉장히 중요시해서 지각을 해도 아침을 꼭 먹고 가요. 그 주인공이 이 다진 고기로 이것저것 엄청 만들어대는데……

밀 예를 들면 어떤 거요?

영지 니쿠단고肉團子(고기 완자)라고 해서, 미트볼처럼 만들어둔 고기를 스파게티에도 넣어 먹고, 햄버거도 만들고 하더라고요. 그래서 저도 만들어보고 싶었어요.

구루 (준비된 재료를 꺼내며) 그럼 이제 패티를 만들어볼까요? 위생 장갑을 끼고, 먼저 양파를 함께 넣어요. 왜 양파를 넣을까요?

밀 단맛?

영지 맛있으라고?

구루 그렇게 포괄적으로 대답하지 말고.

밀/영지 흐흐……

구루 양파를 넣으면, 양파의 수분이 고기의 질감을 부드럽게 해줘요. 생양파를 패티와 함께 굽는 게 아니라, 양파를 고기 안에 섞어 넣어야 하는데요. 패티는 약한 불에 익혀야 하는데 고기 안쪽에 있는 양파가 안 익거나 덜 익을 수 있기 때문에 양파를 미리 익혀서 준비해두었습니다.

밀 미리 익혀두지 않으면, 생양파를 씹을 수도 있겠군요.

구루 아무래도 그럴 수 있죠. 그래서 양파를 먼저 익히는 건데, 양파는 익히면 달달해지잖아요. 그리고 고기를 익혔을 때는 한 번 더 뭉근하게 익히는 거니까 단맛이 좀더 강해지겠죠. 다져놓고 미리 한 번 볶아주는 건 크게 어려운 게 아니니까 미리 준비해두면 좋아요. 그리고 밀가루가 들어가는데, 왜 들어갈까요?

밀 잘 붙으라고요!

구루 네, 맞아요. 전문 레스토랑에서는 고기를 치대거든요. 그러면 고기에서 섬유질이 서로 응결이 돼요. 그러면 밀가루 같은 게 덜 들어가도 고기끼리 잘 붙죠. 하지만 우리는 시간이 걸리기도 하고, 힘드니까 밀가루를 이용할 거예요. 또 이것들을 좀더 잘 모아주는 역할을 하는 게 바로 달걀이고요. 그리고 그다음이 간장. 미국이나 서양에서는 고기에 간장을 잘 사용하지 않는데, 아무래도 로코모코는 일본식 요리라서 간장을 양념으로 사용하는 것 같습니다.
반죽할 때 한꺼번에 다 넣어도 되지만 조금씩 나눠 넣어도 좋아요. 간장처럼 짠맛 나는 것을 먼저 넣고요. 그다음 후추. 후추는 냄새를 제거해주고, 칼칼하니 매운맛은 패티의 느끼한 맛을 잡아줍니다.

밀 혹시 그거 아세요? 엊그제 들었는데 후추에 백후추, 적후추 이런 게 있잖아요. 저는 그게 다른 수확물이라고 생각했거든요.
그런데 그게 가공법에 따라 달라지는, 그러니까 얼마나 벗겨내느냐에 따라 달라지는 거래요.

영지 에— 진짜요?

구루 잘 알고 있네요. 좀더 정확하게 얘기하자면, 성숙하기 전 수확해서 말린 게 흑후추, 성숙하기 전에 수확해서 껍질의 색을 유지한 게 녹색 후추, 성숙한 열매의 껍질을 벗긴 게 백후추, 열매를 과숙하게 두었다가 건조한 것을 적후추라고 해요.

영지 신기하네요.

밀 그렇죠? 각기 다른 종인 줄 알았거든요.

구루 그리고 다음으로, 패티에 설탕이 들어가는 건 감칠맛 때문이에요.

영지 패티 레시피를 보니까 고기 비율이 쇠고기 3, 돼지고기 1로 되어 있는데, 그렇게 해야 맛있는 거예요?

구루 좋은 질문이에요. 물론 패티를 쇠고기로만 해도 괜찮아요. 쇠고기가 중심이 되어야 하죠. 돼지고기를 추가한 이유는 돼지고기의 지방과 특유의 고소함 때문이에요. 그래서 쇠고기는 지방질이 적은 부위, 돼지고기는 지방질이 있는 목살이나 삼겹살 부위를 써요.

밀 쇠고기는 장조림 부위.

구루 네, 그렇죠. 그렇게 해야 비율이 좋아요. 너무 지방질이 적은 부위로 하면 식감이 질겨지기도 하고요.

밀 만약에 고기를 하나만 써야 한다면요?

구루 음…… 살코기와 지방이 골고루 섞여 있는 쇠고기를 쓰는 게 좋죠. 고기를 섞은 후에는 달걀을 풀어서 넣어요. (패티를 두드리며) 패티는 계속 주무르면 고기 섬유질이 섞여서 찰기가 생겨요. 이렇게 두드리는 이유는 뭘까요?

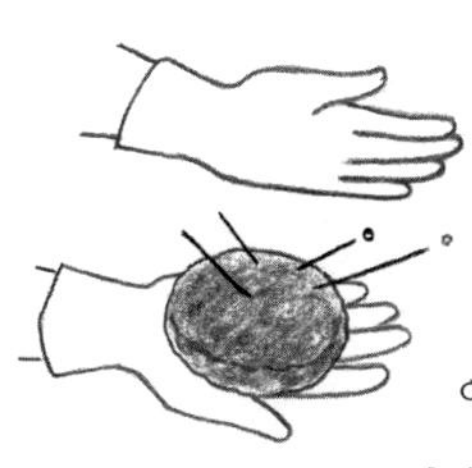

영지 고기가 단단해지라고 두드리는 거 아닌가요?

구루 그것도 맞긴 한데, 안에 있는 공기를 빼는 작업이에요. 공기가 안에 있으면 열전도를 방해해서 잘 익지 않을 수도 있고, 부서지기 쉽거든요. 이렇게 두드리면 공기가 빠지면서 찰져져요. 이제 눌러요, 햄버거 패티처럼 납작하게. 이렇게 하면 지금은 제법 커 보이지만, 구우면 지금 크기에서 4분의 3으로 줄어요. 이걸 감안해서 완성되었을 때 원하는 크기보다 좀더 크게 만드는 게 중요해요. 그리고, 패티를 만들 때 가운데 부분을 눌러주거든요. 왜 그럴까요?

영지 글쎄요, 음……

밀 구울 때 가운데가 부풀어 오르니까 미리 눌러두는 거 아닐까요?

구루 오, 정답! 그런데 가운데를 안 눌러도 된다는 얘기도 있어요. 고기를 눌러주자는 쪽은 패티가 익으면서 안쪽으로 모여드는데, 그러면 구울 때 가운데가 덜 구워질 수 있으니까 눌러주면 좋다고 하고……

밀 안 눌러도 된다는 쪽은요?

구루 가운데가 봉긋하게 솟아오르겠죠. 달걀프라이를 올리면 더 볼륨감 있어 보이니까 푸짐하게 느껴지고요. 저는 풍성한 게 좋은 것 같아요. 자, 이제 패티는 완성이 되었어요.

밀 (다른 재료들을 준비하며) 그런데 왜 하와이 하면 파인애플일까요?

영지 파인애플피자도 그렇고요.

밀 편견일지는 모르겠지만 과일을 음식에 쓰는 건 좀 낯설잖아요. 과일은 그냥 생으로 먹어야 할 것 같고, 또 파인애플은 너무 달아서 음식에는 더 어울리지 않는 듯 보여요. 예전에 텔레비전에서 고든 램지라는 요리사가 하와이안 피자라고

파인애플이 올라간 음식을 언급하며 질색하던 게 떠오르네요. ㅎㅎ

영지 ㅎㅎ 왜요?

밀 피자에 파인애플 올리지 말라면서 굉장히 역정을 냈던 기억이 나요.

구루 파인애플이 좀 압도적이긴 하죠.

영지 탕수육에 들어간 파인애플은 맛있는데.

밀 맞다, 탕수육에도 들어가네요. 파인애플.

구루 그러고 보니 이렇게 과일이 큼직하게 들어가는 음식이 별로 없네요. 배숙(배에 후추를 박아 꿀물이나 설탕물에 끓여 식힌 음료) 정도가 생각나고요. 사실 과일을 이용하면 맛의 폭이 훨씬 더 넓어져요. 그러니 우리 음식에도 과일이 많이 이용되면 좋겠어요.

밀 그런데 하와이에서는 무슨 쌀을 먹어요? 어쩐지 섬이라서 안남미일 것 같은데?

구루 우리가 흔히 먹는 쌀과 같은 쌀이에요. (도마에 버섯을 올리며) 자, 양송이버섯은 반으로 잘라서 되도록 얇게 썰어주세요. 그리고 소스 팬을 준비합니다. 바닥이 두껍고 깊이가 있어서 소스를 끓이기 좋아요. 깊이가 있으니까 향이 날아가지 않고 가운데 모이고, 또 바닥이 두껍기 때문에 오래 끓여도 타지 않죠. 소스를 끓일 때는 이런 팬을 이용하면 좋은데, 앞서 설명했다시피 그레이비소스는 프라이팬에 고기 굽고 남은 것을 활용해서 만들잖아요. 그래서 그 프라이팬에 바로 소스를 만들었을 텐데 우리는 따로 소스를 만들 거니까 이 팬을 이용해 진행해볼게요.
먼저 버터를 녹입니다. 고기에서 흘러나오는 기름으로 하면 더 오리지널에 가깝지만 따로 만들 거니까 버터를 넣고 준비할게요.

밀 버터는 그냥 불에 올리기만 해도 맛있는 음식이 되는 것 같아요.

구루 밥에다 올려도 맛있죠. 거기에 간장만 조금 뿌려도 훌륭하고요. 우선 버섯을 먼저 넣고 졸이다가 건져둔 다음에 다시 넣을 거예요. 왜 그럴까요?

영지/밀 왜요?

구루 버섯은 스펀지 같은 재료예요. 물이든 기름이든 다 흡수해버리죠. 육수 농도 조절을 해야 하는데, 함께 넣고 끓이면 버섯 때문에 그게 어려워요. 그래서 먼저 볶아놓고, 나중에 다시 넣으면 농도 조절하기가 편하죠. 이런 형태의 요리를 설명할 때 요리책에서는 보통 "조금 볶다가 다시 건져두세요"라고 해요. 요리 초보자들은 얼마나 조금 볶아야 되는지 애매해서 넣자마자 빼버리기도 하죠. 더 오래두면 망칠 것 같은 기분이 드니까, 그 찰나를 못 견디고 얼른 꺼내는 거예요. 요리책에서 버섯을 볶는다고 할 때는 우리가 흔히 먹는 버섯볶음 정도라고 생각하면 돼요.

영지 (익으면서 크기가 작아진 버섯을 보며) 아 – 줄어드네요.

구루 이 정도 볶다가 뚜껑을 닫으면 버섯에서 나오는 수분이 밖으로 빠져나가지 못해서 안에서 맴돌게 되는데, 시간이 지나면 버섯이 쪄지죠. 향도 당연히 이 안에 머물게 되고요. 팬이 좀더 넓고 센 불을 이용한다면 30초 만에 숨이 확 죽으면서 빨리 완성될 수 있는데요. 지금 우리가 쓰는 소스 팬은 깊이가 좀 있어서 불이 위까지 올라오는 시간이 필요하다는 것을 예상하고 시간을 조절해야 해요. 이렇게 해서 만들어진 버섯의 향과 육수로 우러나오는 물이 섞이면서 소스가 좀더 풍부한 맛을 만들어내겠죠.

루 만들기

구루 다음은 루를 만들 거예요. 루, 들어본 적 있나요?

밀 카레 루?

구루 루는 밀가루를 기름에 볶아서 만드는데, 소스의 베이스 같은 역할을 해요.

밀 그게 무슨 역할인데요?

구루 점도를 높이고, 농도를 진하게 해주죠. 또 밀가루를 볶으면 곡물의 맛이 올라와죠. 밀가루와 버터가 자연스럽게 섞여들면서.

영지 눌어붙은 버섯과 섞이니까 더 맛있어 보여요.

밀 루를 만든다고 하니까 뭔가 좀 있어 보이는데요?

영지 맞아요. 텔레비전에서도 루를 만든다고 하면 다들 오- 하잖아요.

구루 버터가 살짝 녹아 있는 상태, 즉 버터크림 정도의 질감이 됐을 때 밀가루를 넣어서 살짝 엉겨붙는 느낌을 주고, 밀가루가 불에 구워지면서 살짝 갈색빛이 돌면 잘 익었다고 생각하면 됩니다. 육수는 그 후에 부어줘요. 루가 제대로 완성되었다면 덩어리지지 않고, 삭 펴져요. 수프처럼.

밀 소스를 만들 때 루 단계를 건너뛰면 안 되나요?

구루 네, 농도 때문에 소스를 만들 땐 루가 필요하죠. 농도가 적당한지 여부는 국물을 떠서 식혀보면 어느 정도 굳어 있는지 알 수 있어요. 사람들은 접시를 써라, 숟가락을 써라 등등 이런저런 방법을 이야기하는데 중요한 건 식혀서 상태를 보는 거예요. 지금 상태보단 색이 좀더 진해야 하죠. (색을 보며) 색이 적당히 나오면 그 상태에서 약한 불에 계속 데우는 겁니다.

패티 굽기

밀 다음은 패티를 굽나요?

구루 네, 패티를 굽겠습니다. 고기를 구울때, 팬은 당연히 직화구이가 아닌 이상 두꺼워야 해요. 두껍지 않으면 바닥이 타버리거든요. 불이 약하더라도 바닥이 얇으면 직화랑 거의 같습니다. (무쇠팬을 불에 올리며) 지금 우리가 만들어둔 패티는 양념이 되어 있는 거잖아요. 양념은 불에 약해서 더 빨리 타요. 그러니 굽는 요령을 알아야겠죠? 일단 팬을 뜨겁게 달군 다음 패티 겉면을 먼저 구워요. 고기 겉면이 단단해질 수 있도록. 그 상태에서 뒤집고 뚜껑을 덮은 다음에 약한 불로 졸이는 거예요. 말하자면 대류 현상을 이용해 고기를 찌는 거죠. 안은 익히되, 겉면이 타거나 더 단단해지지는 않도록. 이게 패티를 굽는 요령이에요.

밀 무쇠팬에 굽나요?

구루 네, 일반적으론 그냥 프라이팬에 굽는 편이 편한데 오늘은 특별히 무쇠팬에 구워볼게요. 약간 다루기 까다로울 수 있지만.

영지 어떤 면에서요?

구루 일단, 무쇠팬을 오래 달구고 사용해야 하는데 어느 정도 달궈졌는지 가늠이 안 될 때가 있어요. 너무 세게 달구면 뜨거운 상태에서 재료가 들어가니까 타버릴 수 있고요. 그리고 무쇠팬은 따로 코팅이 되어 있지 않아서 요리할 때 넣는 기름으로 살짝 코팅해요. 매일 사용한다면 코팅이 잘 되어 있으니 괜찮겠지만 오랫동안 사용하지 않다가 쓸 때는 코팅이 상대적으로 덜 되어 있겠죠? 그러면 재료가 눌어붙기 쉬워요. 그래서 이렇게 무쇠로 된 솥이나 팬은 절대 세제로 씻으면 안 돼요. 다 씻어버리면 기름 코팅을 처음부터 다시 해야 하는 거죠. 기름을 먹은 상태에서 계속 쓰는 도구인데. 무쇠팬을 씻으려면 뜨거운 물이나 키친타월 등으로 닦아내는 게 좋습니다.

영지 아, 세제로 씻으면 안 되는군요.

구루 혹시 고기가 눌어붙은 것 같을 때는 바로 떼어내면 안 돼요. 일단 그냥 두면 고기에서 기름이 삭– 흘러나와서 자연스럽게 떨어지게끔 돼요. 일종의 윤활유 역할을 하는 거죠. 고기를 통으로 구울 때, 스테이크를 만들 때 보면 찰싹 달라붙었다가 가만히 두면 스스로 분리되는 걸 볼 수 있죠. 패티는 일단 중불에 굽고, 어느 정도 익었다 생각될 때 뒤집어서 예쁘게 나왔으면 그 면을 플레이팅할 때 앞면으로 올리면 돼요. 구울 때는 그 상태에서 약한 불로 구워서 안쪽까지 익히세요.

밀 뒤집었는데 예쁘지 않으면요?

구루 한쪽 면이 남았으니 그쪽으로 승부를 봐야죠. 그렇지만, 오늘 요리는 달걀로 덮을 거니까 완벽하지 않아도 괜찮아요. 자, 뒤집습니다. (패티를 보여주며) 어때요?

영지 예뻐요. 잘된 것 같아요.

구루 그렇다면 이 상태 그대로 약한 불에서 익힐게요. 8분에서 10분 정도만. 사실 레스토랑에서는 이렇게 안 하죠. 화력도 세고, 패티도 제대로 만들어두었을 테니 빠른 시간 안에 굽겠죠. 집에서 할 때는 여러 조건이 좋지 않기 때문에, 레시피는 가장 안전한 방법으로 완성할 수 있도록 정리했어요. 만약 소스를 오리지널로 한다면, 패티를 굽고 남은 재료를 이용해 만들면 되겠죠. 이 정도면 집에서도 로코모코를 해 먹어볼 만할까요?

영지 패티를 직접 만들지 않고, 냉동 제품을

이용한다면 훨씬 더 쉬울 것 같아요.

밀 시판 패티를 사두고, 달걀프라이를 예쁘게 만들 수만 있으면 친구 불러다 생색내면서 만들어 줄 수 있을 듯한데……

구루 (패티를 보며) 좀 부풀어 올랐죠? 크기도 조금 줄어들었어요. 주변에 흘러나온 게 그레이비소스를 만들 때 필요한 육즙인데요. 이게 많이 나오면 나올수록 고기는 맛이 없어져요. 다 익은 것 같네요.

밀 음…… 그런데 다 익은 상태라는 건 어떻게 알 수 있나요?

구루 육즙이 흘러나올 정도면 안이 굉장히 뜨겁다는 증거예요. 뜨겁다는 건 온도가 100도 가깝게 올라가 있다는 얘기이기도 하고요. 내부 온도가 60~70도 정도 되면 고기는 익을 수밖에 없어요. 핏물이 흘러나오는 게 아닌 이상, 다 익었다고 판단할 수 있는 거죠.

영지 (레시피를 보며) 쪽파를 넣으면 맛이 좋아지나요? 보통 서양 허브를 많이 쓰잖아요. 그런데 쪽파라니……

구루 아! 로코모코는 일본 사람이 만든 거잖아요. 그래서 가니시로 올릴 채소도 로즈메리나 파슬리 같은 서양 허브보다 우리에게 좀더 친숙한 쪽파로 골랐어요. 서양 허브를 쓴다면 프랑스나 이탈리아 음식같이 느껴지지 않을까요? 사실 그 당시엔 파도 안 뿌렸을 것 같지만, 보기 좋으라고 넣어봤습니다.

영지 그렇군요.

구루 이제 접시를 골라볼까요? 플레이팅을 할 때 먼저 생각할 건, 패티가 올라가야 한다는 거예요. 또 소스가 흘러내릴 것도 감안해가면서 접시를 골라보세요.

영지 저는 이게 좋겠어요. (가운데가 움푹 들어간 카레용 접시를 고른다.)

밀 그렇다면 저는 이걸로. (평평하고 넓은 접시.)

구루 하와이 음식이니까 특별히 꽃도 준비했어요. 음식 옆에 올리면 좋겠죠?

밀 (꽃 케이스를 보며) 이름이 양란이네요. 보라색이라서 포인트를 줄 수 있을 것 같아요.

완벽한 달걀프라이!

구루 노른자가 딱 가운데 있는 예쁜 달걀프라이는 어떻게 만들까요? 그냥 먹는 거면 어디 있으나 상관없으니 아무렇게나 툭 깨서 만들어도 되지만, 비빔밥이나 오늘 만드는 로코모코처럼 달걀프라이가 음식의 얼굴 역할을 할 때가 있죠. 그럴 때 유용한 팁을 알려줄게요. 먼저 작은 볼에 달걀을 깨서 넣고, 어느 정도 팬이 달궈졌을 때 흰자부터 넣어주세요. 흰자와 노른자를 따로따로 넣는다고 생각하면 돼요.

밀 흰자와 노른자를 따로 넣는다는 게 무슨 말이에요?

구루 노른자의 위치를 잡기 위한 건데, 노른자를 한가운데로 이동시킨다는 생각으로 옮기는 거예요. 팬의 상태를 수평으로 맞춘 후 흰자를 먼저 넣고 얼마간 익힌 다음 가운데 부분에 노른자를 넣으면 이렇게 정중앙에 노른자가 오게 돼요. 자, 이제 각자 자신의 달걀프라이를 만들어보세요.

영지 윽…… 노른자가 터졌어요. 엉엉…… 망했어!

구루 아이고.

영지 터졌어도 귀엽네요. ㅎㅎ

밀 괜찮아요. 티 안나요 흐흐. 웃을 일이 아닌데…… 내 것도 분명히 터질 텐데! 우리 잘 안 되면 패티 밑에다가 달걀 넣어요.

영지 흐흐. 이 정도면 됐나요?

구루 살짝 더 익혀야 할 것 같아요.

영지 네……

구루 패티는 비교를 위해서 하나는 가운데를 눌렀고, 하나는 누르지 않았어요. 이렇게 보면 가운데를 누르지 않은 쪽이 봉긋하게 올라와 있잖아요. 햄버거에 넣을 때는 누른 게 더 낫겠지만, 로코모코는 달걀을 올리는 방식이니 누르지 않은 편이 더 보기 좋게 플레이팅할 수 있을 것 같아요.

밀 음…… 미묘하지만 그 과정으로 인해 이렇게나 달라지네요.

구루 네, 이제 플레이팅을 해볼까요? 먼저 밥을 적당히 깔고요. 준비된 패티 위에 소스를 끼얹고 그 위에 파인애플과 달걀프라이를 올려요. 그런 다음에 쪽파를 뿌리고……

밀 마지막으로 꽃으로 장식!

농후하고 눅진한 고기의 맛

영지 이 꽃은 먹어도 될까요?

구루 식용 꽃이니까요.

밀 그렇다면 우리 한 잎씩 먹어봐요. (먹어보며) 웅? 아무 맛도 없어!

구루/영지 하하하!

구루 식용 꽃은 먹어도 되지만, 맛을 느끼기 위한 건 아니에요. 자, 드디어 완성! 이제 먹어볼까요?

밀 저는 사이다에 먹을게요. 영지 님은 맥주.

영지 와, 좋다!

구루 (패티를 자르며) 피자처럼 생각하고 위에서부터 잘라서 모든 재료를 한입에 먹어보세요. 패티가 큰 사람은 패티만 조금 작게 잘라서요.

영지 으악, 너무 크게 잘랐다.

밀 (패티와 밥을 한꺼번에 먹으며) 맛있다! 소스와 밥만 먹어도 맛있는데 패티가 섞이니까 고기의 식감이나 육즙을 확실히 느낄 수 있어서 더 좋아요. 돈가스를 올린 카레라이스처럼요.

구루 이 정도로도 충분히 만족스럽지만 현지에서 먹으면 훨씬 더 진한 맛일 것 같아요. 패티도 그렇고 그레이비소스에 사용하는 버터나 비프스톡의 비중도 현지인들 기호에 맞춘다면 높아지겠죠.

영지 (소스만 따로 먹으며) 그런데 오늘 그레이비 소스는 버섯이 많이 들어갔잖아요? 버섯 향이 더해져서 소스 맛이 훨씬 농후해진 것 같아요. 그리고 직접 만들어서 만족감도 상승!

밀 저는 소스도 소스인데, 이 위에 패티가 진짜 맛있는 것 같아요. 두 종류 고기를 섞어서 만드는 게 의아했는데 각각 장점만 남는 느낌이랄까요? 소고기만 사용했다면 식감도 그렇고 맛도 단조로웠을 텐데 돼지고기와 섞이니까 식감이 부드럽고 육즙도 풍부해졌어요. 기름 층이 골고루 잘 섞인 최상급 한우처럼요.

영지 네, 거기다 프라이까지 함께 먹으니 육류의 온갖 고소함이 다 느껴지네요.

구루 (로코모코를 살펴보며) 재료들만 두고 보면 정말 특이한 조합이죠?

밀 맞아요. 그리고 패티 밑에 파인애플이 없었으면 허전했을 것 같아요. 그런데 옛사람들은 어떻게 파인애플을 먹을 생각을 했을까요? 그냥 봐서는 삐죽삐죽 솟은 게 쉽게 먹게끔 생기진 않았는데 말이죠.

구루 저는 파인애플보다 오히려 새우나 게 같은 갑각류가 더 신기한데. 생김새가 먹음직스러워 보이지는 않잖아요. 그걸 어떻게 먹을 생각을 했을까?

밀 소스 더 뿌려 드세요. 더 맛있어져요.

영지 파인애플을 중간에 먹으니까 잠시 쉬어가는 느낌도 들어요.

구루 네, 단맛으로 잠시 휴식을 주는 거죠.

밀 (로코모코를 먹으며) 뭔가 이 한 접시를 다 먹으면 해냈다는 기분이 들 것 같아요.

구루 오늘 만든 것보다 양이 좀더 적어도 되지 않을까요?

밀 네, 양이 좀 많은데 현지식을 재현한 건가 했어요.

구루 한 사람당 120그램 정도 되거든요. 그런데 우리가 삼겹살 먹을 때 1인분에 100그램이라고 하면 좀 화나잖아요. 뭔가 되게 적은 것 같고. 그 1인분이랑 비슷한 양인데 왜 이렇게 차이가 느껴지는지 모르겠네요. 로코모코는 푸짐함이 인상적인 맛으로 기억될 것 같아요.

❶
패티에 사용될 양파는 잘게 다져
미리 볶아둡니다.

❷
생강을 곱게 다지기 어려울 땐
강판을 이용하면 좋아요.

❸
패티용 재료를 모두 볼에 넣고
꼼꼼하게 치대며 섞어줍니다.

❹
패티 반죽을 분량에 맞게 나눠 양손으로 캐치볼을 하듯
주고받으며 공기를 빼주세요.

❺
완성된 패티는 납작하게 모양을 잡아
냉장고에 넣어둡니다.

❻
버터를 녹이고 버섯, 다진 마늘을 넣은 뒤
노릇하게 볶아 덜어놓습니다.

❼
같은 팬에 밀가루를 넣고
노릇하게 구워주세요.

↓

❽
육수를 더하고 적당한 농도가 되도록 끓여줍니다.
스푼에 묻은 게 천천히 흘러내리는 정도면 됩니다.

↓

❾
덜어두었던 버섯을 넣고 약한 불에서
따뜻하게 계속 데워주세요.

❿
두꺼운 프라이팬을 중불에서 충분히 달군 뒤
식용유를 두르고 패티를 올립니다.

↓

⓫
노릇하게 익으면 뒤집어서 팬 뚜껑을 덮어주세요.
꼬치로 가운데를 찔러봤을 때 핏물이 새어나오지 않으면
다 익은 거예요. 이때 불에서 내려주세요.

↓

⓬
달걀을 작은 그릇에 깨어두었다가, 프라이팬에
얌전하게 올리고 노른자의 자리를 잡아줍니다.

⓭
그릇에 밥을 넓게 담고 밥 위에 패티를 올립니다.
그 위에 그레이비소스를 듬뿍 끼얹어주세요.

⓮
파인애플을
올립니다.

⓯
달걀프라이를 얹고
쪽파를 살짝 뿌려줍니다.

⓰
하와이 음식답게
화려한 꽃으로 장식해보세요.

타코라이스

Taco Rice

생색 포인트

미국의 하와이와 일본의 오키나와는 닮은 점이 많습니다. 섬나라였다가 다른 나라에 편입되었다는 점, 휴양지로 유명하다는 점이 그렇죠. 음식으로는 통조림 햄을 많이 먹는다는 것, 지역의 특색이 담긴 덮밥이 있다는 점도 비슷하고요. 그래선지 멕시코 요리인 타코를 재해석해 탄생한 오키나와의 타코라이스는, 밥 위에 햄버거를 올린 하와이의 로코모코와 늘 비교가 되죠. 오키나와는 우리나라 제주도와도 닮은 점이 있습니다. 제주도 흑돼지가 유명하듯, 오키나와에서도 오래전부터 돼지고기를 즐겨 먹었거든요. 오키나와 소바는 소면을 이용해 만든 요리이지만, 돼지 뼈로 국물을 냈기 때문에 제주도에서 만날 수 있는 고기 국수와 비슷합니다.

이렇게 '섬'이라는 자연 환경은 뭍과 비교했을 때 그 섬만의 독특한 음식 문화라고 할 만한 것을 형성하면서도, 섬끼리 공유하는 특색을 만들어내죠. 섬 요리는 고립되고 척박한 자연 환경에서 살아남은 재료들이 보여주는 강인함을 간직하고 있습니다. 동시에, 아름다운 해변가를 보러 온 사람들의 활기찬 분위기와 휴양지 특유의 낭만도 품고 있죠. 그래선지 섬에서 탄생한 요리는 육지에서 먹는 요리와는 뭔가 다르게 느껴집니다.
오늘 준비한 음식도 섬 요리예요. 예쁜 풍경과 친절한 사람들의 음식, 오키나와의 푸른 바다처럼 설레는 풍경을 떠올리게 하는 타코라이스를 만들어볼게요.

#일본음식 #오키나와 #여름 #해변 #휴양지 #휴가 #로코모코

타코라이스

재료(2인분)

주재료

다진 돼지고기 200g
다진 마늘 1ts
다진 양파 1/2개
소금, 후춧가루 적당량
밥 2인분
양상추 30g
치즈(체다, 모차렐라) 적당량
방울토마토 12개
달걀(포치드에그) 1개
식초 1ts
식용유 3Ts

타코소스

청주 1Ts
케첩 1Ts
굴소스 2ts
설탕 2ts
간장 2ts
칠리소스 1ts

밑 작업

토마토는 씻어서 꼭지를 떼고 4등분한다. 양상추는 가늘게 채 썰어 냉장고에 보관한다. 달걀은 냉장고에서 꺼내 실온에 둔다. 타코소스는 모든 재료를 볼에 넣고 잘 섞어둔다.

조리하기

중불에 프라이팬을 올려 오일을 두르고 다진 마늘을 넣어 향이 올라오면 양파를 넣고 투명해질 때까지 볶는다. 다진 고기를 넣고 소금과 후추로 밑간하면서 부슬부슬하게 충분히 볶는다. 준비해둔 타코소스를 더해 소스의 농도가 적당해질 때까지 약불에서 졸여준다.

포치드에그 만들기

냄비에 식초를 넣은 물을 넉넉히 붓고 센 불에서 데운다. 물이 끓어오르기 직전 약한 불로 조절한다. 실온에 둔 달걀을 깨어 작은 볼에 담고 조심스럽게 물에 넣어 포치드에그를 만든다.

담기

넓은 접시에 밥을 펴 담고 타코, 치즈, 양상추, 토마토, 포치드에그 순서로 올려준다.

Tip!

- 타코소스가 고기에 충분히 스며들고 부드럽게 어우러질 수 있도록 하려면, 급하게 볶지 말고 약한 불로 뭉근하게 졸인다.
- 양상추는 냉장고에서 차갑게 보관해두었다가 먹기 직전에 꺼내 올려야 아삭한 식감과 신선함을 살릴 수 있다.

오키나와 이야기

밀 오늘의 요리는 타코라이스군요. 지난번에 만든 로코모코랑 비슷한 요리죠?

영지 저도 오늘 오기 전에 검색해봤는데, 타코라이스랑 로코모코가 연관 검색어로 나오더라고요.

구루 네, 사람들 생각이 비슷한가 봐요. 타코라이스와 로코모코를 비교해보면, 섬나라라는 환경에 외국 문물이 들어와 토착민의 식생활에 녹아들었다는 점. 조리 형태라든가 플레이팅할 때 완성되는 형태까지 유사한 점이 많죠. 그래서 두 음식이 연관 음식으로 소개되는 것 같아요. 섬나라에서 비슷한 느낌의 덮밥 요리가 나왔다는 점이 재밌죠.

밀 검색하면 타코라이스의 연관 검색어로 타코랑 로코모코가 나와요. 그리고 여러 오키나와 요리도 나오고요.

구루 네, 맞아요. 타코라이스가 오키나와 음식이니까 오키나와소바沖縄そば라는 게 나오고 그다음에 잔푸루チャンプルー(채소와 두부를 볶아 만든 일본식 중화요리)가 함께 소개되죠. 오키나와 음식은 본토의 음식과 같은 듯하면서도 달라요. 타코라이스는 오키나와 대표 음식으로 소개되곤 하는데, 사실 로코모코처럼 오래전부터 먹었던 음식은 아니거든요.

밀 저는 타코라이스라길래, 타코야키가 생각났어요.

구루 타코라이스, 여기서 타코는 문어가 아니라, 멕시코 음식 '타코'를 의미해요.

영지 문어가 올라가는 덮밥이 아니고요?

구루 네, 멕시코 음식 '타코'에 영향을 받아 변형된 재료가 올라가는 음식이 타코라이스예요.

밀 멕시코 음식 하면 토르티야도 유명하잖아요.

구루 그렇죠. 타코가 멕시코의 여러 양념을 소스로 해서 만든 음식인데요. 멕시코인들이 좋아하는 대표적인 음식이에요. 처음 이 이름을 들었을 때 저 역시 당연히 문어 덮밥이 아닐까 생각했는데 예상과 다른 형태라 당황했던 기억이 있어요.

밀 사실 저는 처음 이 음식 이름을 들었을 때 오키나와 음식이라는 걸 연상하지 못했어요. 타코야키가 오사카 음식이니, 당연히 타코라이스도 그렇지 않을까 생각했거든요.

영지 저는 미국 음식인 줄 알았어요. 멕시코 음식은 아닌데 멕시코와 가까운 나라에서 아시아인들이 개발한 요리가 아닐까 생각했죠.

구루 음…… 맞는 부분도 있어요. 타코라이스의 타코가 멕시코의 정통 타코와는 다르거든요. 미국으로 흘러가서 약간은 변형됐죠.

영지 정말요?

구루 멕시코의 또 다른 대표 음식인 토르티야는 옥수수 가루를 떡처럼 만든 음식이거든요. 밀가루를 발효시켜서 만든 일반적인 빵과는 다르죠. 인도의 난과 비슷하다고 할까요? 거기에 양념해서 올려 먹는 것을 '타코'라고 했는데, 원래는 생선이나 고기가 없었어요. 주변에서 쉽게 구할 수 있는 재료로 간단하게 만들어서 먹었죠.

그런데 여기에 스페인 문화가 섞이면서 고기도 들어가고, 스페인 사람들 입맛으로 조금씩 바뀐 겁니다.

밀 그럼 원래는 거의 채소 위주였겠군요.

구루 네. 또 여기에 멕시코인들이 미국으로 많이 건너가면서 변형된 타코가 널리 퍼졌어요. 지금은 미국에서도 스페인어를 사용하는 인구가 굉장히 많은데요. 라틴아메리카 사람들의 인구 비중이 높아지면서, 음식 문화도 자연스레 미국에 뿌리를 내렸어요. 일상적으로 먹던 타코도 마찬가지죠. 이탈리아 사람들이 미국으로 건너가 미국식 피자가 생겨난 것처럼, 타코도 미국식으로 자리를 잡았습니다. '타코벨'이라는 프랜차이즈의 메뉴가 대표적이죠. 그런데 이상하게도 멕시코에는 이런 타코 집이 별로 없대요.

영지 정말요? 흔하게 있을 것 같은데.

구루 그 사람들에게 타코는 그냥 집에서 간단히 해 먹는 음식인 거죠. 굳이 밖에 나가서 외식을 할 메뉴가 아니라.

밀 의외네요.

구루 이렇게 다양한 종류의 타코 요리가 소개된 건 미국식 프랜차이즈에서 시작됐다고 볼 수 있어요. 그래서 멕시코인들에게 타코벨은 특이하달까, 오리지널에서 많이 벗어난 형태로 인식되나 봐요. 타코라고는 할 수 없는, 뭔가 이상한 미국 음식인 거죠. 이탈리아 사람들이 미국 피자를 피자라고 인정하지 않는 것처럼요.

영지 그렇군요. 우리나라 프랜차이즈 빵집에서도 샌드위치만 판매하는 게 아니라 부리토 비슷한 걸 만들어 판다든지 트렌드에 맞춰 다양한 메뉴를 선보이잖아요. 음식도 시간이 흐르면서 계속 바뀌고, 종류도 다양해지는 느낌이에요.

밀 저는 그게 소셜네트워크의 유행 때문이 아닐까 해요. 일단 사람들은 '내가 이걸 경험하고 있어! 이렇게 예쁜 걸 먹고 있어!' 하고 알리기를 좋아하니까, 외식 업체에서도 신메뉴 개발이 점점 더 빨라지고 있지 않나……

구루 다양한 음식을 접하는 건 좋은 일이지만, 한편으로는 너무 가볍게, 빠르게만 흘러가는 게 아닌가 하는 염려가 들기도 해요. 음식도 트렌드에 따라 변해가는 건 어쩔 수 없겠지만.

다시 타코라이스 이야기로 돌아가볼까요? 그렇게 타코가 변형되고 발전되는 사이, 1945년 일본은 제2차 세계대전에서 패하죠. 그리고 미군이 오키나와에 주둔합니다. 그때 얼마나 많은 정크푸드며, 미국 음식이 전해졌겠어요. 타코도 그중 하나였습니다. 오키나와에선 쌀이 주식이니 자연스럽게 밥 위에 타코를 올려서 먹게 된 게 타코라이스의 시초가 아닐까 생각합니다.

밀 타코라이스를 만든다니까 오키나와를 여행했을 때가 생각나요. 수족관, 코끼리 바위 같은 관광지를 둘러보다가, 저녁에 선술집에 갔어요. 거기서 어떤 할아버지를 만났는데, 어디서 왔냐며 이것저것 묻더니 술을 사주는 거예요. 마치 동네 이웃 대하듯이. 그때 환대받은 기억이 너무 좋아서, 아직까지도 오키나와를 떠올리면 마음이 푸근해져요.

구루 오키나와 사람들이 친절한 편이라, 어느 곳을 둘러봐도 편하게 여행하기 좋죠.

밀 또 오키나와만의 독특한 문화가 있기도 하죠. 전쟁의 혼란을 겪었고, 미군이 오래 주둔한 곳이어서.

구루 제2차 세계대전 당시 일본이 중국, 러시아뿐만 아니라 동남아까지 진출했거든요. 그때 전초기지가 오키나와였어요. 연합군들이 방어를 하려고 오키나와에 어마어마한 폭격을 해서 많은 사람이 죽었죠. 대략 인구의 3분의 1 정도라고 하니, 생각하면 끔찍한 일이죠. 그렇게나 많은 사람이 전쟁을 겪으면서 죽었다는 건. 더 비통한 건 일본이 항복하기 직전에 많은 오키나와 사람이 자살했다는 거예요. 그것도 자기 의지가 아니라, 본토의 주문으로.

영지 네? 왜요?

구루 '전쟁에서 지는 것보다는 죽는 게 낫다'는 생각을 사람들에게 주입시켰대요. 가미카제 등 많은 일본군이 자살한 것처럼, 명예롭게 죽기를 강요한 거죠.

영지 본인들은 살아 있으면서 너무한 거 아니에요?

구루 역사적 사명감, 반드시 이겨야만 한다는 목표 같은 걸 주입시킨 결과라고 해요. 항복할 바에는 차라리 끝장을 보는 게 낫다는 심정으로 전쟁을 했다가, 결국은 전쟁에서 지고 항복했죠. 오키나와 사람들 입장에서 생각해보면, 참담하죠. 종전 직전에 일본의 패전을 직감했는데, 항복을 안 한다고 하니…… 많은 사람이 스스로 목숨을 끊었어요. 그런데 전쟁은 일본의 항복으로 끝이 났죠. 돌이켜 생각하면 얼마나 억울해요. 본토에 대한 원망도 클 테고요.

밀 불과 50~60년 전 일이란 게……

구루 오키나와는 지금도 일본 내에게 가장 많은 미군이 주둔해 있는 곳이에요. 이로 인한 문제도 많죠. 우리나라에서 미군이 어떤 사건을 일으켰을 때 처벌할 수 없는 것처럼, 오키나와도 마찬가지여서 그 피해를 주민이 다 받고 있죠.

밀 저는 오키나와라는 섬을 이와이 슌지 감독의 영화 「릴리 슈슈의 모든 것」에서 처음 인상 깊게 봤어요. 소년들이 오키나와로 탈주하는 여행을 떠나던 신이 인상적이었죠. 영화 속 오키나와엔 일상에서 벗어나 마주하는 판타지와 로망이 묻어 있어서, 이런 역사를 모르고 갔다면, 그냥 멋진 섬 정도로 생각했을 거예요.

영지 맞아요, 신혼여행으로도 많이 가잖아요.

밀 그렇죠. 그런데 역사를 알고 보면 어떤 슬픔이 느껴지는 곳이기도 해요. 미국 음식이나 문화가 공존하는 풍경을 보면 기분이 조금 묘해지더라고요.

구루 아무것도 모르면 마냥 즐기기 좋은 섬인데, 역사를 알고 나면 미묘해지죠. 우리나라 제주도도 아픔이 많듯이요.

밀 오키나와는 장수 인구가 많은 곳이라 들었어요. 옛날에는 기근도 많고, 전쟁도 많아서 사람이 살기 힘든 섬이었는데, 그런 여건을 견디기 위해서 사람들이 습관이나 체질을 바꿨다고 해요. 예를 들면 소식을 하면서 몸을 거기에 적응시키는

훈련을 했다는 이야기도 있고요. 오키나와에선 베니이모紅いも라고 보랏빛이 도는 고구마가 많이 나는데, 그걸 주식으로 조금씩 먹기도 했다네요. 최근엔 비만 인구가 늘면서 장수도 옛이야기가 됐다고는 하지만.

구루 오키나와는 지리적으로 대만과 일본 사이에 있습니다. 사실 일본보다 대만 쪽에 더 가깝다고 할 수 있어요. 일본에 편입되기 전 오키나와는 류큐왕국이라는 독립 국가였어요. 류큐국은 지리적 영향으로 중국과의 교류가 빈번했다고 합니다. 중국을 통해 고구마도 들어오고, 돼지고기도 들어왔는데요. 오키나와 사람들은 소고기를 먹지 않고, 대부분 돼지고기를 먹었대요. 돼지고기가 다른 고기보다 몸에 더 좋기도 하죠.

밀 그래요? 어떤 점 때문에요?

구루 같은 양의 고기를 먹는다고 했을 때 돼지기름이 나쁜 콜레스테롤이 더 적어요. 물론 오키나와 사람들이 장수할 수 있었던 이유야 복합적이었겠지만, 음식도 중요하지 않았겠어요? 또 오키나와 사람들은 특히 돼지고기를 주로 삶아서 먹었다고 해요. 굽는 것에 비해 칼로리가 훨씬 낮았겠죠. 생선이나 다시마 같은 해조류도 골고루 섭취했다고 하고요. 그런데 이제는 미군을 통해 전해진 음식 문화, 특히 패스트푸드가 널리 퍼지면서 지금은 일본에서 비만도가 가장 높은 지역 중 하나로 분류된다고 합니다. 좀 안타까운 일이죠.

영지 그렇군요.

구루 최근 일본에서는 오키나와 전통 음식을 건강식으로 많이 먹는다고 해요. 우리나라에서도 제주산을 많이 찾듯, 일본 사람들도 오키나와 소금 등 원산지를 따져본다네요.
다시 타코라이스 얘기로 돌아가면, 이 음식은 비교적 최근에 탄생한 요리예요. 1945년 미군이 점령하던 시기 이후에 만들어졌을 테니까요. 대중 음식으로 자리 잡기까지 얼마 걸리지 않았지만, 가성비가 좋은 음식이라 오랫동안 많은 사람에게 사랑받지 않았을까 해요.

밀 타코라이스를 처음 먹었을 때, 약간 어색한 맛이었어요. 고기가 덩어리로 씹히긴 하지만, 소스는 또 뭉근해서 서로 겉도는 느낌이랄까요? 그런데 맛이 이상하냐고 하면 그건 아니에요. 독특하지만 맛있었거든요.

구루 개인적으로 토르티야에 싸서 먹는 타코는 뭔가 허해요. 그런데 이게 밥으로 바뀌니까 어엿한 한 끼 식사도 되고…… 극적인 변화죠.

밀 동양 사람들은 그렇잖아요. 밥을 먹으면 식사를 한 것 같고, 빵을 먹으면 간식을 먹은 것 같고……

구루 요즘은 쌀 소비가 줄고, 점점 다양한 방법으로 대체되고 있으니 세대가 바뀌면 이런 생각도 희미해지겠죠?

영지 저도 샌드위치나 간단한 면 요리로 끼니를 해결할 때가 많아요.

구루 식사 한 끼를 직접 만들고, 먹고, 정리한다는 게 보통 품이 드는 일이 아니니까요. 아마도 미래에는 직접 요리를 한다는 게 특별한 일이 될 거예요.

밀 로코모코나 타코라이스를 보면 돈부리, 일본식 덮밥이 이렇게 저렇게 계속 변형되는 듯하네요.
구루 네, 다 일본식 덮밥이라고 볼 수 있죠. 그래서 비벼서 먹지 않고 떠먹습니다. 한입 크기로 뜨고, 사이드 메뉴를 한 젓가락 올려서 먹는 거죠.
밀 카레 비벼 드세요, 조금씩 떠서 드세요?
영지 저는 조금씩 떠먹어요.
밀 저도 떠먹는데요. 어렸을 때 카레 하면 무조건 비벼 먹는 줄 알았잖아요? 그래서 별생각 없이 비벼 먹었는데, 밥알이 뭉개지고 식감이 좋지 않아서 최근엔 밥에 카레를 올려 먹는다는 느낌으로 떠먹어요.
영지 좀더 진한 맛이 들어오는 기분이죠?
구루 밥알과 카레가 따로 들어오고, 들어온 후에 섞이니까 그 과정에서 더 깊은 맛이 느껴지는 거예요. 식감도 훨씬 더 재미있고요. 참고로 카레라이스도 밥이 굉장히 중요해요. 스시 먹을 때 밥알이 알알이 퍼지는 게 중요하듯 카레도 밥알이 살아 있어야 맛있어요.
영지 그런데 밥을 비비면 밥알이 불잖아요.
구루 맞아요, 바로 그 얘기예요. 비비느냐 뜨느냐에 따라 맛이 완전히 달라지죠. 미식가인데요?
영지 먹는 건 제가 좀 잘해요. ㅎㅎㅎ
구루 요리를 하기 전에, 마지막으로 타코라이스의 유래를 요약하자면 타코는 멕시코에서 탄생했지만 그 형태가 변형되고, 미국으로 전해져 대중화된 뒤에 흘러 흘러 오키나와까지 와서 재탄생한 요리라고 할 수 있어요.

타코라이스 만들기

구루 이제 요리를 시작해볼까요? 주재료는 다진 돼지고기, 양념으로 마늘과 양파, 소금 후추 정도예요. 그리고 가장 중요한 게 타코소스인데요, 이 타코소스와 주재료가 잘 어우러지는 게 관건이에요. 레시피를 볼까요? 돼지고기는 200그램, 2인분 기준이고요. 밥도 있어야 하겠죠. 그리고 양상추가 들어가는데요. 일본 전통 요리였다면 과연 들어갔을까 싶은 재료네요.
밀 처음엔 돈가스처럼 양배추를 채쳐서 사용하거나 하지 않았을까 하는 상상도 되네요.
구루 저도 양배추를 쓰지 않았을까 생각해봤는데, 양배추는 생각보다 억세거든요. 밥, 고기와 한꺼번에 씹기엔 불편해요. 그래서 자연스럽게 양상추가 선택된 게 아닐까 해요.
영지 아하!
구루 그리고 치즈가 들어가요. 어떤 치즈를 써야 할지 정해진 건 없어요. 오늘은 체다치즈, 모차렐라치즈를 골랐는데, 다른 치즈를 써도 돼요. 그다음은 토마토. 일반 완숙토마토도 좋은데, 오늘은 방울토마토를 사용해보기로 했어요. 크기가 작아서 괜찮을지 고민이 좀 됐지만, 생각해보면 단맛도 훨씬 많이 나고 안쪽 씨앗 부분에 들어 있는 물기도 상대적으로 적죠.

밀 방울토마토가 단맛이 더 좋군요.

구루 네, 그래서 토마토소스를 만들 때도 방울토마토를 쓰면 훨씬 맛있어요. 조리하기에도 방울토마토가 훨씬 더 편하고요. 안쪽에 있는 씨를 따로 손질하지 않아도 되니 요리 초보자들에겐 더 좋을 거예요. 1인분에 여섯 알 정도면 적당해요.

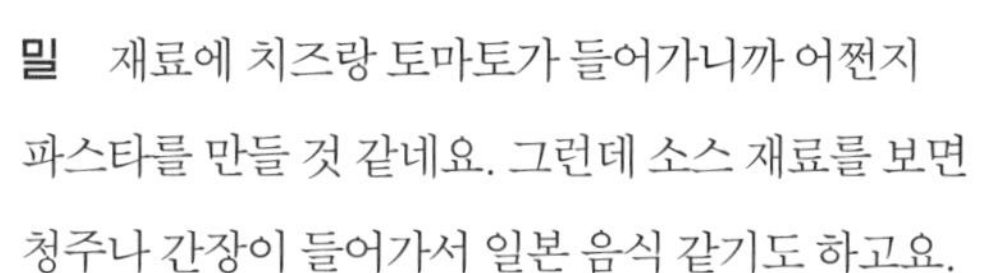

밀 재료에 치즈랑 토마토가 들어가니까 어쩐지 파스타를 만들 것 같네요. 그런데 소스 재료를 보면 청주나 간장이 들어가서 일본 음식 같기도 하고요.

영지 타코소스로 굴소스가 들어가나요?

구루 네, 중국 음식 문화가 오키나와에도 많이 들어와 있어서요. 굴소스 같은 중국식 소스를 자주 이용해요. 그래서 타코소스에 굴소스가 들어가는데, 취향이 아니면 빼도 괜찮아요.

밀 중국의 영향을 받은 건 돼지고기와 굴소스라고 생각하면 되겠네요. 굴소스가 들어가면 소스 맛이 진해질 듯한데.

구루 그렇죠.

영지 멕시코에서는 타코에 돼지고기를 잘 안 쓰나요?

구루 지금은 돼지고기뿐 아니라 다양한 재료를 쓰지만, 처음에는 생선이나 채소 정도가 일반적이었다고 해요.

재료를 계속 볼까요? 타바스코라는 칠리소스가 들어가요. 이게 매운맛을 내주죠. 단맛을 빼고 묽게 풀어놓은 초장 같은 소스인데, 톡 쏘면서 끝은 산뜻해요. 다음으로 달걀. 전체적으로 타코는 붉은 계열, 양상추는 녹색 계열이니, 달걀이 들어가면 색감이 좀더 화려해지겠죠. 오늘은 이 달걀로 포치드에그를 만들 거예요. 노른자를 깨서 그걸 소스처럼 함께 먹으면 맛있거든요.

영지 포치드에그가 뭐예요?

밀 수란 같은 건가요?

구루 중탕하는 방식은 같아요. 한식의 수란은 국자를 그릇 삼아 달걀을 깨 넣고 뜨거운 물에서 중탕으로 익히죠. 포치드에그는 끓는 물에 그대로 달걀을 깨뜨려서 익힌다는 점이 다른데, 이 방식의 차이 때문에 완성된 모양도 좀 달라요. 수란은 작은 비행접시같이 생겼다면, 포치드에그는 말랑말랑한 물풍선 같다고 할까요? 만들기도 어렵지 않아요.

밀 타코라이스를 주문하면, 보통 포치드에그가 같이 나오나요?

구루 레스토랑이나 셰프에 따라 다른데, 일반적으로 많이 들어가는 요소는 아니에요.

밀 그럼 기본은 밥에 타코인가요?

구루 그렇죠. 거기에 양상추나 토마토를 곁들이는 정도예요.

밀 굉장히 심플하네요, 카레처럼.

구루 네, 그만큼 요리 순서도 간단해요. 타코소스를 만들고 돼지고기를 볶다가, 포치드에그를 만들어서 플레이팅을 하면 됩니다. 밑 작업부터 시작할까요? 토마토와 양상추 다듬기부터. 양상추는 바로 입으로 들어가니까 약간 작은 듯하게 잘라주세요.

영지 살짝 익혀 먹어도 맛있더라고요. 예전에 카레우동을 먹었는데, 생양상추가 올라가 있었거든요. 그런데 시간이 지나면서 우동 열기에 양상추가 살짝 익으니까 적당히 아삭하면서도 양상추 특유의 달큰함이 올라와서 '오 이런 맛이구나' 했어요.

구루 영지 님은 미식가의 자질을 갖추고 있어요, 종종 느끼지만. (재료를 도마 위에 올리며) 자, 이제 재료를 잘라볼까요?

밀 가늘게 자르는 거 맞죠?

구루 네, 가늘게 잘라주세요.

영지/밀 네!

(채소 손질을 마치고 돼지고기를 볶을 준비를 한다.)

밀 카놀라유를 쓰는 게 좋은가요?

구루 센 불에 조리하는 볶음 요리에는 카놀라유처럼 발열점(기름이 타기 시작하는 온도)이 높은 기름이 좋아요. 포도씨유, 옥수수유, 해바라기씨유도 구이, 튀김처럼 높은 온도가 필요한 요리에 적당하고요. 온도 말고 하나 더 생각해본다면 냄새인데, 샐러드나 나물 무침처럼 향을 더하는 음식에는 올리브유나 참기름이 좋습니다. 특유의 풍미와 향을 가진 올리브유가 이탈리아 요리에 빠질 수 없고, 시금치 나물에도 참기름이 빠질 수 없잖아요.

밀 요즘은 기름이 워낙 다양해서, 어떤 요리에 어떤 기름을 쓸지 늘 고민이에요.

구루 맞아요. 예전에는 식용유 하면 콩기름이 대부분이었는데, 최근에는 굉장히 다양해졌어요. 그래서 저도 고민 될 때가 많아요.

영지 볶을 때 포도씨유를 사용해도 되나요?

구루 네, 다용도로 사용하기에는 발열점이 높고 무색무취에 가까운 카놀라유, 포도씨유, 해바라기씨유 같은 종류가 좋습니다.

밀 그렇군요!

구루 시작해볼까요? 기름을 두르고 먼저 마늘을 넣어서 향을 내주세요. 향이 어느 정도 올라오면 고기를 볶습니다. 다진 고기를 볶을 때 주의할 점은, 가만히 두면 뭉쳐버린다는 거예요. 주걱으로 휘저으면서 끊어주고 풀어주세요.

밀 요즘은 고기도 다양하게 정육돼서 판매되는 듯해요. 전에는 고기를 사러 정육점에 가도 종류가 몇 가지 안 됐거든요. 서너 가지로 다르게 잘라서 팔았죠. 그런데 요즘엔 카레용 고기, 수육용 고기, 다진 고기, 얇게 저민 고기같이 요리별로 알맞게 준비되어 있어서 많이 편리해졌어요. 소량으로 판매하니까 사는 데 부담도 덜하고요.

구루 그렇죠. 최근엔 종류가 더 많아졌어요. 고기를 다듬는 정육 방식이 지역별로 다른 것도 주목할 만하죠. 가령 지난번에 만들어본 데바사키에 쓰인 닭 날개도 그래요. 닭 날개 전체가 필요해도, 우리나라에서는 그렇게 먹지 않으니 구하기가 어렵죠.

고기가 익어가네요. 이제 굴소스를 넣을 건데요.

밀 (킁킁) 이 냄새는 마치…… 곧 마파두부가 나올 것 같은데요?

구루 ㅎㅎ 여기에 칠리소스를 넣으면 향이 확 달라질 거예요. (촤아악— 소스 붓는 소리.)

밀 이 타코소스는 안 좋아할 사람이 없겠어요.

영지 그러니까요, 불고기 양념처럼!

구루 이런 조리법으로 유명한 오키나와 음식이 또 있죠. 잔푸루라고. 일본에서는 여주를 넣고 건강식으로 많이 먹어요.

영지 맛있겠다!

구루 당연히 맛있죠. 기름에 볶으니까. 자, 이제 타코는 완성이에요.

밀 향이 복합적이네요. 처음엔 마파두부 향이 강했는데, 뒤이어 칠리소스 냄새가 올라오고, 마늘 향도 올라오고, 간장의 풍미도 느껴지고요.

포치드에그 만들기

구루 다음은 포치드에그를 만들어볼게요. 일단 달걀을 풀어놓을 때 노른자가 터지지 않게 조심해주세요. (물 온도를 체크하며) 달걀이 익어야 하니까 물은 당연히 뜨거워야겠죠? 그렇다고 부글부글 끓으면, 달걀 모양도 유지가 안 되고 난리가 날 거 아니에요. (불을 줄이며) 그러면 예쁘게 안 되니까 끓기 직전까지 기다렸다 달걀을 넣을 거예요. 열기에 수면이 미세하게 찰랑찰랑하는 상태, 그게 수면에 파동이 일지 않되 적당히 뜨거운 물이에요. 여기에 식초를 반 큰 술 정도 넣을 건데요. 식초를 넣으면 달걀을 빨리 굳힐 수 있어요.

영지 은근히 어렵고 떨리네요.

구루 그리고 젓가락으로 저으면서 소용돌이를 만들어주세요. 왜 돌릴까요?

밀 물살에 휘말려서 흰자가 노른자에 붙으라고요.

구루 (저어주며) 네, 맞아요. 모양을 잡기 위해 달걀 주변을 저어주는 거예요. 다 되면 잘 건져 내는 게 중요한데요. 올리다가 터지지 않도록 조심해야 해요. 건진 다음에는 얼음물에 넣어 식혀주세요. 실온에 두면 그대로 익어버려서, 애써 만든 포치드에그가 완숙이 되어버릴 수 있거든요. 그리고 흰자가 빨리 굳잖아요. 다 만들고 흰자를 만져봤을 때, 딱딱하면 너무 많이 익힌 거예요. 날달걀도 먹는데, 조금 덜 익어도 괜찮잖아요. 노른자가 익지 않도록만 주의하면 됩니다. 그리고 그릇에 담을 때 터지지만 않으면 되고요.

밀 포치드에그를 또 만들려면, 물 온도를 다시 맞춰야 하나요?

구루 그렇죠. 또 하나, 포치드에그를 만들기 전에는 달걀을 냉장고에서 꺼내, 적어도 한 시간 정도는 상온에 두어야 합니다. 냉장고에 있던 달걀을 꺼내 바로 쓰면, 요리를 할 때 온도차가 커서 문제가 생길 수 있어요. 상온에 둬서 온도를 어느 정도 조절해주는 게 좋습니다.

밀 그건 생각지도 못했네요.

구루 음식을 할 때는 재료에 관해, 재료의 상태에 대해 섬세하게 생각해야 최상의 맛을 낼 수 있어요.

타코 만들기

영지 (팬에 기름을 두르며) 먼저 기름을 두르고, 마늘이랑 돼지고기를 넣을게요.

밀 으악! 기름!

영지 기름을 너무 많이 넣었나 봐요. 막 튀어요.

(치—익. 기름 올라오는 소리.)

구루 아까랑 뭐가 다를까요?

영지 음— 어—

구루 (불을 줄여주며) 일단 불을 약하게 하고……

영지 손을 빨리 움직이면 될 줄 알았는데!

구루 자, 소금이랑 후추 간도 하고요. 불을 좀 올린 후에 양파를 넣고 볶아주세요. 움푹한 팬은 불이 팬 주변으로 가니까, 재료를 펼쳐주고, 삭삭 뒤집어주는 작업을 반복해야 해요. 재료가 다 볶아졌으면, 계량한 타코소스를 넣어주세요.

밀 역시 계량을 미리 해두는 게 중요하군요.

영지 저도 필요한 재료만 꺼내서 대충 세워두고 쓰는데, 미리 계량을 하는 습관을 들여야겠어요. 이제 재료를 넣을까요?

구루 음— 아직요. 양파가 덜 익었어요. 양파가 익어야 양파에서 달달한 맛이 나오거든요. 그 상태에서 소스를 넣어야 해요.

밀 저는 양상추랑 토마토를 썰어서 준비할게요.

구루 저는 양상추가 차갑지 않으면 좀 불쾌해요. 아삭아삭한 게 중요한데 온도가 높아지면 그게 사라지니까요. 그래서 다 썰고 난 뒤에는 그대로 두지 말고 랩을 씌워서 냉장고에 넣어두면 좋아요. 아삭하고 신선하게 다시 살아날 거예요.

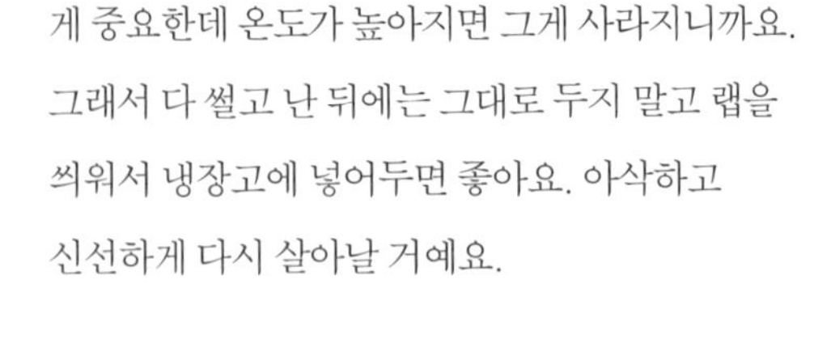

플레이팅하기

구루 이제 플레이팅을 해볼까요? 먼저 밥을 준비하고!

밀 (밥을 뒤집으며) 고슬고슬하게 됐네요.

구루 네, 진밥보다는 약간 고슬고슬해야 좋습니다. (밥을 담으며) 그런데 원래 오키나와에서는 쌀농사가 어려웠다고 해요. 그래서 대부분 수입해서 먹고, 예전에는 안남미를 먹었다고 합니다.

밀 안남미요?

구루 네, 그런데 지금은 일본에 편입돼서 일본 쌀을 먹고 있다고 하는군요. 오키나와는 정말 많은 변화를 겪은 곳이죠?

밀 그렇네요. 안남미에서 우리가 먹는 쌀로 바꾸기가 꽤 낯설었을 것 같은데…… 흠, 밥은 이렇게 됐고, 그 위에 타코소스를 올리면 되는 거죠?

구루 제가 먼저 해볼게요.

영지/밀 넵!

구루 (밥 위에 타코소스를 올리며) 치즈가 좀 녹아야 하니까 소스는 그걸 가늠해서 올리고, 토마토와 양상추를 올려주세요. 그다음은 포치드에그를 예쁘게 잘라줍니다.

영지 (포치드에그를 자르며) 노른자가 흘러내려야 할 텐데 긴장되네요.

구루 오~ 생각보다 잘됐는데요?

밀 재료들의 조합이 좋아서 누구든 쉽고 예쁘게 만들 수 있을 것 같아요.

오키나와와 멕시코의 맛

밀 잘 먹겠습니다! (먹어보며) 어쩐지 이국의 맛처럼 느껴져요. 한 번도 먹어보지 못한 맛과 향이랄까요. 치즈의 고소한 맛이 사르르 녹았다가 끝에는 칠리소스의 매운맛이 부드럽게 올라와요. 톡 쏘는 매운맛이 아니라, 혀끝에 은은하게 남는 매운맛이요.

구루 밥에다 볶은 고기를 올리고, 양상추를 같이 먹는 건 상상하기 어려운 조합이잖아요. 그런데 이게 의외로 맛이 괜찮아요. 밥 위에 양상추만 올려서 먹는다면, 어색한 조합이라 괜찮을까 싶어지는데요. 중간에서 타코소스가 서로의 이질감을 중재해주는 역할을 해요.

밀 잘게 씹히는 고기도 좋네요. 이게 빠져 있다면 한끼 식사로 먹기엔 서운한 느낌이 들 것 같아요. 카레에 감자를 빼면 서운하듯이 말이죠.

영지 ㅎㅎ 이왕이면 카레에 고기까지 들어 있으면 좋죠.

밀 그렇죠! 어떤 고기가 들어가도 카레는 다 맛있잖아요.

구루 돼지고기가 빠진 타코라이스라면 오히려 건강식일 수도 있겠죠. 타코라이스는 정량이 딱딱 정해진 요리가 아니에요. 다진 고기도 얼마나 넣을지는 취향대로 정하면 돼요. 안 넣어도 되고요. 밥 위에 타코가 올라간다는 게 중요하죠. 비빔밥도 밥 위에 취향대로 여러 재료를 올리듯이. 타코라이스는 말 그대로 타코와 밥이 메인이고, 사이드는 취향에 따라 올리는 거예요.

밀 저는 오늘 레시피대로의 재료면 충분히 좋을 것 같아요. 여기서 뭔가 빼거나 더하고 싶지는 않아요.

영지 로코모코에는 달걀프라이가 올라갔는데, 타코라이스에는 포치드에그가 올라가네요.

구루 네, 맞아요. 그렇지만 이것도 취향에 따라 달걀프라이로 바꾸셔도 돼요. 달걀노른자를 소스처럼 사용하고 싶으면 서니 사이드 업으로 해서 노른자를 완전히 익히지 않은 형태가 좋겠죠.

영지 로코모코엔 파인애플, 여기엔 양상추와 토마토가 올라가잖아요. 전체적으로 봤을 땐 그레이비소스 때문에 로코모코의 칼로리가 더 높을 것 같아요.

밀 맞아요, 타코라이스가 더 자연식에 가까워 보여요. 두 메뉴 중 하나를 고르라면 저는 타코라이스!

영지 로코모코는 뭔가 격한 운동 후에 먹어야 할 것 같아요. 서핑이라든가.

밀 반면 타코라이스는 운동 후보다는 카페에서 먹는 점심 메뉴로도 좋을 듯해요. 일단 보기에도 예쁘고 원플레이트 요리(한 접시에 밥과 반찬을 모두 올려서 먹는 음식)라서 작은 테이블에서 식사하기도 좋고요. 매운맛이 있어서 식사 후엔 차 한잔이 생각날 것 같아요.

구루 그냥 타코랑 타코라이스를 비교해보니 어떤가요?

밀 저는 프랜차이즈에서 먹어본 타코가 전부이긴 하지만, 타코는 보기에도 샌드위치 같은 느낌이잖아요. 그런데 샌드위치는 빵으로 재료를 잡아주는 반면, 타코는 그렇지 않아서, 한입 베어 물고 난 후엔 흘리지는 않을까 걱정을 하게 돼요. 가운데를 중심으로 양쪽까지는 어떻게 먹겠는데 그 이후엔 어디서부터 어떻게 먹어야 할까 싶어지고요. 다 먹고 나서도 간식인지 식사인지 애매한 지점이 있는데, 타코라이스는 엄연한 식사이고, 또 여러 재료도 많이 올라가고, 얌전히 먹을 수 있어 좋아요.

영지 (맛보며) 타코라이스는 어느 나라 사람이나 좋아할 것 같아요. 일본 사람, 한국 사람, 서양인들도!

밀 개성은 있지만, 호불호가 갈리는 음식은 아니어서 다들 맛있게 먹을 요리예요.

구루 양상추가 아삭아삭해서 기분 좋은 식감을 주네요.

밀 이 겉잎이 씹을 때 청량한 느낌을 주네요.

구루 예전에 마요네즈 광고였나요? 샐러리를 마요네즈에 찍어서 먹는 소리가 어찌나 맛있게 들리던지 샐러리라는 건 정말 맛있겠구나 했는데.

밀 샐러리는 전형적인 식물의 맛처럼 느껴져요. 그러니까 풀 맛, 건강한 맛, 마요네즈를 꼭 찍고 싶게 만드는 맛.

구루 하하, 맞아요. 그에 비해 양상추는 특유의 단맛이 있잖아요. 그래서 샐러드나 샌드위치에도 잘 어울리고, 이렇게 그냥 먹어도 맛있고요.

영지 식사라곤 했지만, 맥주랑도 잘 어울려요.

구루 좀더 분위기를 살리려면 오키나와 맥주를 마시면 더 좋겠죠?

밀 맞아요! 일본 요리엔 맥주랑 함께하기 좋은 게 많잖아요.

구루 대표적으로 돈가스가 그렇고, 카레라이스나 이 타코라이스도 그렇죠.

떠오르는 요리가 대부분 원플레이트 요리군요. 오늘은 오키나와의 음식인 타코라이스를 함께 만들고 즐겨봤습니다. 여름에 오키나와에 여행 간 기분으로 만들어보세요. 근사한 시간이 될 거에요.

❶
신선한 양배추를
채썰기 합니다.

❷
방울토마토를 4등분하고,
재료들을 따로 담아주세요.

❸
타코소스 재료는
모두 넣고 한데 섞어주세요.

❹
양파는 굵게 다져서
식감을 살립니다.

❺
프라이팬을 달군 뒤 식용유를 두르고
다진 고기를 부슬부슬하게 볶아줍니다.

❻
볶은 고기에 다진 양파를 넣고
양파가 투명해질 때까지 익혀주세요.

❼
소스를 더해 물기가 날아갈 때까지
골고루 저어가며 졸입니다.

❽
달걀은 작은 볼에 깨두었다가,
물이 끓기 직전에 포치드에그를 만드세요.

❾
적절히 익었을 때 꺼낸 뒤 바로 얼음물에 식혀야
황금빛으로 흘러내리는 노른자를 즐길 수 있어요.

❿
모든 준비가 끝났으면, 그릇에 밥을 펴 담고
타코소스를 넉넉하게 올립니다.

↓

⓫
치즈도
듬뿍 뿌려주세요.

↓

⓬
양상추와 토마토로
덮어줍니다.

⓭
마지막으로
포치드에그를 올리면 완성.

⓮
노른자를 터뜨려
소스와 함께 즐겨보세요.

타파스

Tapas

생색 포인트

호텔 조식은 보기만 해도 기분이 좋아지죠? 접시를 좋아하는 음식으로 가득 채우면, 여행의 피로도 녹아버려요. 오늘 만들 타파스를 저는 호텔 조식으로 처음 먹어봤습니다. 화려한 모양과 다양한 재료에 뭘 고를지 한참을 고민하며 서성거렸죠. 그러다 결국 전부 맛보고 싶은 마음에 잔뜩 가져왔어요. 하나씩 담았을 뿐인데 타파스의 양이 어마어마하게 많아져서 그날 아침을 점심·저녁보다 더 많이 먹었던 기억이 나네요.

전채요리 혹은 안주로 알려진 타파스는 파에야와 더불어 스페인을 대표하는 음식 중 하나로 손꼽힙니다. 그 유래를 보면, 술잔에 날벌레가 못 들어가도록 잔 위에 빵이나 작은 고깃조각을 덮어놓으면서 타파스라는 요리로 발전했다고 하는데요. 최근에는 술꾼들의 발길을 끌기 위해 특별할 것 없던 타파스를 훌륭한 안주로 만들어 소개하고 있습니다. 그런 만큼, 타파스는 보기만 해도 눈길을 사로잡는 화려한 음식이죠. 술과도 잘 어울리고요. 또 비교적 저렴한 가격에 다양한 타파스를 마음껏 골라 먹을 수 있으니 많은 미식가에게 사랑받고 있습니다.

오늘 만들어볼 타파스는 일반적인 형태 외에 꼬치에 꽂아 완성하는 핀초스와 작은 팬에 올리브유와 마늘, 새우를 넣어 만드는 감바스를 함께 준비했습니다. 한입 크기의 음식이 종류별로 테이블 가득 차려진 타파스는 특히 모임의 케이터링 음식으로 좋습니다. 파티 음식을 손수 준비해야 한다면 타파스 편에서 아이디어를 얻어보세요!

#스페인요리 #안주 #애피타이저 #핑거푸드 #핀초스 #감바스 #연말요리 #케이터링 #파티요리 #샴페인 #와인

세비체(4피스)

바게트 토스트 4조각
세비체(광어 슬라이스) 8장
케이퍼 12알
오이고추 슬라이스 조금
고수 잎 조금
굵은소금 조금
라임 제스트 조금

바게트는 1센티미터 두께로 비스듬하게 잘라서 토스트한다. 준비한 광어를 마리네이드해서 세비체를 준비한다.(볼에 레몬 즙 1/4개 분량, 다진 마늘 1/4ts, 페페론치노 1/4개, 고수 잎 조금, 라임 즙 조금, 소금 조금을 넣고 잘 섞어준다. 준비한 광어 슬라이스를 넣고 살짝 버무려 30분간 재워둔다.) 바게트 토스트에 세비체, 케이퍼, 오이고추, 고수 잎, 라임 제스트를 순서대로 올리고 굵은소금을 살짝 뿌린다.

올리브 타코 핀초스(4피스)

삶은 감자 4조각
자숙 문어 다리 1개
미소마요소스 1Ts
절인 올리브 슬라이스 16조각
처빌 잎 조금
굵은소금 조금

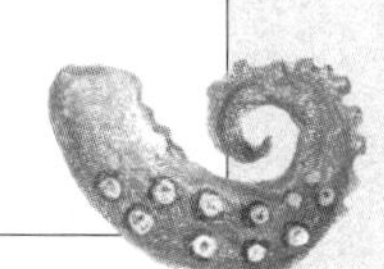

감자는 껍질째 소금을 간간하게 탄 물에 넣고 약한 불에서 한 시간 정도 서서히 익힌 뒤 꺼내둔다. 자숙 문어는 한입 크기로 적당히 썬다. 일본 된장(미소)과 마요네즈를 4대 6 비율로 섞어 미소마요소스를 만든다. 지름 3센티미터, 두께 2센티미터 정도 크기의 형틀을 이용해 감자를 관자 모양으로 찍어내고, 그 위에 슬라이스한 올리브, 미소마요소스, 문어 순으로 올린 뒤 꼬치에 꽂는다. 굵은소금을 살짝 뿌려주고 고수 잎을 넉넉하게 올린다.

이베리코 머시룸 핀초스(4피스)

식빵 프리토 4조각
이베리코 햄 4장
파프리카 에스카리바다 4조각
그라나파다노 치즈 적당량
양송이버섯 콩피 4개

파프리카 에스카리바다를 프리토의 크기에 맞춰 자른다. 이베리코 햄은 적당한 크기로 찢어둔다. 프리토 위에 파프리카, 이베리코 햄, 버섯을 올리고 꼬치에 꽂는다. 치즈를 미세 강판으로 갈아서 넉넉히 뿌린다.

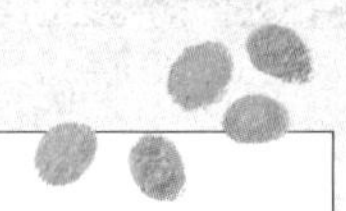

블루치즈 비프스테이크 타파스(4피스)

식빵 프리토 4조각
블루치즈 4ts
구운 소고기 슬라이스 12장(60g)
잣 12알
처빌 조금
굵은소금 조금
후추 조금

잣은 프라이팬에서 살짝 굽고, 블루치즈는 실온에 꺼내둔다. 스테이크용 소고기 안심은 하루 전에 소금, 후추를 골고루 묻혀 랩에 싸서 냉장고에 재운다. 두꺼운 프라이팬을 중불에 올려 뜨거워지면 식용유를 두른 다음 소고기를 올려 앞뒤로 갈색이 나도록 익힌 뒤 포일에 싸둔다. 프리토 위에 블루치즈를 바르고 로스트비프 슬라이스를 돌돌 말아서 세 개씩 올린다. 잣, 처빌을 올리고 소금, 후춧가루를 살짝 뿌린다.

미소된장 디핑소스를 올린 무화과(각 4피스)

미소 1ts
크림치즈 1ts
오이 2개
무화과 1개

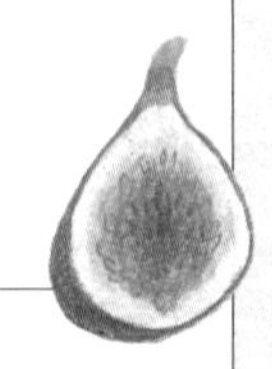

오이는 씻어서 4센티미터 길이로 자른다. 무화과는 4등분한다. 미소와 크림치즈를 1대 1의 비율로 섞어 디핑소스를 만든다. 오이와 무화과 위에 소스를 올린다.

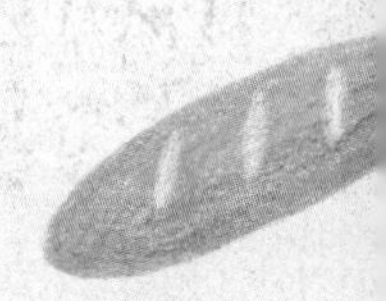

스패니시토르티야

감자 400g
올리브유 50ml
달걀 3개
생크림 300ml
다진 마늘 조금
소금, 후춧가루 조금

밑 작업

감자는 껍질을 벗겨서 가로세로 1.5센티미터 크기로 자른다. 프라이팬을 약불에 올려 뜨거워지면 올리브유를 두르고 감자를 넣어 뚜껑을 덮은 다음 한 번씩 흔들어주면서 30분간 익힌다. 볼에 오일을 뺀 나머지 재료를 모두 넣고 골고루 섞은 뒤, 익힌 감자와 함께 섞어준다.

조리하기

바닥이 두꺼운 프라이팬을 중불에 올려 달군다. 팬이 뜨거워지면 올리브유를 두르고 달걀 물을 부어 약한 불에서 은근하게 익혀준다. 앞뒤로 구운 색이 나면 가운데를 꼬치로 찔러 익은 정도를 확인한다.

감바스

새우(중간 크기) 4마리
마늘 2알
양송이버섯 3개
페페론치노 1/2개
올리브유 100ml
버터 1Ts
소금, 후춧가루 조금
이탈리안파슬리 조금

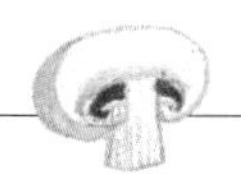

밑 작업

새우는 꼬리 부분만 남기고 껍질을 벗겨서 내장을 제거하고 소금물에 씻어 물기를 뺀다. 버섯은 겉의 지저분한 것을 닦아낸다.

조합하기

철제 팬을 약불에 올리고 버터, 올리브유, 으깬 마늘, 페페론치노를 넣어 향이 올라올 때까지 달군다. 향이 올라오면 손질한 새우, 버섯을 추가해 익힌다. 새우를 앞뒤로 뒤집어가며 굽다가 완전히 익으면 소금, 후추로 간한다. 이탈리안 파슬리를 다져서 뿌려주면 완성.

Tip!

- 손이 많이 가는 메뉴는 전날 미리 만들어두고, 간단하게 조합하면 되는 것은 당일 준비하면 수고를 덜 수 있다.
- 미소에 마요네즈나 크림치즈를 곁들인 소스는 원재료에 곁들이는 것만으로 쉽게 타파스 메뉴가 완성되는 손쉬운 재료라 활용하기 좋다.
- 감바스는 만들기 쉬우면서도 이색적인 플레이팅과 뜨거운 온도로 타파스의 분위기를 한껏 살릴 수 있다.

타파스와 핀초스

구루 오늘 요리는 타파스입니다. 스페인식 핑거푸드인 타파스를 술과 함께 낼 거예요. 바르bar, 그러니까 바에 와 있는 기분으로 진행해보도록 합시다.

영지 ㅎㅎㅎ 네!

구루 처음 주제를 선정할 때 '감바스'만 만들어보려 했는데, 요리 자체가 정말 간단해서 함께 곁들이면 좋을 타파스를 몇 가지 준비해봤어요. 예닐곱 명이 모여 연말 파티를 하는 기분으로 만들어보면 좋을 것 같아요. 타파스 바르가 스페인에서 유행이기도 하고요. 스페인을 여행하는 미식가라면 꼭 한 번 경험해보고 싶은 요리 중 하나가 바로 이 타파스입니다.

밀 타파스 바르라고 하면, 뷔페 같은 건가요?

구루 그렇죠. 일종의 델리.

영지 아하?

구루 타파스 바르에서 흔히 접할 수 있는 요리가 바로 감바스예요.

밀 예전에 책에서 읽었는데, 타파스가 술잔 위에 올려두고 간편하게 먹던 안주라고 하더라고요. 그걸 들고 돌아다니면서 먹고 마시기도 했다고.

구루 음- 맞아요. 타파스는 일반적으로 식사 전에 식전주와 함께 먹는 전채요리를 뜻해요. 가장 널리 알려진 유래는 와인이나 음료를 마실 때 잔에 벌레 따위가 들어오지 못하도록 스낵을 잔 위에 덮어두었는데, 그걸 '타파tapa'(스페인어로 뚜껑)라고 불렀다는 설이에요. 스페인을 비롯한 유럽에서는 와인이나 사과주 같은 달콤하고 향기로운 술을 많이 마시잖아요. 그러면 주변에 있는 벌레들이 술에 많이 꼬이겠죠. 단술이니까. 입이 닿는 술잔에 벌레가 붙어 있고, 술에 벌레가 빠지기도 하고…… 먹다 보면 너무 지저분하잖아요. 그래서 안주로 먹던 빵이나 고기를 덮어둔 거예요.

밀 우연히 알게 됐는데 이렇게 써먹는군요.

구루 사실 음식의 유래라는 게 별것 아닌 작은 발견에서 시작될 때가 굉장히 많아요. 타파스가 탄생한 안달루시아 지역에서는 잔 위에 얇게 썰어놓은 빵이나 고기를 올려놓고 술을 마셨다고 해요. 식당 주인들은 손님을 모으려고 점점 다양한 종류의 타파스를 개발했고, 술이나 음료 자체만큼이나 중요한 요소로 자리를 잡은 거죠. 식민지 시대에 전 세계의 다양한 식재료가 유입되면서 기존의 단순했던 타파스가 온갖 재료를 만나 풍부한 상상력으로 재탄생했고요. 종류가 워낙 다양해지고 전문화되다 보니 타파스만 파는 전문 식당이 많이 생겨났어요. 바와 테이블이 있는 곳에서, 술과 함께 타파스를 즐기는 거죠.

원래 타파스가 식전주와 함께 마시는 전채요리였다면, 이제는 양도 많아지고 다양해져서 메인 요리로도 손색없는, 타파스만 먹어도 충분한 독립된 메뉴로 발전했어요. 말 그대로 온갖 재료를 써서 변주할 수 있으니까 어떻게 조합해도 괜찮은 음식입니다. 스페인에 가면 지역마다 타파스의 주재료와 조리법이

차별화되어 있어 이 타파스들을 맛보러 다니는 사람도 많아요. 바르셀로나, 마드리드, 세비야, 그라나다 등 유명 도시를 돌며 그 지역의 타파스를 맛보는 거죠.

영지 오~ 저도 해보고 싶네요!

밀 우리나라에서도 크래커 위에 치즈랑 방울토마토 같은 걸 간단히 올려서 많이 먹잖아요. 이것도 일종의 타파스라고 할 수 있겠네요?

영지 어릴 때 생일상에 많이 올라오던 메뉴잖아요.

밀 맞아요. ㅎㅎㅎ

구루 네, 그렇죠. 타파스의 기본은 빵 위에 치즈나 과일을 올리는 방식입니다.

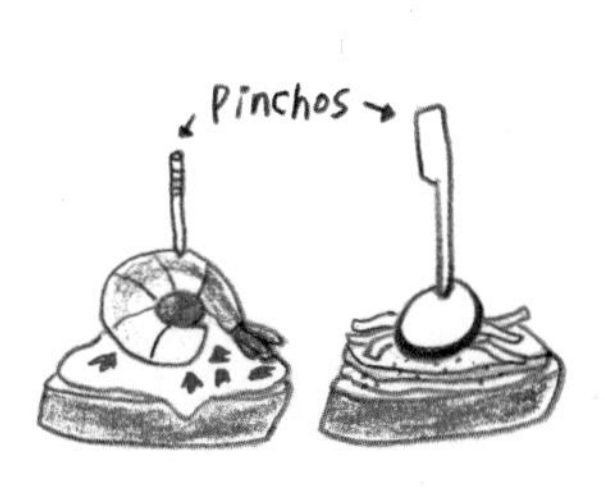

타파스라고도 하고, 핑거푸드라고 할 수도 있어요. 또 꼬치를 뜻하는 핀초스pinchos라는 형태도 있고요. 꼬치에 꽂은 타파스라고 생각하면 되는데, 손잡이가 있으니까 먹기 편하겠죠? 시작은 먹기 편하라고 한 건데, 여러 음식을 잔뜩 쌓아두고 파는 식당에서는 계산에도 활용이 돼요. 사람이 많으니까 누가 얼마나 먹었는지 모르잖아요. 그래서 굳이 꼬치에 꿰지 않아도 되는 음식도 일일이 다 꿰어두고, 다 먹고 난 후에 꼬치 개수로 계산을 하는 거죠.

영지 우리나라 어묵집과 유사하군요.

구루 맞아요.

밀 코스 요리를 할 때는 재료가 겹치는 걸 피하잖아요. 타파스도 마찬가지인가요?

구루 타파스는 코스 요리와는 개념이 좀 달라요. 여러 음식을 늘어놓는다고 해도, 먹는 사람은 자기가 먹고 싶은 것만 먹으니까 재료가 중복돼도 크게 상관없어요. 시간 안에 준비한 타파스를 모두 소진해야 하니까, 경제적인 관점에서 볼 때 재료가 겹치면 좋은 면도 있죠.
그래서 오늘 준비한 재료는 해산물, 육고기, 색다른 디핑소스를 올린 채소와 과일, 이렇게 여덟 가지 형태로 준비해봤어요. 재료가 남으면 그걸 새롭게 응용해도 다양한 형태의 요리가 나오겠죠.

재료 알아보기

구루 오늘 만들어볼 타파스의 기본이 되는 재료는 세 가지예요. 먼저 미니 바게트. 시중에서 파는 바게트보다 약간 작아요. 일반 바게트도 괜찮지만, 몇 개 먹으면 금방 배가 부르기도 하고, 또 작으면 더 앙증맞고 예뻐 보이잖아요? 다른 타파스의 크기도 고려해서 잘 어울리도록 작은 바게트를 선택했어요. 다음은 미니 토스트처럼 보이는 러스크rusk(식빵을 얇게 썰어 오븐에 구워낸 과자)입니다. 시저샐러드에 넣는 크루통croûton과 식감이 비슷해요. 마지막으로, 관자처럼 생겼지만…… 찐 감자!

영지 관자인 줄 알았어요. ㅎㅎ

구루 감자를 쪄서 모양을 관자처럼 만들어둔 거예요. 껍질째 찜기에 넣고 쪄서 한입 크기로 잘랐어요. 원기둥 모양의 틀로 찍어낸 건데, 이 위에 다른 재료를 올리면 재미있을 것 같아서요.

밀 아—

구루 그 외에 단독으로 사용해도 좋은 재료로, 스패니시오믈렛, 즉 토르티야가 있어요.

영지 토르티야는 멕시코 음식 아닌가요?

구루 네, 맞아요. 토르티야는 멕시코 음식이죠. 사연이 재밌기도 하고 서글프기도 한데…… 토르티야는 두 분이 알고 있는 것처럼 오래전부터 멕시코 원주민들이 주식으로 먹어오던 전통 음식입니다. 그런데 멕시코를 침략한 스페인 사람들이 자신들이 먹던 오믈렛과 닮았다고 (실은 비슷하지도 않지만) 이걸 토르티야로 불렀어요. 원주민이 먹던 원래의 음식은 가려지고 토르티야라는 음식 이름만 남은 거죠. 멕시코의 토르티야와 이름은 같지만, 전혀 다른 음식인 이 달걀 요리를 스페인식 토르티야(오믈렛), 영어로 스패니시토르티야라고 부릅니다.

밀 오믈렛에는 달걀만 들어가나요?

구루 아뇨, 특이하게 생크림과 감자가 들어가요. 사실 우리나라 김치찌개처럼, 스패니시토르티야도 집집마다 레시피가 다 달라요.

영지 아—

구루 얼마 전에 설문 조사를 했는데, 스페인 사람들의 솔푸드로 스패니시토르티야가 뽑혔대요. 항상 쉽게 해 먹는 음식인데, 집에서 부모가 자기만의 레시피로 만들어주던 음식이니까 솔푸드의 정서가 느껴지나 봐요. 스패니시토르티야는 다른 재료랑 조합하는 것보다, 이것만 딱 예쁘게 잘라놓는 것만으로도 훌륭한 타파스가 됩니다.

세비체

구루 첫 번째로 만들어볼 타파스는 세비체, 칠레의 대표 음식이에요.

밀 회 같은 거죠?

구루 네, 맞아요. 광어나 도미 같은 흰 살 생선회를 라임 즙과 레몬 즙, 마늘, 이런저런 양념을 쳐서 살짝 버무려 먹는 음식입니다. 이런 요리 방식은 굉장히 오래전부터 전해졌는데, 지금은 전 세계적으로 유명해져서 세비체를 응용한 음식을 다양하게 만들고 있어요.

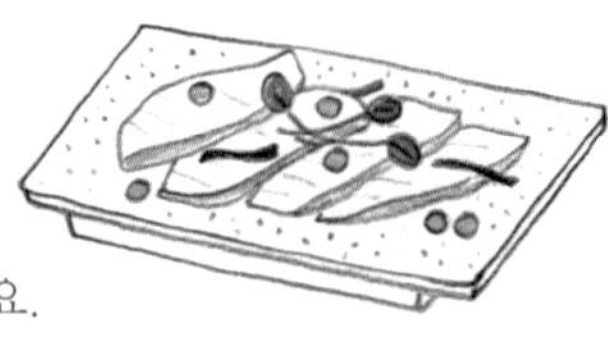

밀 그렇군요.

구루 오늘 우리도 세비체를 이용해 타파스를 만들어볼 거예요. 바게트 토스트 위에 세비체를 올리고, 그다음에 케이퍼와 오이고추를 올리는 겁니다. 원래 할라피뇨를 올릴까 하다가, 매운맛이 너무 강할까 봐 오이고추로 레시피를 바꿨습니다.

영지 할라피뇨의 역할이 있는 건가요?

구루 약간 느끼할 수도 있고, 생선에서 냄새가 날 수도 있으니 이런 매운 향을 추가하는 건데요. 오이고추가 안 맵다고 하지만, 살짝 매운 기가 있어서 괜찮을 것 같아요.

다음으로, 바게트는 직각으로 썰면 굉장히 곤란해지는데 왜 그런지 아세요?

영지 빵 결 때문인가요?

구루 바게트 특징이, 겉은 딱딱하고 안은 촉촉하잖아요. 그런데 자를 때 비스듬하게 자르지 않고 세워 자르면 이 딱딱한 부분이 그대로 이 사이에 끼기 쉬워요. 직각으로.

밀 그러고 보니 저도 예전에 바게트 먹다 입술 양끝을 다친 적이 있어요.

구루 아마 그런 경험이 많이들 있을 거예요. 저도 예전에 바게트를 직각으로 잘라 먹었던 적이 있는데 그때마다 항상 입가도 아프고, 이에 끼기도 하고 너무 불편하더라고요. 바게트는 비스듬하게 썰면 먹기가 훨씬 수월해요.

영지 (잘라둔 바게트를 먹으며) 보기와 다르게 고소하네요.

구루 여러 곡물이 들어간 빵이라 맛이 풍부할 거예요.

밀 그런데 케이퍼는 콩이에요?

구루 콩처럼 생겼지만 꽃봉오리 부분이에요. 지중해에서 나는 식물인데 연어 요리에 자주 사용되죠.

영지 이 빵은 토스트를 안 해도 되나요?

구루 해도 되고 안 해도 되는데, 토스트를 하면 조금 더 고소해져요. 탄수화물이 구워지면 향이랑 맛에서 고소함이 증폭되거든요. 그래서 가능하면 토스트를 하는 게 더 좋기는 하죠.
자, 토스트한 빵 위에 세비체를 올려볼게요.

밀 그런데 빵 위에 회를 올리는 건 굉장히 독특하지 않나요? 주로 초고추장에 찍어 먹거나, 밥 위에 회를 올려 먹는 회덮밥 정도로 먹다가……

구루 재료의 조합에 대한 편견을 깨면 재미있는 요리가 많이 나오죠. 세비체 위에 케이퍼와 오이고추를 올리고 마지막으로 고수 잎을 조금 얹을게요. (재료를 올리며) 아, 그리고 이 사이에 소금을 넣을 건데, 흔히 쓰는 굵은소금이에요. 소금 알갱이가 재료 사이에 숨어 있다가 씹히면 짠맛이 확 퍼지는 거죠. 이런 소소한 반전이 먹는 즐거움을 줍니다.

영지 고기 굽고 난 후에 이런 알갱이 소금을 조금 올려두고 먹어도 좋을 것 같아요.

구루 회는 레몬 즙에 마리네이드되었기 때문에 숙성된 상태라고 봐도 됩니다.

영지 레몬을 직접 즙 내서 써야 할 것 같은데, 혹시 없으면 파는 레몬 즙을 써도 되나요?

구루 괜찮지만, 생레몬이 훨씬 좋아요.

밀 핑거푸드는 보기엔 참 예쁘지만, 그래서인지 손도 많이 가고 다른 요리보다 어렵게 느껴지네요.

구루 재료를 더 섬세하게 다뤄야 하니까요. 큰 재료를 한입 크기로 다듬는 게 귀찮은 일이긴 하죠. 마지막으로 라임 제스트를 뿌려줄게요. 서빙하기 전에 뿌리면 더 좋죠. 향이 더 풍성해지니까요. 이렇게 해서 첫 번째 타파스 완성입니다.

올리브 타코 핀초스

구루 그다음은 올리브 타코 핀초스를 만들어볼게요.

밀 핀초스니까 꼬치가 필요한 요리겠군요.

구루 네, 맞아요.
문어 역시 스페인에서 자주 사용하는 식재료인데요.
영지 그렇다면 스페인에 가고 싶네요. ㅎㅎ
구루 문어 말고도 맛있는 요리가 많죠, 스페인에는.
올리브는 슬라이스해서 올릴 거예요.
밀 통으로 올릴 줄 알았어요. 문어가 두께가 있으니까, 비슷한 볼륨으로.
구루 (올리브를 자르며) 올리브 맛이 의외로 강해요.
영지 맞아요. 하나 먹으면 한참 씹고, 한참 생각해야 해요.
구루 그래서 하나를 통으로 올리면 안 되고, 슬라이스해서 얹을 거예요.
베이스는 관자같이 생긴 감자입니다. 이런 형태로 감자를 만들 때 주의해야 할 게 있어요. 센 불에 확 삶아 밖에 내어두면, 열의 차이 때문에 감자가 터져요. 표면에 금이 쩍쩍 가고, 속도 갈라지거든요. 그러면 틀에 찍어도 모양을 내기가 어렵죠. 약한 불에 한 시간 정도 서서히 익혀야 감자가 뜯어지지 않고 그대로 익어요. 그렇게 익힌 뒤 천천히 식혀야 변형이 덜 일어나요.
영지 식히는 데도 시간이 많이 걸리죠?
구루 (감자 위에 재료를 올리며) 그렇죠.
영지 감자 식는 동안 뭐라도 먹을 것 같아요.
구루 크크…… 이렇게 하려면 시간이 좀 걸리죠. 그리고 소스는 마요소스인데, 마요네즈와 미소를 섞는 거예요.
영지 우와 맛있겠다.
구루 맛있을 수밖에 없죠. 둘 다 진하게 맛있으니까요. 둘을 섞은 다음 잘 저어주세요.
밀 비율은요?
구루 6대 4, 마요네즈가 6이에요. 그런데 마요네즈가 좋으면 마요네즈 비율을 늘려도 돼요.
영지 이건 만들어두었다가, 채소를 찍어 먹기도 좋겠어요. 당장 만들어봐야지.
구루 채소를 먹는 건데 의외로 칼로리가 높을 수 있어요. ㅎㅎ 그리고 문어는 빨판이 보이는 형태가 좋을 것 같아서 빨판을 살려 잘라둘게요. 그다음에 고수 잎을 넉넉하게 뿌려줍니다. 고수 향을 좋아하지 않으면 빼도 괜찮아요. 이제 꼬치에 하나씩 꽂아주세요.
밀 저는 올리브 자른 걸 위에 훌라후프처럼 걸칠래요.
구루 (꼬치에 재료를 꽂으며) 전체적으로 짤 것 같은데 안주라고 생각하고 완성해볼게요.
영지 이 재료 중에 어떤 게 짠 거예요?
구루 올리브, 그리고 미소마요소스. 자숙 문어도 간이 되어 있어요.
영지 그렇구나.
밀 감자는 간을 안 한 거죠?
구루 거의 안 했으니까, 감자가 어느 정도 짠맛을 중화시켜줄 거예요. 자, 끝났습니다!

이베리코 머시룸 핀초스

구루 핀초스를 하나 더 만들어볼게요. 버섯이랑 이베리코 준비. 이베리코는 하몬처럼 장시간 숙성한 생햄이에요. 이베리코가 메인이고, 버섯이 살짝 받쳐주면서 맛을 돋우는 역할을 할 거예요.

밀 이베리코의 빨간색이 포인트네요.

구루 그렇죠. 그리고 버섯은 콩피를 할 건데요. 콩피는 기름으로 삶는다, 익힌다는 뜻이죠. 손질한 양송이버섯을 작은 프라이팬에 넣고 올리브유를 넉넉하게 부은 뒤 중불에서 10분 정도 골고루 익힌 다음, 꺼내서 식혀두었습니다. 이건 베이스가 미니 토스트예요. 여의치 않으면 빵을 토스트해서 작게 잘라 사용해도 됩니다.

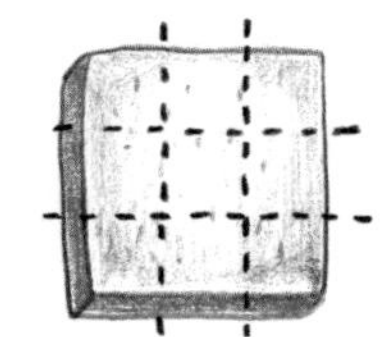

또 하나 특이한 게 들어가는데, 파프리카예요. 파프리카는 가스 불에 겉면을 태울 거예요.

텔레비전에서 이렇게 조리하는 걸 본 사람도 있을 텐데, 파프리카를 태워서 겉을 벗겨내면 참치 살 같은 표면이 나와요. 맛도 더 풍부해지고요. 이게 의외로 맛있어요.

영지 (먹어보며) 오~ 맛있어요! 재료에서 불 맛이 나요.

구루 매력 있는 조리법이죠?

영지 강렬한 빨간색은 일부러 고른 거예요?

구루 그렇죠. 또 파프리카의 촉촉함이 핀초스에 부드러움을 더해줍니다.

밀 버섯이 들어가니까 햄버거 같기도 하네요. 타파스마다 메인 컬러를 정해둔 건가요?

구루 딱히 의도하지는 않았지만, 전체적으로 차렸을 때의 조화가 예쁘도록 스타일링했죠.

밀 또 완성!

블루치즈 비프스테이크 타파스

구루 이번에는 러스크에 블루치즈, 스테이크를 올린 타파스를 해볼게요. 우선 블루치즈를 준비합니다.

밀 (치즈를 살피며) 이 푸릇한 건 곰팡이죠?

구루 (치즈를 자르며) 그렇죠. 러스크에 블루치즈를 한 티스푼 정도 고르게 펴 바르세요. 블루치즈도 고수처럼 쿰쿰한 향이 매력적인 식재료예요. 다음은 소고기 스테이크인데요. 미디엄으로 구워뒀어요.

영지 먹기 좋게 잘 익었네요. 합격 드려요. ㅎㅎ

밀 타파스에 들어가면 고기랑 다른 재료의 맛이 한꺼번에 어우러지잖아요. 맛을 정말 풍부하게 느낄 수 있을 것 같아요.

구루 고기는 최대한 얇게 썰어주세요. 치즈를 바른 러스크 하나에 세장씩 올릴게요.

밀 와아아~!

영지 좋다!

구루 이번에 쓴 고기는 한우와 와규和牛의 장점만 가져온 고급 품종이에요. 와규 종자와 한우를 섞어서 와규풍으로 만든 거라고 하네요.

영지 (재료를 살펴보며) 맛있겠다.

구루 스테이크를 다들 어려워하지만 사실 조리법은 간단해요. 냉장고에서 고기를 미리 빼두고 잘 달궈진 프라이팬에 앞뒤로 골고루 익힌다든지, 마늘과 버터로 풍미를 입혀주는 것 같은 몇 가지 노하우만 알면 쉽게 할 수 있어요.

밀 아, 네.

구루 이 과정이 번거로우면 햄으로 대체해도 좋습니다. 다음은 가니시로 처빌을 올려볼게요. 그리고 잣도.

밀 고기 위에 잣을 올리니까 한식의 느낌도 나네요.

영지 여기에 깻잎까지 조그맣게 잘라서 올리면, 한입 크기로 만든 한식 쌈이 되겠네요.

구루 아이디어 좋은데요! 자, 벌써 네 번째 타파스가 완성되었습니다.

미소된장 디핑소스를 올린 오이, 무화과

밀 다음은 오이를 이용한 요리네요.

영지 오이가 되게 작아요.

구루 네, 요즘 나오는 오이인데, '스낵오이'라는 이름으로 판매되는 종이에요.

영지 예전에 미니 당근은 먹어봤는데, 그건 맛이 없었어요.

밀 맛이 연했어요?

영지 네, 향이 약하더라고요.

구루 오이도 모양을 내서 잘라볼게요. 우선 6센티미터 길이로 토막을 냅니다. 양끝을 조금 남겨두고 한가운데 길게 칼집을 내주세요. 오이를 옆으로 90도 굴려서 칼집을 낸 곳까지 45도로 비스듬하게 또 칼집을 냅니다. 다시 반대쪽으로 돌려서 같은 방식으로 칼집을 내고 둘을 떼어내면 쐐기가 겹쳐진 모양이 됩니다(210쪽 참조).

밀 약간 대나무 공예 같기도 하고……

구루 오이에 된장 찍어 먹잖아요. 그걸 좀 작고 예쁘게 표현한다고 생각하면 돼요.

밀 채식주의자를 위한 타파스네요.

구루 그렇죠. 귀찮으면 채소 스틱처럼 일자로 잘라도 됩니다. 소스는 미소에 크림치즈를 섞은 거예요. 5대 5 비율로.

밀 그것도 맛있겠어요!

구루 풍미가 진해지죠. 두 발효 음식이 만났으니까요.

밀 무화과도 오이와 같은 소스를 쓰나요?

구루 네.

밀 유용한 소스군요.

구루 만들기도 굉장히 간단해요. 무화과에 소스 올려서 꼬치에 꿰면 끝이죠.

영지 완성!

구루 무화과를 예쁘게 써는 게 포인트입니다.

밀 사람들이 무화과를 두고 껍질을 까서 먹는지 그대로 먹는지 논쟁을 하던데, 저는 까서 먹었거든요, 지금까지.

구루 말린 무화과를 껍질째 먹으니까, 생무화과도 그렇게 먹는다고 생각한 게 아닐까요?

밀 생무화과를 껍질째 먹어보고 맛을 좀 비교해봐야겠어요.

스패니시토르티야

구루 다음은 스패니시토르티야입니다. 들어가는 재료만 보면 우리가 좋아하는 달걀말이와 비슷해요. 달걀말이가 조금씩 나눠서 말아가며 여러 겹을 익히는 거라면, 스페인식 토르티야는 부침개처럼 앞뒤로 한 번씩 익혀주는 게 좀 다릅니다. 감자도 들어가는데, 익는 시간이 오래 걸리는 재료이니 프라이팬에 볶아서 익힌 다음 사용하세요. 미리 만들어두었으니까 맛을 보죠.

밀 밥반찬으로 먹어도 좋을 맛이에요.

구루 이렇게 잘 만든 걸 보기 좋게 잘라주기만 하면 됩니다.

밀 벌써 끝인가요?

구루 네, 이게 끝!

감바스

밀 이제 대망의 감바스군요.

구루 올리브유를 먼저 준비해두고…… 미리 잘 손질한 새우와 양송이버섯, 나머지 재료들을 준비해주세요.

밀 버터를 넣으면 풍미가 더 좋아지죠?

구루 (팬에 올리브유를 붓는다.) 그렇죠. 먼저 중불에 올려줍니다.

영지 감바스도 스페인 요리인가요?

구루 네, 감바스도 스페인 요리로 타파스 중 하나예요. 스페인에서 가장 인기 있는 음식 가운데 하나이기도 합니다. (재료를 넣으며) 올리브유, 소금, 새우 마늘 정도로만 만드는데 정말 획기적인 조합인 것 같아요. 그리고 이렇게 완성된 음식을 바게트에 찍어 먹는 것도 재미있고요.

밀 그런데 올리브유를 그렇게 많이 넣어요?

구루 네, 넉넉하게 부어 넣고, 새우를 끓이듯이 익혀주어야 합니다.

영지 저 감바스 기름에 빵도 찍어 먹잖아요.

구루 맞아요. 새우 맛이 밴 기름이라서 감칠맛이 나잖아요. 그래서 기름만 따로 빼서 알리오올리오식 파스타로 만들어도 좋아요.

밀 오, 그것도 맛있겠어요. 우리도 이거 다 먹고, 파스타면 넣어서 먹을 것 같은데……?

영지 큭큭큭.

구루 마늘은 얇게 썰어도 되고 통으로 으깨서 넣어도 됩니다. 마늘이 타지 않도록 주의해주세요. 마늘이 타면, 탄 향이 너무 세서 나머지 재료의 향을 덮어버리거든요.

밀 그런데 원래 마늘 껍질까지 같이 넣나요? 까지 않고?

구루 이렇게 껍질째 한 번 으깨서 넣으면 뭉근하게 익으면서 마늘 향을 충분히 우려내고 나중에 건져내기도 쉬워요. 건져내지 않아도 상관은 없지만.

영지 저는 생마늘은 못 먹겠어요.

밀 저도요. 뭔가 '컥' 하는 맛 아닌가요?

영지 맞아요.

밀 어렸을 때 삼겹살을 먹는데 어른들이 생마늘 반쪽을 쪼개 넣으라고 해서 따라 넣었다가 깜짝 놀랐어요. 요즘도 생고추나 생마늘은 안 넣어 먹고, 그나마 먹는 게 파절이 정도? ㅎㅎ

구루 슬슬 마늘 향이 올라오죠? 새우와 버섯을 넣어주고 약불로 줄여주세요. 이렇게 뭉근하게 한동안 끓여줍니다. 고추도 조금 넣어볼게요. 칼칼한 느낌을 조금 주려고요. 새우 꼬리 부분에 물기가 많으니까 튀기기 전에 꼼꼼하게 제거해야 해요. 그리고 감바스는 철제 팬에 주로 만들어요. 나중에 식으면 올리브유가 잔뜩 남아 있어서 느끼해지거든요. 우리나라에서 뚝배기를 쓰듯이, 감바스를 만들 때도 따뜻한 온도를 최대한 유지하기 위해 이런 도구를 씁니다.

밀 이렇게 얼마나 끓이나요?

구루 새우를 앞뒤로 익혀서 완전히 발갛게 되면 소금, 후추로 간을 조절하고 파슬리 가루를 뿌려주면 완성입니다.

다양한 핑거푸드로 차린 화려한 식탁

구루 이제 만든 음식들로 플레이팅을 할게요. 5분 정도 걸릴 듯하네요.

밀 와인도 낼까요?

구루 네.

밀 젓가락이나 포크도 필요한가요? 감바스 먹을 때?

구루 음, 아뇨. 타파스를 먹고 나오는 꼬치를 쓰면 될 것 같아요.

영지 음– 예쁜 색깔!

밀 (테이블 세팅을 보며) 세팅해두니, 여기가 호텔 뷔페네요.

영지 근사해요!

밀 생색의 끝판 왕이네요. ㅎㅎ

구루 (타파스를 세팅하며) 자, 이제 플레이팅이 끝났습니다.

영지/밀 수고하셨습니다!

영지 (디핑소스를 올린 무화과를 먹으며) 치즈 사다가 이 소스 만들래요.

구루 저는 이게 제일 맛있어요. 무화과랑 미소디핑소스. 우아한 단·짠이에요.

밀 맛있다.

구루 (올리브 타코 핀초스를 맛보며) 감자가 문어의 짠맛을 많이 중화시켜주네요. 간이 적절한 것 같아요.

밀 세비체는 지금까지 먹어본 회랑 완전히 달라요. 저는 회를 별로 안 좋아해서 잘 안 먹거든요. 세비체라면 먹을 수 있겠어요!

구루 빵이랑 회의 조합이 낯설지만 나름대로 맛있어요.

영지 스패니시토르티야는 식감이 굉장히 부드러워요. 중간에 감자가 포슬포슬하게 씹히는 것도 좋고요.

밀 토르티야는 식사용으로도 좋을 것 같아요. 맛있고! 이 정도면 백 개도 먹겠어요.

구루 토르티야 히스토리는 생색내기 위한 좋은 정보일 것 같으니, 잘 외워두세요. ㅎㅎ 그리고 이베리코는 오래 씹어야 해요. 그래야 햄 맛이 우러나서 충분히 음미할 수 있어요.

밀 양송이의 향과 맛이 먼저 느껴지는데, 그 뒤로 이베리코 맛이 이어지는 게 재미있네요.

구루 햄의 풍미랑 향이 싹— 감싸주죠.

영지 파프리카 씹히는 식감도 재미있어요. 사각사각.

구루 그리고 이어서 와규. 음— 저는 빵이 좀더 부드러웠으면 좋겠네요. 이런 비스킷 같은 질감보다는 직접 식빵을 토스트해서 사용하는 편이 나을 듯해요.

밀 그래도, 마지막이 치즈 향으로 마무리되니까 좋은데요?

구루 와규가 잘 구워진 것 같아요, 불맛도 조금 나면서.

영지 만족!

밀 자, 이제 감바스를 먹어볼까요?

영지 종류가 많으니 맛 평가단 같네요. ㅎㅎㅎ

밀 단시간에 이렇게 다양한 요리를 먹는 일이 흔하지는 않죠.

영지 (감바스를 맛보며) 마늘이 잘 익었어요.

구루 새우도 적당히 잘 익었네요. 새우는 워낙 소금만 뿌려서 구워도 맛있는데 감바스 새우는 정말 맛있네요. 마늘, 올리브, 버터 향이 새우에서도 잘 느껴져요.

영지 올리브유를 흥건히 부은 것 같은데, 올리브유 양이 꽤 줄었어요.

구루 버섯에 많이 흡수되어 있어요.

밀 타파스는 저녁 식사로도 훌륭할 것 같아요. 한 8시부터 시작하는 식사.

구루 준비하면서 우리나라 한식도 타파스 방식으로 풀어보면 어떨까 하는 생각을 많이 했어요. 너비아니도 훌륭한 재료고, 삼색 나물을 햄에 말아서 핀초스를 해본다거나…… 한식 타파스도 재밌겠다고.

영지 그렇군요. (피식 하고 웃는다.)

밀 왜요? 맛있어서?

영지 (끄덕끄덕)

구루 오늘은 스페인 타파스 바르에 온 것처럼 여러 음식을 만들어 맛보았네요. 다양한 재료와 레시피를 응용해서 여러분만의 타파스를 만들어봐도 재미있을 것 같아요.

영지/밀 수고하셨습니다!

❶
세비체용 광어 살을
마리네이드해둡니다.

❷
바게트를 적당한 두께로 잘라
토스트합니다.

❸
바게트 토스트에 마리네이드해둔 세비체, 케이퍼,
오이고추 등을 순서대로 올립니다.

❹
올리브 타코 판초스에 사용할 감자는
약한 불에 삶은 다음 식혀주세요.
모양 틀을 이용해 한입 크기로 잘라줍니다.

❺
감자 위에 미소마요소스를 바르고
문어, 올리브, 처빌 순으로 올린 다음 꼬치에 꽂습니다.

❻
파프리카는 겉면을
새까맣게 태워서 긁어냅니다.

❼
프리토 위에 파프리카, 이베리코를
겹쳐 올립니다.

↓

❽
마늘 향이 잘 스며든 올리브유에
버섯을 익혀줍니다.

↓

❾
콩피한 버섯을 올려 떨어지지 않게
꼬치로 꽂아주세요.

❿
좋은 품질의 고기를
골라야 로스트비프도 맛있게 나옵니다.

↓

⓫
고기는 겉면을 적절하게 구워서
포일에 감싸 휴지시킵니다.

↓

⓬
로스트비프는 얇게 슬라이스해서
블루치즈를 바른 프리토에 올려줍니다.

⑬
파삭 하고 터지도록 소금을 뿌려주세요.
암염을 썼지만, 굵은 천일염도 좋습니다.

↓

⑭
오이는 가운데 길게
칼집을 넣어주세요.

↓

⑮
쐐기 모양이 되도록
양쪽에 비스듬하게 칼집을 넣어 분리합니다.

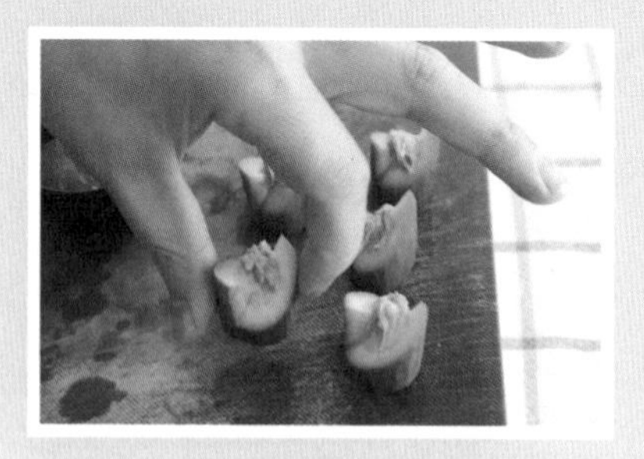

⑯
모양 낸 오이에 소스를 올리고
꼬치에 꽂아주세요.

↓

⑰
무화과 역시 한입 크기로 잘라서
소스를 올려줍니다.

↓

⑱
스패니시토르티야를 만들 때는
감자를 미리 익혀 넣어야 달걀과
익는 시간을 맞출 수 있습니다.

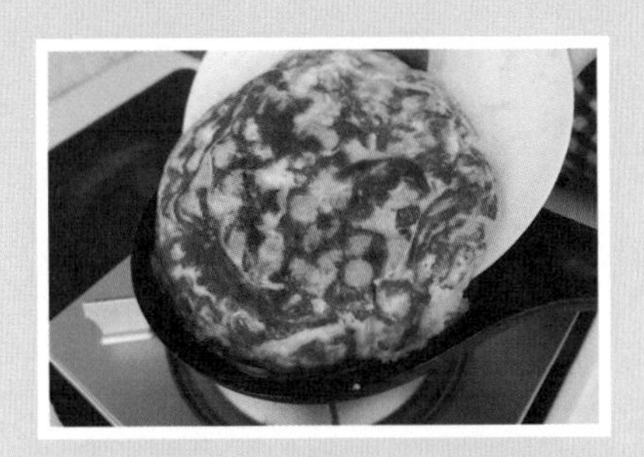

⑲
바닥이 적당히 노릇하게 익으면 넓은 접시를 이용해
뒤집어 반대편을 익혀주세요.

⑳
완전히 식힌 뒤
한입 크기로 자릅니다.

㉑
올리브유에 마늘, 페페론치노 향을
충분히 우립니다.

㉒
새우와 버섯을 넣고
앞뒤로 익혀주면 감바스 완성.

㉓
완성된 타파스와 감바스를 한자리에 모아놓고,
와인을 곁들이면 타파스 파티가 시작됩니다.

오뎅

御　田

생색 포인트

추운 겨울, 따끈한 국물이 생각날 때면 포장마차에서 먹는 어묵 꼬치 하나, 종이컵에 담긴 국물 한 컵이 생각나죠? 어묵만 먹으러 들어갔지만, 떡볶이나 튀김의 유혹은 항상 뿌리치기 힘듭니다. 집에서 반찬으로도 많이 먹고, 탕으로 끓여 먹기도 하고, 요즘은 떡이나 치즈, 햄, 채소를 곁들여 어묵 자체의 맛을 즐길 수 있는 어묵 가게도 많이 생겨 우리에게는 익숙한 식재료입니다.
우리는 어묵을 흔히 '오뎅'이라고 부르기도 하는데, 사실 일본에서 '오뎅'이라고 하면 일반적으로 갖가지 오뎅과 재료를 냄비에 넣고 푹 끓이는 탕 요리입니다. 오늘 만들어볼 요리는 바로 이 일본식 오뎅이에요.

오뎅은 두부에 일본 된장을 발라 먹는 '덴가쿠田樂'라는 요리에서 지금의 형태로 발전되었습니다. 오늘날 흔히 오뎅이라고 부르는 요리는 오사카 지역 음식에 가까워요. 특유의 감칠맛 덕분에 국물을 좋아하는 우리 입맛에도 딱 맞고, 함께 넣어서 푹 익힌 무, 감자, 곤약 등도 별미입니다.
여러 종류의 오뎅을 온 가족이 둘러앉아 맛있게 먹을 수 있는 방법을 배워봅시다. 따끈한 오뎅 국물과 푹 익힌 재료들을 맛보며 두런두런 이야기 나누다 보면 한겨울 추위가 사르륵 녹아버릴지도 몰라요.

#겨울 #눈내리는밤 #어묵 #어묵탕 #오뎅탕 #오뎅볶음 #포장마차 #덴가쿠 #가족모임

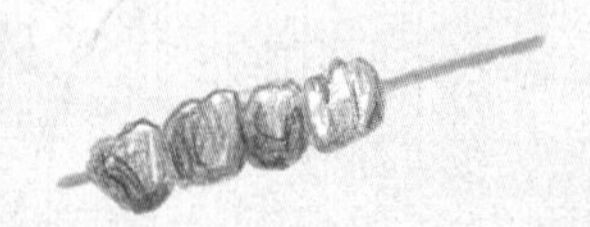

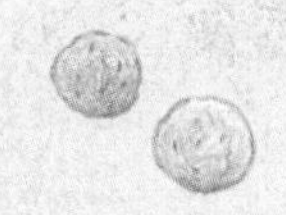

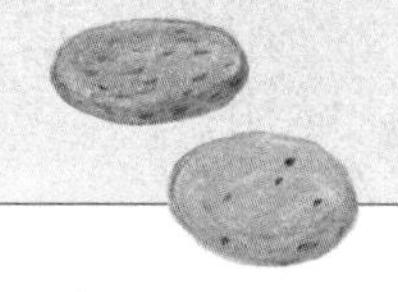

오뎅

재료(6~7인분)

건더기
규스지 400g
곤약 2개
기누아게 2개
다이콘 800g
지쿠와 2개
고보텐 2개
달걀 4개
긴차쿠모치 4개

국물
국간장 1C
설탕 1/2C
청주 1/2C
물 15C
고등어포, 정어리포 50g
다시마(사방 10센티미터) 2조각

곁들임 소스
가라시 적당량
네리미소 적당량
시치미 적당량

밑 작업
오뎅 국물은 모든 재료를 냄비에 넣고 센 불에서 끓어오르면 거품을 떠내고, 면보에 걸러준다. 규스지는 끓는 물에 살짝 데쳐 물기를 제거하고 먹기 좋은 크기로 저며서 꼬치에 꽂는다. 곤약은 삼각자르기로 해서 두 장으로 저민 다음 뜨거운 물에 2분 정도 데쳐 물기를 뺀다. 기누아게는 뜨거운 물에 헹군 후 물기를 제거하고 삼각자르기, 다이콘은 길이로 8등분한 뒤 껍질을 벗기고 쌀뜨물로 겉이 투명해질 때까지 익혀 물기를 제거한다. 지쿠와와 고보텐은 어슷썰기로 2등분한다. 긴차쿠모치와 함께 뜨거운 물에 헹군 후 물기를 제거한다. 달걀 네 개는 삶아서 껍질을 벗겨 물에 담가둔다.

끓이기
냄비에 긴차쿠모치를 제외한 건더기를 모두 넣고 오뎅 국물을 부어 센 불에 올린다. 국물이 끓어오르면 지저분한 거품을 모두 떠낸 뒤 약한 불에서 뚜껑을 덮고 두 시간 정도 더 끓인다. 긴차쿠모치를 넣고 다시 한 시간 정도 더 끓여준다.

담기
냄비에서 먹을 만큼 앞 접시에 덜어 기호에 맞는 곁들임 장을 찍어 먹는다.

Tip!
- 규스지(소 힘줄)는 국물을 진하게 하고 감칠맛을 더해준다.
- 간사이풍 오뎅은 건더기에 스민 진한 국물의 감칠맛을 즐기는 것이 매력.
- 오뎅은 조림에 가까울 만큼 맛을 우려내듯 뭉근하게 끓여야 제맛.

오뎅? 어묵? 네리모노?

영지 친구한테 오늘 요리 주제가 오뎅이라고 했더니, 생선살 다지는 것부터 시작하느냐고 묻더라고요. ㅎㅎ

밀 실은 저도 그렇게 생각했어요. 우리가 상상하는 오뎅은 특정한 형태가 있잖아요. 납작한 거 아니면, 원기둥으로 된 거.

영지 ㅋㅋㅋ

구루 예전에 일본에서 활동할 때 한 방송사에서 섭외 전화를 받았어요. 냉면을 할 건데 면 만드는 것부터 시연을 하자고요. 그게…… 사람 손으로 할 수 있는 게 아니라고 거절했는데, 두 분 이야기를 듣자니, 그때 일이 생각나는군요.

영지/밀 하하하!

구루 자, 우리가 흔히 알고 있기도 하고, 자주 먹어온 어묵, 일본어로 '오뎅'이 오늘의 주제입니다. 다들 어묵에 얽힌 추억이 있을 것 같은데요.

영지 추억이라고 하긴 좀 그렇지만…… 추운 겨울날 집에 가는 길에 '어묵에 잔술 한잔 마시고 가야지' 하고 포장마차에 간 적이 있어요. 어묵은 늘 가벼운 음식이라고 생각해왔는데, 다 먹고 정신을 차려보니 제 앞에 어묵 꼬치가 산더미처럼 쌓여 있어서 굉장히 당황했던 기억이 나요. 그렇게까지 많이 먹을 생각은 없었는데 말이죠.

밀 원래 들어갈 때는 '어묵 한 꼬치만 먹어야지' 했다가 떡볶이도 먹고, 튀김도 먹고 자꾸 주문이 늘잖아요.

구루 그렇죠. 나올 때 보면 만원 넘게 나와서 깜짝 깜짝 놀라고요.
저도 어묵 하면 아련한 추억이 있는데요. 서울에 막 와서 직장생활을 하면서 자취할 때, 어느 날 잔고가 바닥이 난 거예요. 남은 돈으로는 끼니를 때우기가 애매해서 난처했죠. 그날, 집 앞 포장마차에서 어묵 꼬치 하나를 사서 같이 나온 국물로 허기를 달랬어요. 겨울만 되면 그때 생각이 나고 또 가끔 그립기도 해요.

밀 슬푸드네요.

구루 그렇죠, 아련한 음식.

밀 어묵은 볶아서 반찬으로도 많이 먹잖아요. 초등학교 때나 중학교 때 도시락 싸갈 때 저한테는 최고의 반찬이었어요. 김치는 국물도 흐르고, 냄새도 나서 어린 나이엔 맛있다고 생각하고 먹는 음식이 아니었는데, 어묵볶음을 반찬으로 싸간 날은 정말 맛있게 도시락을 먹었답니다. 그래서 저는 지금도 어묵볶음이 좋아하는 반찬 중에 하나예요.

영지 바로 튀겨서 먹는 어묵도 정말 맛있잖아요.

밀 오, 맞아요. 그거 정말 맛있죠.

구루 그런 방식의 오뎅이 처음 나왔을 때, 시장에서 난리 났잖아요. 한때 정말 많이 팔았는데.

영지 안에 떡이나 맛살도 들어 있고, 베이컨에 말려 있기도 하고요.

밀 생각해보면 좋아하고 많이 먹는 음식인데, 단 한 번도 정확히 뭘로 만드는지는 생각해본 적이 없었던 것 같아요.

영지 저는 사실 생선을 잘 안 먹거든요. 그런데 어묵은 잘 먹었어요.

구루 어묵과 생선은 다르죠. 어묵엔 밀가루가 들어가 있고, 기름에 튀겼으니 더 맛있을 수밖에요. 어묵은 우리나라에서도 평범한 사람들이 일상에서 흔히 먹는 음식에 속하는데, 일본 오뎅도 비슷한 음식으로 여겨져요.

영지 그런데, 오뎅이 재료를 뜻하는 게 아니라는 이야길 들었어요.

구루 우리가 흔히 말하는 오뎅을 일본에서는 네리모노練り物(생선살을 반죽해 성형한 것)라고 해요. 네리모노를 찌면 가마보코蒲鉾, 구우면 지쿠와竹輪, 튀기면 덴푸라天婦羅라고 하고요. 오뎅은 이 네리모노와 다른 재료를 육수에 푹 끓인 요리입니다.

영지 아– 저는 오뎅이 그냥 어묵의 옛날 표현인 줄 알았는데, 다양한 종류가 있군요.

구루 네, 그래서 우리나라 사람들이 반찬으로 '오뎅(어묵)볶음'을 먹는다고 하면 일본 사람들은 의아해할 것 같아요. 일본인들이 이해하기엔 '김치찌개볶음'처럼 '끓인 걸 또 볶는다고?' 하게 되지 않을까요? 오뎅은 탕으로 먹는 요리의 이름이니까요.

오뎅의 역사

구루 우리가 오뎅 종류가 많다고 인식한 건 비교적 최근의 일인데요. 실은 종류가 꽤 많고 역사도 깊어요.

영지 종류만큼 맛도 다양한 가요?

구루 우선 음식으로서의 '오뎅'에 관해 간략하게 정리해볼게요. 오늘 함께 만들 오뎅이라는 음식은 일본에서 탕 요리로 분류되고, 가다랑어포나 다시마 국물에 다양한 재료를 넣고 오랜 시간 푹 끓이는 음식이에요. 헤이안 시대에 탄생한 덴가쿠(두부, 곤약, 채소 등을 꼬치에 꿰어 양념 된장을 발라 구운 요리)라는 음식이 있었는데, 이게 에도 시대까지 이어지면서 탕 요리인 오뎅으로 발전한 겁니다. 당시 황실에서 이런 요리를 해 먹기 시작했는데, 존칭을 표하는 오お를 붙여 오덴가쿠おでんがく로 높여 부르다가, 이걸 짧게 오덴おでん(오뎅)이라고 부르면서 오늘에 이르렀다는 설이 있어요. 후에 이 요리는 니코미덴가쿠にこみでんがく라는 방식으로 바뀌어요. '니코미にこみ'란 국물을 고아내듯 뭉근하게 끓이는 방식을 의미해요. 기존의 굽는 방식에서 국물에 익혀 먹는 방식으로 바뀐 거죠.

밀 곰탕이랑 비슷하네요?

구루 네, 맞아요. 그리고 여기서 다시 한번 변형이 일어나요. 기존 덴가쿠에는 양념 된장을 발라 먹었다면, 이제 국물에 익힌 재료를 양념장에 따로 찍어 먹게 돼요.

밀 일종의 쓰케멘つけ麵(면을 국물에 찍어 먹는 일본의 면 요리) 같은 방식이군요?

구루 그렇죠. 라멘이 국물에 담긴 면을 건져 먹는 거라면, 쓰케멘은 익힌 면과 진한 국물을 따로 내서 적셔 먹는 방식이니까, 비슷하다고 할 수 있겠네요. 이렇게 변한 니코미덴가쿠에서

다시 니코미오뎅にこみおでん으로 발전합니다.
맛있는 간장이 등장하면서 가다랑어포를 우린 물에 간장, 설탕, 미림으로 맛을 낸 국물이 비로소 만들어집니다. 간장 덕분에 풍부한 감칠맛과 맑은 국물을 즐기게 된 거죠. 하지만, 건더기는 여전히 두부가 주재료였어요.

영지 그것도 맛있겠는데요.

구루 한참 뒤인 다이쇼 시대에 생선살을 갈아서 만든 가마보코(어묵)를 니코미오뎅에 넣어 먹으면서, 현재 우리가 알고 있는 오뎅과 가까운 모습이 됩니다.

밀 아— 두부에서 가마보코로……

구루 이렇게 시간에 따라 다양하게 변화한 만큼, 지역마다 그 형태가 조금씩 달라요. 예를 들면, 오뎅 육수 하면 떠오르는 곳은 간사이 지방인데요. 일단 국물도 맑고, 또 감칠맛이 훨씬 더 풍부해서 기존의 된장 국물보다는 다시마로 우려낸 간사이 지방의 육수가 인기를 얻었죠. 그래서 니코미오뎅의 원류였던 된장 국물은 점차 향토 음식으로 밀려나고, 다시마 국물이 전형적인 오뎅 국물로 정착됩니다.
된장 국물로 만든 니코미오뎅도 맛있었겠지만, 좀 투박하지 않았을까 싶어요. 그래서 맑은 국물에 역전이 된 거겠죠. 오늘날 오뎅은 두부 대신 가마보코가 들어가고, 맑은 국물에 오랜 시간 뭉근하게 익히는 방식으로 먹는, 우리에게 익숙한 형태인데요. 이것도 지역마다 조금씩 다른 특징이 있어요.

영지 오뎅에도 지역색이 있는지 몰랐어요.

밀 저도요. 그리고 이렇게 다양한 변화가 있는 요리인지도요.

구루 앞서 말했듯이 우리가 흔히 아는 오뎅의 형태는 간사이 지방, 특히 오사카에서 발달했어요. 알다시피 오사카는 미식의 도시잖아요.

영지 맞아요. 맛있는 거 먹으러 가면 '오사카', 이렇게 알고 있잖아요.

구루 오사카는 미식의 도시답게 맛있는 재료가 많아요. 여기서 규스지牛筋(소의 힘줄 부위)라든지, 상어 고기를 가공한 한펜 등 네리모노 외에 다른 재료를 이것저것 넣다 보니 맛이 더 풍부해졌습니다.

밀 단순히 짠— 하고 완성된 음식이 아니라는 게 참 신기하네요.

영지 (끄덕끄덕)

재료 살펴보기

구루 앞서 얘기한 것처럼 오뎅은 지역에 따라 먹는 형태가 달라요. 오늘 함께할 요리는 간사이식에 교토와 도쿄의 방식이 조금씩 추가된 형태인데요. 국물은 사바부시さば節라고 하는 고등어포로 낼 거예요. 오사카 쪽에서 국물을 낼 때 사용하는 재료죠.

영지 가다랑어포와 비슷하게 생겼네요? 가다랑어포를 처음 봤을 땐 하늘하늘 흔들리는 게 살아 있는 것같이 보여

일본 각 지방의 다양한 오뎅

홋카이도北海道 / 도호쿠東北

머위, 고사리 같은 산채와 조개류를 사용하는 것이 특징. 어패류와 다시마를 기본으로 한 국물에 재료를 넣고 뭉근하게 끓여서 미소다레味噌ダレ(된장 소스)에 찍어 먹는다.

간토關東

도쿄를 중심으로 지쿠와부ちくわぶ(밀가루를 반죽하여 구멍이 뚫린 모양으로 만든 어묵), 한펜はんぺん(흰 살 생선 어육과 마를 혼합하여 쪄낸 어묵), 스지すじ(소 힘줄), 쓰미레つみれ(생선이나 고기 반죽을 한입 크기로 데쳐낸 것)가 주요 재료다.

간사이關西

가다랑어 국물을 사용한 에도 시대의 오뎅에 다시마 국물을 추가했다. 오사카는 말린 고래 껍질이나 쇠고기 힘줄을 반드시 넣는 것이 특징이며, 교토에서는 로컬 채소와 유바湯葉(두유를 끓일 때 생기는 얇은 막)를 넣는다.

규슈九州 / 오키나와沖繩

규슈 지방에서는 닭뼈 육수를 사용하며, 어육 반죽으로 교자キョウザ를 감싸 튀긴 교자마키餃子巻き를 넣는다. 오키나와 지방에서는 돼지 족발을 우려 육수에 소시지를 넣는 것이 특징이다.

주고쿠中國 / 시코쿠四國

오뎅을 쓰케다레つけだれ(곁들이는 양념장)에 찍어 먹는 것이 특징이다.

신기했어요.

구루 고등어포는 고등어를 가다랑어포처럼 가공해 만든 건데요. 간사이 지역에서는 이 재료를 많이 사용해요. 오늘은 간사이식으로 고등어포와 다시마를 써서 국물을 내볼게요. 고등어포나 다시마는 감칠맛이 풍부해 국물 맛에 깊이를 더해주는 역할을 합니다. 여기에 간장, 설탕이랑 청주가 살짝 들어가요.

밀 그래서 국물을 계속 먹게 되나 봐요.

구루 맞아요. 감칠맛 때문에 자꾸자꾸 먹게 되죠? 덧붙이자면, 국물도 지역마다 조금씩 달라요. 차이를 좀더 설명하자면, 도쿄는 가다랑어포가 메인이고, 나고야는 된장, 오사카는 가다랑어포와 고등어포, 그리고 다시마 등을 복합적으로 사용해요.

밀 우리나라도 남쪽의 음식이 화려하듯이, 일본도 남쪽으로 갈수록 맛있는 음식을 많이 접할 수 있는 듯해요. 오사카나 후쿠오카나 이런 쪽이요.

구루 네, 특이한 건 오사카 바로 옆이 교토잖아요. 그래서 이 두 지방은 음식 교류도 활발하고, 서로 영향을 많이 주고받았겠다고 생각하는데, 의외로 그렇지 않아요. 가령 오사카의 오뎅은 교토로 가서 단맛을 많이 빼는 식으로 완성이 되죠. 미림 정도만 넣어서 은은한 단맛을 살리되 전반적으로 점잖은 느낌을 줍니다. 오사카는 도쿄와도 교토와도 달라서, 접점이 있다기보다 오사카만의 방식으로 가는 것 같아요.

밀 일본 예능 프로그램도 오사카 쪽이 좀더 독하잖아요.

영지 정말요?

밀 네, 오사카에서 방송하는 예능 프로그램은 뭔가 상상력을 뛰어넘는 게 있어요. 정말 웃긴 사람을 '오사카 개그맨'이라고 말하기도 하거든요. 소란스럽고, 재미있다는 의미로.

영지 다 같은 일본 사람이라고 생각했는데, 지역마다 그렇게 다른지 몰랐어요.

구루 사람의 성향이 지역마다 다르듯이 음식도 지역마다 다르게 나오는 듯해요.

영지 우리나라는 부산 어묵이 유명하잖아요. 부산에 가면 신기한 어묵이 정말 많은데요. 포장마차에 가면 어묵 꼬치 옆에 떡이 같이 있기도 하고요. 일본에 가면 한국에서 접하지 못한 신기한 재료를 넣은 어묵이 많이 있나요?

구루 그래서, 일본의 오뎅에 관해 자료를 좀 찾아봤는데요. (자료를 보며) 여기에 있는 오뎅은 극히 일부예요. 사실 이것보다 훨씬 더 많은 종류의 오뎅이 있죠.

밀 정말 많아 보이는데요?

구루 고보텐ごぼう天이라고 우엉을 넣은 오뎅을 비롯해서 오징어나 채소를 넣은 것, 새우를 넣은 것도 있고요. 그 외에 소 힘줄 부위인 규스지나 삶은 달걀을 넣기도 해요. 숙주도 넣고요. 시원한 맛을 내는 무는 필수 재료죠. 숭덩숭덩 잘라 오랜 시간 뭉근하게 익혀 먹습니다.

밀 겨울에 편의점에 가면, 오뎅을 카운터 앞에 두고 팔잖아요. 그게 생각보다 맛있어서 맥주랑 같이 저녁에 종종 사 먹기도 했어요.

구루 오뎅의 종류가 많아서 고르는 재미가 있죠.

오뎅에 넣어 먹으면 맛있는 재료들

• **무** : 육수 재료로 사용되며, 뭉근하게 끓인 무는 오뎅과 함께 먹기도 좋다. 무는 국물에 넣기 전에 따로 데쳐서 넣는 게 좋은데, 모따기(각진 모서리를 둥글게 깎아주는 것)로 정리하면 국물도 더 잘 흡수되고, 먹기도 편하다.

• **곤약** : 판곤약과 실곤약 두 종류를 모두 사용하면 좋다. 판곤약은 대각선으로 잘라 삼각형 모양을 내는 것이 일반적이며, 검은색, 갈색 등의 색감이 있는 것을 쓴다. 실곤약은 색의 대비를 위해 흰색을 사용한다.

• **삶은 달걀** : 반숙과 완숙 모두 사용할 수 있으며, 오뎅 국물에 삶은 노른자를 풀어서 함께 먹어도 좋다.

• **감자** : 자르지 않고 통으로 넣고 약한 불에 오랜 시간 졸여 속까지 잘 익히는 것이 중요하다. 끓는 동안 국물에 부서지지 않도록 해야 한다.

• **당근** : 오뎅의 화려한 색감을 위해 사용하는 재료로, 표면이 단단해 무와 함께 넣고 오랜 시간 끓인다.

• **버섯** : 어떤 종류든 상관없지만, 식감이 좋은 표고버섯을 추천한다. 국물이 잘 배어들도록 끓인다.

• **토마토** : 오뎅과 잘 어울리지 않을 것 같은 재료이지만 보기에도 좋고, 의외로 맛이 좋다. 방울토마토처럼 작은 크기가 먹기 편하고, 플레이팅하기도 좋다.

- **규스지**: 소고기 힘줄로, 꼬치에 꽂아 함께 끓이는 방식이 일반적이다.

- **문어**: 호화로운 느낌을 주는 재료로, 곤약과 같이 쫀득한 식감이 일품이다. 미리 넣고 끓이면 국물 색이 붉게 물들 수 있으므로 따로 삶은 후에 함께 끓인다.

- **게**: 문어와 마찬가지로 화려한 느낌을 준다. 게를 넣어 끓인 오뎅은 시원한 국물이 일품이다.

- **통조림 햄**: 일본 오키나와에서 많이 사용된다. 재료에 이미 간이 되어 있기 때문에 통조림 햄을 넣을 때는 국물의 간을 약하게 하는 게 중요하다. 통조림 햄 외에 소시지를 넣기도 한다.

영지 주로 어떤 걸 골랐어요?

구루 저는 무를 꼭 골라요. 오랜 시간 오뎅 국물에 푹 익혀서 맛이 좋아요. 거기에 오뎅 몇 개 넣으면 따뜻한 국물 요리가 되고, 양도 제법 많은 편이라 가성비가 좋았죠.

밀 겨울엔 오뎅 국물이 힐링이죠.

영지 그렇죠.

국물 만들기

구루 오늘은 전체 재료 중에 오뎅이 3분의 1을 차지해요. 나머지는 그 외의 재료로 채우고요. 재료를 하나하나 살펴볼까요? 먼저 유부주머니예요. 유부는 잘 알죠?

영지 네, 유부초밥 만들 때 그 유부죠?

구루 네, 그 유부인데 오늘 준비한 유부주머니는 안에 떡이 들어가 있어요. 그래서 이따가 다 끓인 후 먹을 때 조심해야 해요. 뜨거운 국물에 끓인 떡이라 혀가 델 수 있거든요. 그래도 떡이랑 유부주머니에 국물이 자작하게 들어가서 정말 맛있으니 꼭 먹어보세요.

영지 떡 말고 다른 건 안 들어가 있나요? 우리나라 유부주머니는 당면이랑 채소도 들어가잖아요.

구루 당면이 들어간 건 부산식 유부주머니인데, 오늘은 일본식 오뎅을 재현하는 거니까 떡만 들어간 걸로 준비했어요. 그리고, 다른 재료들을 볼까요? 레시피에 적힌 재료들이 뭔지 알겠어요?

밀 거의 다 모르겠어요. 설명해주세요.

구루 (레시피를 살펴보며) 규스지부터 설명하면, 규는 소고기를 뜻하고, 스지는 힘줄을 뜻해요. 정육점에 가서 "소 힘줄 주세요" 하면 돼요. 힘줄이라서 젤라틴 성분이 굉장히 많아요. 힘줄에서 느껴지는 꼬들꼬들한 도가니의 맛과 힘줄 주변에 붙은 살점의 수육 맛이 복합적으로 어우러진 풍부한 맛이에요. 칼로리도 낮고, 식감도 좋아서 인기가 많은 식재료 중 하나로, 저도 참 좋아하는 재료예요.

밀 (국물을 살펴보며) 국물에도 규스지가 들어 있는 거죠?

구루 네, 규스지를 함께 넣어 국물을 만들고 있는데요. 다시마의 감칠맛도 맛있긴 하지만, 이 소고기의 맛이 들어감으로써 맛이 더 풍부해져요. 오늘 레시피에서 중요한 포인트라고 할 수 있어요.

밀 그리고 무도 넣었네요.

구루 네, 무는 오래 끓여서 익혀야 제맛을 낼 수 있어요. 국물 재료는 고등어포와 다시마를 사용했어요. 가다랑어포처럼 말린 고등어를 얇게 저며서 만든 포예요. 고등어 특유의 진한 풍미가 있는데 교토 니시키 시장에서 구입했어요. 이 고등어포와 다시마를 넣고 국물을 우려낸 뒤, 마지막으로 국간장과 설탕, 청주로 맛을 냅니다. 레시피를 보면 설탕의 양이 국간장의 절반이죠?

밀 꽤 많이 들어가네요?

구루 단맛이 어느 정도 들어가야 해서요. 이렇게 한 상태에서 뭉근하게 우려내는 거예요. 오뎅이 들어가지 않은 상태의 국물을 한번 맛볼까요?

영지 (국물을 맛보며) 음…… 맛있어서 자꾸 먹게 돼요.

구루 도쿄에서 지인이 자주 가는 오뎅 바에 함께 간 적이 있는데요. 저는 한국에서 먹던 습관대로 국물을 먼저 한술 떴어요. 그런데 정말 깜짝 놀랄 정도로 맛이 없는 거예요.

영지 진짜요? 오뎅 국물은 맛있는데……?

구루 물어보니, 국물은 오뎅을 담기 위한 수단 정도로만 생각하더라고요. 우리나라 사람들처럼 국물을 따로 떠먹거나 마시는 분위기가 아니었던 거죠. 그래서 첫인상은 간장 맛이 세게 느껴졌어요.

밀 으― 상상만 해도 어떤 느낌인 줄 알겠어요. 처음 도쿄로 여행 갔을 때 일본 사람들은 다 건강하게 먹는 줄 알고 모든 음식이 심심하리라고 예상했는데 '라멘'이 너무 짜서 깜짝 놀랐던 기억이 나네요.

구루 (웃음) 그때 먹은 오뎅 국물은 거의 희석한 간장 같았달까요. 그에 비해 우리가 흔히 먹는 오뎅 국물은 간사이 쪽이라, 재료 외에 보조적으로 설탕이나 청주 같은 것을 넣거든요. 여러 맛 어우러지면서 짠맛이 희석되고 풍부한 맛이 완성되죠. 지금 이 국물 맛이랑, 재료를 모두 넣고 끓인 뒤의 맛을 비교해보는 것도 재미있을 거예요.

영지 국물의 농도가 진해지겠죠?

구루 맞아요. 재료의 맛이 국물에 우러나겠죠. 다른 국물 요리도 그렇듯이, 국물을 진하게 우려내려면 많은 양의 재료를 넣고 오래 끓이는 게 좋아요. 당연한 얘기겠지만요. 그래서 오늘은 수업 시작하기 세 시간 전부터 미리 국물을 끓여두고 있어요.

곁들임 소스 만들기

구루 곁들임 소스는 세 가지를 준비했어요. 가라시辛し(반죽한 겨잣가루), 시치미七味(고춧가루를 베이스로 만든 일본의 향신료), 그리고 네리미소練り味噌(일본식 양념 된장). 네리미소는 오뎅의 유래가 되었던 덴가쿠의 느낌을 느껴보려고 준비했어요. 미소된장, 설탕, 미림, 물을 냄비에 넣고 약한 불에서 걸쭉하게 졸여주면 됩니다.

영지 오뎅의 역사를 맛볼 수 있겠네요.

구루 전체를 다 재현하자면 오뎅 대신 두부가 들어가야 하고, 국물도 된장을 베이스로 만들어야 하지만 오늘은 간단히 몇 가지만 준비했습니다. 먼저 가라시를 만들어볼게요. 가라시를 만들 때 필요한 재료는 겨잣가루인데요. 이 겨잣가루가 중요한 게, 우리나라에서도 삼겹살을 먹을 때 고깃기름이 느끼하니까 김치나 파절이처럼 입을 가셔주는 찬이 꼭 필요하잖아요. 오뎅도 마찬가지거든요. 계속 먹다 보면 느끼하기도 하고, 질리는 지점이 와요. 그걸 해소할 수 있는 재료 중 하나가 이 겨자입니다. 겨자가 매콤하기도 하면서, 맛이 강하잖아요.

밀 그렇죠. 한입에 좀 많이 먹으면 매워서 코도 아리고, 눈물도 나고요.

구루 그런데 겨자는 고춧가루와 다르게 매운맛이 확 들어왔다가, 금세 사라져요. 입가심하기에 좋죠. 겨자는 튜브 형태로 팔기도 하는데, 바로 만들어 먹어보고 싶어서 가루를 준비했어요. 직접 만들어 먹으면 차원이 좀 다르거든요.

영지 겨잣가루는 구하기 쉽나요?

구루 네, 대형마트에서 판매해요. 겨자분이라고 적혀 있을 거예요. 여기에 식초를 조금 추가합니다. 우리나라 음식 중에 탕평채에도 이 겨자가 사용돼요. 작은 볼에 겨잣가루와 뜨거운 물을 더해서 개어준 다음, 오뎅을 끓이는 냄비 뚜껑 위에 뒤집어 올려두세요. 뜨거운 열기가 겨자의 매콤한 향을 살려줍니다.

밀 떨어지지 않나요?

구루 반죽이니까 떨어지진 않아요. 이렇게 해두면 겨자 특유의 아린 맛이 좀 사라지는 효과도 있어요. 재미있는 조리법이죠?

재료 준비하기

구루 자, 이제 준비를 시작해볼까요? 재료부터 보면 곤약도 들어가고요. 그리고 한펜도 들어가는데, 혹시 들어본 적 있어요?

영지 없어요.

구루 일본에서는 고래 고기도 많이 먹지만, 상어 고기도 많이 먹거든요. 한펜은 상어의 등쪽 고기와 녹말처럼 끈적하게 간 마를 섞어 튀겨낸 재료입니다. 식감은 마시멜로처럼 폭신하고요.

밀 오뎅에 상어 고기라니……

구루 재료로 따지면 특이해 보이지만, 오뎅에 자주 사용되는 재료 중 하나예요. 그다음은 곤약인데요. 우리나라에서는 흰색 곤약을 많이 볼 수 있잖아요. 흰색 곤약도 괜찮지만, 고동색 곤약을 사용하기도 해요. 국물 맛이 잘 스며들지는 않지만, 식감 때문에 많이 사용되는 재료 중 하나죠. 그리고 곤약이 장에 정말 좋대요.

밀 네? 처음 들어요.

영지 곤약은 다이어트할 때 밥 대신 먹는 거 아니에요?

구루 장 운동을 활발하게 해 변비에 효과적이라고 알려져 있어요.

밀 곤약이 변비에 좋군요. 많이 먹어야겠어요.

영지 음…… ㅎㅎ

구루 그리고, 오뎅. 오뎅은 알다시피 기름에 튀긴 거예요. (오뎅을 뜨거운 물에 헹구며) 그래서 깔끔하게 먹고 싶다면, 뜨거운 물에 살짝 헹궈주는 게 좋아요. 샤워를 시킨다고 생각하면 돼요. 이걸 하느냐 안 하느냐에 따라 국물 맛이 크게 달라져요. 국물에 기름이 뜨느냐 안 뜨느냐가 결정되거든요. 또 기름이 오래 묻어 있다 보니, 오뎅 표면에 기름에 전 냄새가 아무래도 남아 있거든요. 그걸 제거해줘서 좀더 깔끔하게 먹을 수 있죠.

영지 한 번도 생각해보지 못했어요.

밀 저도요. 표면에 있는 기름도 진액이라고 생각했는데.

영지 그래도 기름이니 한번 씻어내주는 게 더 좋긴 하겠네요.

구루 곤약도 특유의 냄새가 있어서요. 2분 정도 삶아서 냄새를 제거해주면 좋습니다.
그다음 무는 섬유질이 단단한 재료거든요. 그래서 자른 후 바로 넣으면 억센 느낌이 그대로 남아 있게 돼요. 국물 맛이 배야 맛있는데, 안까지 깊숙이 배기 어렵죠. 그래서 생무보다는 데친 무를 사용하는 편이 좋아요. 30분 정도 물에 넣고 끓여서 무 표면이 투명한 상태가 되면 국물에 들어갔을 때 더 빨리 익으면서 맛을 잘 흡수해요.

영지 간단할 거라 생각했는데, 생각보다 재료 준비할 게 많네요.

밀 최상의 맛을 위해 한 땀 한 땀 재료를 다듬는 느낌이네요.

구루 규스지는 정육점에서 사 와서 먹기 좋은 상태로 잘라야 하는데요.

영지 어떤 상태로 사나요, 보통?

구루 소 힘줄이 길잖아요.

밀 순대처럼요?

구루 순대보다는 곱창에 가깝죠. 그런데, 이게 힘줄이라고 했잖아요.
칼로 자르기 굉장히 까다로운 재료예요.
편하게 자르려면 규스지를 2분 정도 물에 데쳤다가 사용하는 게 좋습니다. 먹기 좋게 자른 후 꼬지에 꽂아 준비하면 돼요. 젤라틴 성분이라 대충 꽂아도 잘 안 빠져요.

밀 재료 준비 중 뭐 하나 쉬운 게 없군요.

구루 정육점 말고도 일본 식자재 마트 같은 곳에서도 규스지를 파니까 혹 정육점에서 구하기 힘들면 그쪽에서 찾아봐도 좋아요.

영지 네.

구루 다음은 달걀인데요. 달걀도 미리 삶아서 물에 담가둬야 해요. 그냥 두면 달걀 특유의 유황 냄새가 진해지거든요. 껍질을 까서 물에 담가두면 그런 냄새를 잡을 수 있어요.
재료를 이렇게 준비해두고, 국물이 어느 정도 완성되었을 때 넣어서 끓이면 되는데요. 대신 유부주머니 안에 있는 떡은 오래 두면 퍼질 수 있으니 먹기 한 시간 전에 넣을게요. 한펜은 조직이 약하고 부드러우니까, 먹기 30분 전쯤 넣으면 알맞고요.

영지 요리는 타이밍이군요.

밀 정성과 타이밍! ㅎㅎ

구루 이렇게 준비하고 넣어서 끓이면 됩니다. 별로 안 어렵죠?

밀 복잡 미묘해요.

구루 어떤 면이?

밀 재료 하나하나 준비하는 것, 국물을 세 시간 이상이나 끓이는 것. 모든 게요.

(이야기 나누는 사이, 보글보글 오뎅이 끓고 있다.)

구루 오뎅은 스킬보다는 시간이 필요한 요리니까요. 국물 끓이는 것부터 감안하면, 세 시간

후부터 먹으면 돼요. 기다리기 너무 힘들면, 전날 한두 시간 정도 끓여두었다가 먹기 직전에 재료 준비하면서 끓이기 시작하면 시간이 맞을 거예요.

한겨울에 어울리는 시원한 국물

밀 무슨 술과 함께 먹으면 맛있나요?

구루 청주! 오뎅에는 청주죠. 이제 먹을 준비를 해볼까요? 재료가 어느 정도 다 익은 것 같아요. (뚜껑을 연다.)

영지/밀 와—!

구루 색 조합도 좋고, 예쁘죠?

밀 네, 핑크색 오뎅도 포인트고, 또 검은색 곤약도 근사해요.

영지 감동!

밀 이런 냄비에 한 솥 끓이는 요리는 열었을 때 감동을 주는 게 중요한 것 같아요.

영지 오늘 청주 마시나요?

구루 그럼요. 제가 미리 청주를 준비해봤는데요. 따뜻하게 하면 더 맛있어서 따뜻한 물에 담가서 데우고 있어요.

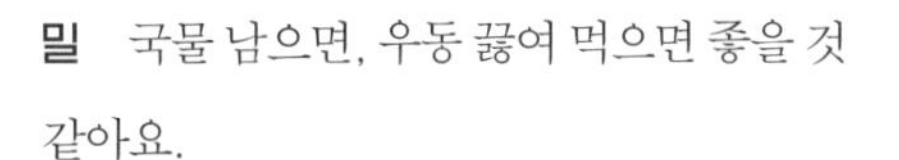

(따뜻한 물에 담겨 있는 술병.)

밀 국물 남으면, 우동 끓여 먹으면 좋을 것 같아요.

영지 오— 그거 좋네요.

밀 예전에 「아따맘마」라는 만화를 봤는데요. 거기에 오뎅에 관한 에피소드가 있었어요. 엄마가 마트에서 지쿠와ちくわ라고 안은 비어 있고, 기다랗게 생긴 오뎅을 사 온 거예요. 한 팩에 네 개인가 들어 있는 저렴한 오뎅인데요. 그걸 가족들한테 보여주면서, 한 사람당 한 개만 먹으라고 하죠. 그런데 가족들 표정이 너무 안 좋은 거예요. 지쿠와가 반찬 중에서도 매우 저렴한 음식 중에 하나인데, 그걸 또 한 개씩만 먹으라고 하다니……

영지 너무하네요.

밀 크기가 작아서 밥 먹을 땐 적어도 두 개는 필요한데 말이죠, 흐흐. 어쨌든 저는 그 후로 마트에서 지쿠와만 보면 그 에피소드가 생각나요.

영지 큭큭큭.

구루 자, 오늘 테이블 콘셉트는 눈 내리는 겨울에 친구들을 집으로 불러 함께 먹는 오뎅이에요.

밀 밖에 눈이 내린다는 상상을 하며— 오늘은 미리 국물을 끓여둔 덕분에 기다리지 않고 먹을 수 있어 좋네요.

구루 오뎅이 국물을 먹어서 크기도 좀 커졌죠?

영지 끓이기 전에 비해 엄청나게 커진 것 같은데요?

구루/영지/밀 잘 먹겠습니다.

구루 찍어 먹는 소스가 세 가지 있으니까, 다양하게 맛보세요.

영지, 밀 와아— 네!

밀 국물 완전 맛있는데요.

영지 오뎅을 넣기 전에 먹어본 국물에 비해 농도가 진해졌어요. 맛도 깊어졌고요.

밀 (오뎅을 가라시에 찍으며) 겨자 찍어 먹으니까 약간 알싸하게 매워요.

구루 겨자의 매운 향이 입을 헹궈주죠?

밀 네, 맵지만 기분 나쁘진 않아요.

영지 (네리미소를 맛보며) 된장도 매력 있어요. 독특한데 자꾸 먹고 싶어져요.

구루 국물을 이렇게 정성스럽게 만들 수도 없고, 가능한 한 빨리 먹고 싶다면 시판 멸치 육수 같은 것을 사용해도 돼요.

영지 시판 국물만 쓰면 단추로 끓인 수프처럼, 뭔가 아쉬워서 재료를 더 넣어 먹어야 맛있어질 것 같아요.

밀 요즘은 반조리 식품이 많아서 육수나 어묵도 여러 종류를 쉽게 구할 수 있으니, 특이한 재료 몇 가지만 따로 준비해 만든다면 충분히 생색낼 수 있는 요리가 될 듯해요.

영지 규스지나 한펜 같은 재료 말이죠?

밀 그것도 그렇고 오뎅도 색이나 형태를 다양하게 선택하면 좋을 것 같아요.

구루 자, 이제 청주를 마셔볼까요?

영지/밀 짠-

구루 함께 먹으니 좋네요.

밀 토기 냄비는 왠지 고타쓰こたつ(일본에서 쓰는 난방 기구) 위에 놓고 먹어야 할 것 같고, 후식으로 귤을 먹고 누워야 할 것 같은데요.

영지 맞아요, 자다 깨서 만화책도 보고요.

밀 좋다, 좋다!

구루 뭘 안 먹었더라. 저는 무가 잘 익었나 먹어볼게요.

밀 보기엔 잘 익은 것 같은데.

구루 (먹어보며) 저는 특히 이렇게 푹 익힌 무를 좋아해요. 오뎅의 육수가 잘 배어 있어서 은은한 감칠맛도 있고, 또 오래 끓여서 식감도 부드럽고요.

밀 생무는 아삭아삭 씹는 재미가 있다면, 오래 푹 익힌 무는 부드러워 입안에서 살살 녹는 느낌이에요.

구루 조직에 스며든 국물과 무의 부드러운 식감이 좋아서, 저는 오뎅을 만들 때 항상 무를 넣거든요. 깍두기나 무말랭이를 단단하고 꼬들꼬들한 식감으로 먹는다면, 오뎅에 들어 있는 무는 정반대의 식감이죠.

밀 유부주머니는 떡이 들어 있어 좋아요. 들어 있는 떡은 찹쌀떡 같은 거죠? 찰기가 제대로 느껴지네요.

구루 네, 찹쌀떡과 같은 질감이죠? 일본에도 신년에 오조니お雑煮라고, 떡국을 먹는데요. 이 떡국의 떡도 유부에 들어가 있는 떡처럼 찰기가 있어요. 일본 현지에서 좋아하는 식감은 아마도 '찰기가 제대로 느껴지는 떡'인 것 같아요.

영지 규스지 처음 먹어봤는데, 먹을 만한데요? 처음엔 겁먹었는데……

밀 진짜요? 저는 처음부터 그냥 고기라고 생각하고 먹었어요. 곱창은 생긴 것부터 달라서 처음 봤을 땐 저걸 먹어도 되는 건가 싶은 기분이 있었지만요.

영지 제가 약간 편식쟁이라서, 히히.

밀 어묵에 들어간 재료에 따라 먹는 재미가 다르네요.

구루 그렇죠?

영지 저는 색 때문에 그런지 핑크색 어묵도 특별하고 맛있게 느껴져요.

밀 큭큭.

구루 진짜 우동 먹을 거예요? 우동면이 있긴 있어요.

영지 당연하죠!

구루 너무 많이 먹는 것 같은데……

밀 헤헤헤…… 밖에 진짜 눈이 내리면 좋겠네요.

영지 정말 더 근사할 텐데.

구루 일단 다들 배는 부를 것 같지만, 우동까지 넣어서 먹어보죠.

영지/밀 (환호하며) 좋죠! 잘 먹겠습니다.

❶
어묵은 입맛에 따라
다양하게 준비해주세요.

❷
국물을 낼 때 떠오르는 지저분한 거품을
꼼꼼하게 걷어냅니다.

❸
익는 시간이 오래 걸리고 특유의 쓴맛이 나는 무는
미리 충분히 익힌 뒤 사용합니다.

❹
곤약 역시 특유의 잡내가 있기 때문에
끓는 물에 데쳐서 헹궈주면 좋아요.

❺
삶아서 나온 규스지라도
끓는 물에 한 번 데쳐서 사용하세요.

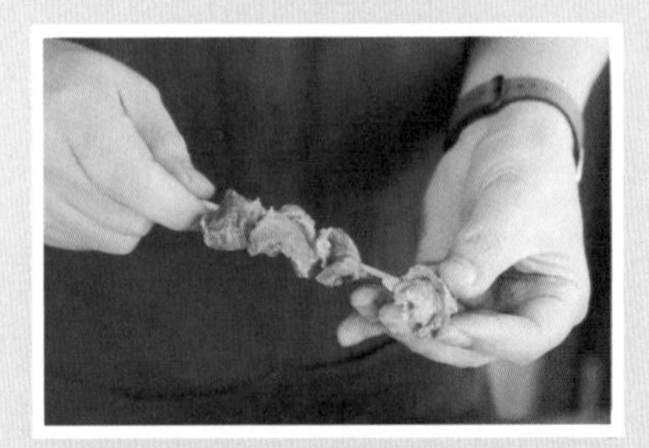

❻
먹기 편하게
꼬치에 꿰어서 준비합니다.

❼
뜨거운 물을 부어서 기름을 씻어내고
잡내를 제거합니다.

❽
곁들임 소스는 겨자와
네리미소, 시치미입니다.

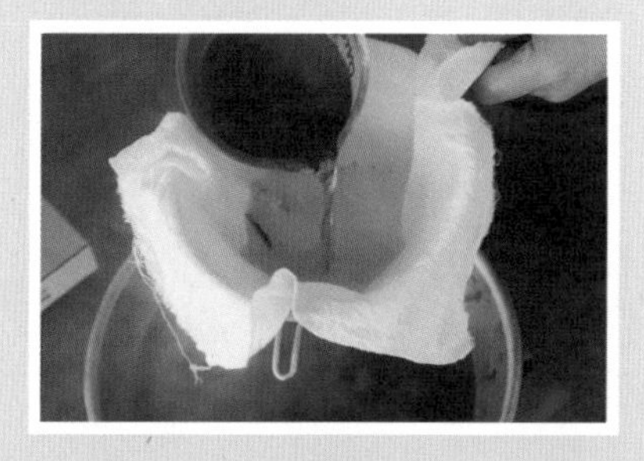

❾
오뎅 국물은 면보를 이용해
깔끔하게 걸러주세요.

❿
큰 냄비에 준비된 재료를
차곡차곡 채워줍니다.

⓫
깨끗하게 거른 국물을 채워서
끓이기 시작합니다.

⓬
국물이 끓어오르면, 불을 줄이고
삶은 달걀을 넣어주세요.

⑬
겨잣가루에 물을 넣어
골고루 이겨줍니다.

⑭
뚜껑 위에 겨자 반죽을 엎어 올려
열기를 더하면 톡 쏘는 향이 살아나요.

⑮
충분히 끓이면 재료의 맛이
깊이 밴 오뎅이 완성됩니다.

⑯
따끈하게 데운 정종과
정말 잘 어울립니다.

지라시즈시

ちらし寿司

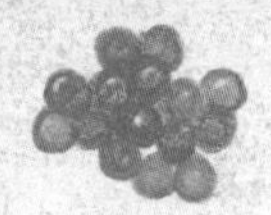

생색 포인트

기쁜 일, 축하할 일이 있는 특별한 날 친구나 가족을 집으로 초대한다면 어떤 음식이 좋을까요? 늘 먹던 밥과는 조금 다르게 화려한 상을 차려봐도 좋겠죠. 이번에 소개할 요리는 지라시즈시입니다.

지라시즈시는 만드는 법이 까다로울 것 같지만, 단촛물을 넣은 밥을 고르게 깔고, 그 위에 재료를 올려주면 완성되는 의외로 간단한 요리입니다. 밥 위에 달걀 지단을 깔고, 위에 생선회와 연어 알, 뿌리채소, 녹색 식물 등을 화려하게 올리는 게 일반적이지만, 생선회 대신 고기나 다른 재료를 올리는 등 다양한 형태로 변형할 수 있습니다. 올리는 재료를 취향에 맞게 바꿀 수 있기 때문에, 자신만의 레시피로 만들어볼 수 있는 메뉴예요.

지라시즈시는 밥과 재료가 한꺼번에 올라가 있는 형태라 도시락으로 만들어 야외에서 즐기기도 좋습니다. 화려한 도시락과 어울리는 날씨는 아무래도 봄이겠죠? 흩날리는 벚꽃 아래서 벚꽃만큼 예쁜 도시락을 먹는다면 더 즐거울 것 같아요. 그래선지 지라시즈시는 히나마쓰리雛祭り(매년 3월 3일 여자아이들의 행복을 기원하던 일본의 민속 축제. 지금은 여자, 남자 구분 없이 5월 5일을 어린이날로 기념해 축하한다)라는 일본 명절에서 유래된 음식이지만, 최근에는 축하할 일이 있으면 언제든 이 음식을 함께 먹으며 기쁨을 나눕니다. 기쁜 날에는 지라시즈시를 먹으며 좋아하는 사람들과 즐거움을 나눠보는 것은 어떨까요?

#일본음식 #새해 #어린이날 #축하 #좋은날 #기쁜날 #생일 #승진 #개업 #집들이 #손님맞이 #가족모임 #파티 #스시 #도시락 #케이터링

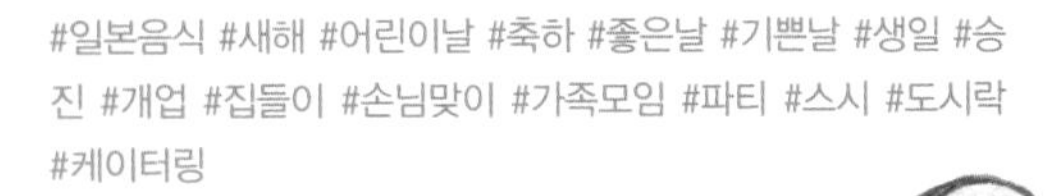

지라시즈시

재료(3~4인분)

모듬 피클
연근 50g
당근 20g
우엉 20g
브로콜리 20g
줄 콩 20g
피클 양념
· 페페론치노 조금
· 소금 1ts
· 다시마 육수 180ml
· 식초 120ml
· 설탕 5Ts
· 소금 1/2ts

표고버섯 조림
건표고버섯 50g
버섯 불린 물 250ml
간장 4ts
미림 4ts
설탕 4ts

지단
달걀 3개
설탕 2ts
청주 1/5ts
소금 1/5ts
식용유 약간

기타
자숙 칵테일새우 12마리
연어 알(간장 절임) 적당량
김(김밥용) 1장

초밥
밥 3인분
현미식초 180ml
설탕 5Ts
소금 1Ts

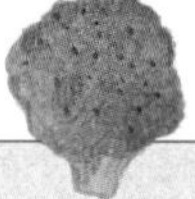

밑 작업

건표고버섯은 물을 넉넉히 붓고 네다섯 시간 정도 불려서 물기를 짠다. 연근은 껍질을 벗겨 3밀리미터 두께로 썰고, 식감이 살도록 2~3분간만 데쳐 채에 밭쳐 식힌다. 당근은 껍질을 벗겨 1밀리미터 두께로 얇게 썬다. 우엉은 껍질을 칼등으로 긁어서 벗겨내고 3센티미터 길이로 토막 낸 다음, 세로로 얇게 저민다. 줄 콩은 2센티미터 길이로 비스듬하게 썰고, 브로콜리는 먹기 좋은 크기로 자른다. 끓는 물에 연근, 우엉, 당근, 줄 콩, 브로콜리 순으로 식감이 살아 있도록 데친 뒤 바로 찬물에 식혀 물기를 털어낸다. 달걀은 체에 내려 양념을 더하고 잘 섞어 지단으로 부친다. 초밥용 쌀은 씻어서 체에 밭쳐둔다.

조리

불린 표고버섯을 냄비에 넣고 나머지 양념을 더해 센 불에 올린다. 끓어오르면 중약불로 줄이고 누름 뚜껑을 덮어 20~30분간 졸인다. 피클 재료를 밀폐 용기에 넣고 피클 양념을 부어서 두세 시간 냉장고에 두고 맛을 들인다. 팬에 식용유를 두르고 중불에서 뜨겁게 달군 후 달걀 물의 반을 부어 팬 바닥에 고르게 편다. 달걀 물이 흘러내리지 않을 정도로 굳으면 불을 끄고 뚜껑을 덮어 1분간 익힌다. 나머지도 같은 방식으로 부친다. 지단은 완전히 식혀서 테두리를 다듬은 뒤 가늘게 썰어준다. 초밥용 쌀로 밥을 지어, 넓은 볼에 펼쳐 식힌 뒤 양념 100밀리리터를 더해 골고루 섞어준다. 졸인 버섯 하나는 따로 잘게 다져서 밥에 넣고 골고루 섞어준다.

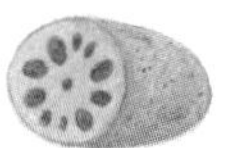

담기

버섯조림은 먹기 좋은 크기로 자르고 피클은 먹을 만큼 덜어서 물기를 털어낸다. 나머지 재료들을 넓은 쟁반에 가지런히 정리해 담는다. 그릇에 초밥을 담고 잘게 자른 김, 지단 순으로 밥 위를 덮는다. 그 위로 피클, 버섯조림, 새우, 연어 알과 채소를 골고루 담아준다.

Tip!

- 모든 초밥이 그렇듯 밥은 촉촉하면서도 고슬고슬한 식감과 새콤한 맛이 어우러지도록 준비하는 것이 중요하다.
- 지단이 가늘면서도 깨끗하게 잘리려면 달걀을 덩어리 없이 곱게 풀어야 한다.
- 재료를 밥 위에 올릴 때, 맛의 기본이 되는 재료는 아래로, 계절감과 화려함을 연출하는 재료는 위로 구분해 올린다.

조개미소된장국

재료(3~4인분)
모시조개 300g
다시마 육수 4C
미소된장 3Ts
당근, 대파 조금씩

모시조개는 소금물에 해감해서 흐르는 물에 깨끗이 씻어둔다. 당근과 대파는 가늘게 썰어 준비한다. 냄비에 조개와 육수를 넣고 중불에서 끓인다. 물이 끓어오르면 지저분한 거품을 걷어내고 미소된장 물을 푼다. 당근, 대파는 마지막에 넣고 불을 끈다.

지라시즈시와 어린이날

구루 자, 오늘 준비한 수업에 앞서 히나마쓰리雛祭り에 관해 아는 분?

밀 저요! 여자 어린이날이잖아요.

구루 갑자기 수업 전에 이런 질문을 하는 이유는 물론 오늘 요리와 관련이 있어서겠죠.

영지 아무래도 그렇겠죠? ㅎㅎ

구루 지라시즈시는 히나마쓰리에 먹던 음식에서 유래했어요. 그렇지만, 최근 일본에서는 히나마쓰리에 먹는 음식이라고 규정하기보다, 축하할 일이 있을 때 먹는 음식으로 여겨집니다.

밀 그래요? 저는 설음식이 아닐까 생각했어요.

영지 설음식이요?

밀 네, 도시락으로 배달을 시켜서 일본식 떡국인 오조니お雑煮(명절에 먹는 조림 요리)와 함께 먹는 요리로 기억하고 있었거든요.

구루 오세치御節(우엉, 연근, 당근, 토란 등을 조린 음식으로 주로 찬합에 넣는다)와 혼동한 게 아닐까요?

밀 오세치도 도시락 같은 형태로 차리니까요.

구루 맞아요. 도시락에 절임 음식을 올려서 겉보기엔 지라시즈시처럼 화려하죠.

밀 일본 친구들 말로는 맛이 그저 그렇다고 하던데……

구루 아마도 오세치는 저장 음식이기 때문에 그런 편견이 있을 거예요. 일본에서는 요리하느라 힘든 여성들이 하루라도 쉴 수 있도록, 정월에는 저장 음식을 낸다고 해요. 모양은 화려하지만, 절인 음식들이니, 특히나 어린이 입맛과는 좀 거리가 있죠.

밀 저도 어렸을 때는 명절 때 먹을 만한 음식이 별로 없었는데, 나이가 조금 들고 보니 더 다양하게 먹게 되더군요.

구루 지라시즈시도 오세치와 비슷한 게 있어요. 뭘까요?

밀 도시락이나 찬합에 담기는 거 말고요?

구루 네, 그거 말고요. 앞서 이야기한 내용에 조금 힌트가 있는데요.

영지 명절의 맛인가요?

구루 그렇죠. 명절의 맛.

밀 어린이들을 위한 요리인데, 어린이 입맛의 음식이 아니고요?

구루 네, 이따가 요리를 먹어보면 알겠지만, 어린이 입맛의 요리는 아니에요. 어른들이 맛있다고 느낄 만한 맛이죠. 지라시즈시는 잔칫상에 차려지는 요리가 아니라, 히나마쓰리 때 인형과 함께 단상에 올리기 위해 만들던 음식입니다. 음식을 올리며, 아이의 건강과 성공을 기원했죠.

영지 그러니까, 가족이 함께 모여 먹는 음식이 아니라, 제사상에 올리던 제사 음식이군요.

구루 그렇죠.

밀 제사 음식이라면, 어린이 입맛엔 안 맞을 수도 있겠네요.

구루 네, 그런데 최근에는 이 음식이 히나마쓰리 때만 먹는 게 아니라, 가족이나 친구들끼리 축하할 일이 있으면 간단하게 준비해 함께 먹는 음식으로 발전했어요. 위에 올리는 재료도 더 다양해졌고요. 그래서 지금은 많은 사람이 명절 음식이라기보다는 기쁜 일을 기념하고 축하하며 맛있게 나눠 먹는 음식이라고 생각해요.

영지 아, 그러고 보니 저도 이 음식을 일본 드라마에서 본 적이 있어요. 주인공이 배달 도시락으로 이 지라시즈시를 시켰는데 굉장히 맛있어 보였어요.

밀 드라마에서 자주 나오는 음식 중에 하나긴 하죠. 그런데 일본에서는 우리나라처럼 배달 음식이 흔하진 않아요.

영지 그래요?

구루 네, 피자나 도시락 정도가 일반적이죠. 가격도 생각보다 비싸고, 양도 1인분보다는 많아서 혼자 사는 사람들이 배달 음식을 시키기엔 조금 부담이 되죠.

밀 그래서 주로 퇴근 후에 편의점이나 마트에 들러서 저녁거리나 안줏거리로 먹을 것을 사는데요. 마트에서는 마감 직전에 반값 할인을 하기도 하고, 메뉴도 다양해서 잘만 하면 싼 값에 맛있는 음식을 살 수 있거든요.

영지 네, 어쨌든 지라시즈시는 스시의 한 종류로만 생각했는데, 다양하게 먹을 수 있다니 새롭네요.

밀 생각해보면 시간에 따라, 형편에 따라 음식도 다양하게 바뀌잖아요. 김밥만 먹다가 캘리포니아롤이 나온다든지. 스시는 밥 위에 회를 올리는 방식인데 '이렇게도 해볼까?' 해서 나온 음식이 지라시즈시가 아닌가 했어요.

구루 그렇죠. 아무래도 다들 비슷한 생각일 것 같아요.

영지 지라시즈시는 여자 어린이의 날인 히나마쓰리에 먹었다고 했잖아요. 그러면 남자 어린이의 날엔 뭘 먹었나요?

구루 찹쌀밥을 대나무 잎에 넣어 찌는 지마키ちまき와 찹쌀떡을 감잎에 싼 가시와모치かしわもち를 먹어요.

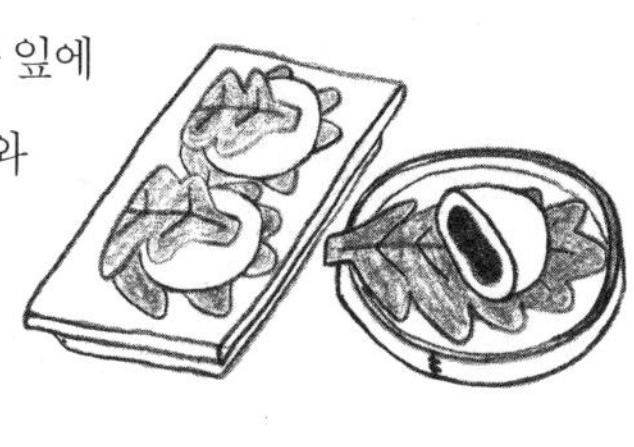

밀 그리고, 남자 어린이의 날 즈음엔 긴 장대에 잉어 모양의 풍선을 장식해요.

구루 맞아요. 남자 어린이의 날은 단고노셋쿠端午の節句라고 하는데, 우리나라 어린이날과 같은 5월 5일이에요. 이렇게 예전에는 히나마쓰리나 단고노셋쿠로 성별을 구별해 어린이날을 지냈지만, 지금은 우리나라와 같이 5월 5일을 어린이날로 정하고 공휴일로 쉬죠.

밀 남자 어린이의 날도, 어린이 입맛은 아니네요. 찹쌀떡이라니요.

구루 뭐, 맛있게 먹을 어린이들도 있을 테니 맛에 관해서는 단정 짓지 않기로 해요. 어쨌든 히나마쓰리에 먹는 지라시즈시나, 단고노셋쿠에 먹는 지마키, 가시와모치 모두 어린이들에게 좋은 기운을 불어넣기 위한 음식이에요.

영지 '무럭무럭 자라라' '건강하게 자라라' 같은 거?

구루 네, 맞아요. 그리고 한 가지. 남자 어린이의 날도 인형을 장식하는데 어떤 인형일 것 같아요?

밀 음- 아무래도 전통문화이고, 남자아이라면……

영지 사무라이?

구루 정답! 답이 예상되는 질문이었죠? 무사를 상징하는 갑옷과 투구 장식을 한대요. 이 인형은 액운을 막고, 생명을 지켜준다고 알려져 있습니다.

밀 그렇다면 히나마쓰리의 히나 인형도 특별한 의미가 있겠군요.

구루 맞아요. 히나마쓰리에는 히나단을 꾸미며 아이의 건강과 행복한 삶을 기원한다고 하더군요.

밀 우리나라도 백일이나 돌에 잔칫상에 특별한 음식을 올리잖아요.

구루 네, 백일상에는 아이의 건강과 액운을 막아주는 의미로 백설기와 수수팥떡을 올리죠. 태어난 아이를 위해 소원을 담아 음식을 올리는 건 어느 나라건 비슷한 것 같아요.

오늘날의 지라시즈시

구루 지라시즈시는 보기에 굉장히 화려해요. 그런데 과연 옛날에도 이 정도로 화려했을까 하는 생각이 들어요. 음식을 자세히 보면 초밥 물로 섞은 밥 위에 반찬으로 함께 먹을 재료들이 올라갔을 거예요. 여기에 외식 산업이 발달하면서 다른 재료가 추가되기도 하며 이렇게 화려해졌지만, 레시피만 보면 특별히 고급 기술이 필요하지는 않아요. 오히려 굉장히 간단한 음식이죠.

밀 그래도 보기엔 화려해서 보기만 해도 기분이 들떠요.

영지 네, 어쩐지 다 같이 모여 먹어야 할 파티 음식 같기도 하고요.

구루 그렇죠. 최근엔 축하할 때 먹는 음식으로 여겨지다 보니, 점점 비주얼이 화려해지고 고급스러운 느낌도 들어요. 그럼 최근엔 지라시즈시를 언제들 먹을까요?

밀 축하하는 자리에 좋은 음식이니까, 생일 같은 날?

영지 졸업식이나 크리스마스에도 좋겠어요!

구루 이 음식을 언제 먹으면 가장 좋을지 상상해 봤는데, 3월의 음식이기도 하고 그때쯤 벚꽃이 피잖아요.

밀 아, 벚꽃놀이?

구루 네, 벚나무 아래서 도시락으로 싸간 지라시즈시를 먹으면 굉장히 기분이 좋을 것 같아요.

영지 상상만으로도 행복하네요.

밀 파티에서나 봄 소풍에나 모두 잘 어울릴 것 같아요.

재료 살펴보기

구루 원래는 봄에 먹는 요리라서 봄에 나는 재료가 들어가야 하는데요. 지금은 겨울이니 구할 수 없는 몇 가지 식재료를 변경해 준비해봤어요. 먼저 지라시즈시에 들어가는 메인 재료가 몇 가지 있어요. 첫 번째가 밥. 단촛물이라고 해서 양념한

밥 위에다가 이것저것을 올리는데, 아무렇게나 막 올리는 게 아니라 나름의 규칙이 있어요.

밀 우리 제사상 홍동백서처럼요?

구루 그 정도까진 아니지만 암묵적인 규칙이라고 할까요? 기본이 되는 맛의 베이스가 다섯 가지라면, 꼭 갖춰야 하는 세 가지가 있고 나머지는 사는 지역, 요리를 하는 계절에 맞춰 바꿀 수 있죠. 그 첫 번째가 달걀 지단. 가늘게 채를 쳐서 올려야 하고요. 다음은 연근. 식촛물에 절여서 사용합니다. 피클 같은 맛이에요. 또 하나는 말린 표고버섯을 간장에 졸여 만든 거예요. 이 세 가지는 기본 재료라서 꼭 들어가야 합니다. 나머지는 브로콜리나 새우, 당근, 김 등 원하는 대로 넣어 맛을 더하고, 화려한 컬러감을 주는 보조 재료라고 할 수 있어요.

영지 지라시즈시를 봤을 땐 굉장히 알록달록해 보였어요.

밀 달걀 지단은 노란빛이고, 연어 알은 주황색이고, 또 브로콜리 같은 채소의 초록색도 들어가고요. 다른 스시의 종류보다는 유별나게 화려한 듯해요.

구루 그렇죠. 앞에서도 말했지만 최근 들어 화려해지지 않았을까 해요. 지라시즈시 하면 떠오르는 연어 알도 사실 과거에는 올리지 않던 재료니까요. 옛날에는 표고버섯이나 우엉, 연근 같은 뿌리채소를 사용했기에 오늘날처럼 아주 화려하진 않았을 거예요. 그나마 달걀 지단의 노란색이 화려한 색감을 주었을 테고요.

밀 한국 요리든, 일본 요리든 지단이 올라가면 화려함을 더해주는 것 같아요.

구루 네, 그래서인지 일본에서는 지단을 '금실 달걀'이라고 해요. 우리나라는 흰자와 노른자를 나눠서 각각 올리잖아요. 반면 일본식 지단은 흰자와 노른자를 섞어서 사용하고, 거기에 설탕, 청주, 소금 등으로 간을 한 다음 가늘게 채 썰어서 준비해요.

영지 오늘은 브로콜리를 넣는데, 다른 재료를 사용해도 되나요?

구루 네, 브로콜리는 색감을 위한 재료이니, 다른 재료로 대체해도 돼요. 일본에서는 깍지 콩이나 줄 콩, 산초 잎 같은 재료를 주로 써요.

영지 산초 잎은 우리가 흔히 아는 그 산초인가요? 향기 나는?

구루 네, 맞아요. 산초 잎은 향을 위한 재료이니 먹지는 않고요. 향을 한 번 맡고 빼두죠, 보통. 그렇게 잘 쓰는 게 산초 잎이랑 시소 잎인데요. 회를 장식할 때도 많이 쓰이죠.

영지 산초 가루는 너무 많이 넣으면 화장품 맛이 나요.

구루 맞아요, 그게 거북한 사람도 있을 텐데…… 적당히 넣으면 향긋하니 좋죠.

밀 약간만 넣으면 중국 음식 같기도 하고요.

영지 맞아요.

구루 요리를 완성하는 단계는 굉장히 쉬운데 밑 준비가 필요한 재료가 몇 가지 있어요. 이를테면 연근은 식초에 절여둬야 하고, 표고버섯은 간장에 졸여야 해요. 그래서 모든 준비를 하루에 다 하기엔 좀 버겁습니다. 지단도 부쳐야 하고, 다른 재료들도 하나하나 작업을 하다 보면 꽤 오랜 시간이 걸려요. 그러니 지단은 전날 잘게 채 썰어 준비한 뒤, 냉동해두었다가 요리 시작 전에 해동해 쓰는 것도 방법입니다.

스시의 역사

구루 지라시즈시는 스시의 발전과정에서 변형된 형태가 아니라, 과거 문화에서 만들어진 음식이에요. 이걸 기억해두는 것도 좋을 거예요. 스시의 시작은 염장한 붕어에 밥을 섞어 발효시킨 후 먹었던 '후나즈시鮒壽司'를 시작으로, 간사이 지방에서 틀에 밥을 깔고 발효 생선을 올려 누른 '하코즈시箱壽司'와 그것을 빠르게 만들기 위해 손으로 직접 모양을 잡는 방식으로 탄생한 '니기리즈시握り壽司'로 발전해왔습니다.

밀 원래는 초밥 틀을 사용했지만, 손으로 만드는 방식이 더 일반화된 거군요.

구루 현재도 두 가지 방법 모두 사용하지만, 아무래도 일본 스시 하면 손으로 만드는 쪽이 좀더 대중적이죠.

영지 그렇다면 스시는 언제부터 먹기 시작했나요?

구루 여러 설이 있지만, 메콩강에서 생선을 염장해 오래 보관해 먹던 방식이 동아시아를 거쳐 일본에 전해졌다는 설이 보편적으로 인정돼요. 그 과정에서 나온 요리가 후나즈시라고 하고요. 나라 시대였던 710년에 쓰인 관련 기록이 발견되었는데, 문헌을 기준으로 보면 약 1300년 전이라고 할 수 있겠네요.

밀 생각보다 굉장히 오래되었네요? 저는 스시가 최근에 만들어졌다고 생각했어요.

영지 왜요?

밀 원래 생선회는 오래전부터 먹었을 것 같지만. 그걸 밥이랑 같이 먹으면, 또 한입에 넣을 수 있게 만들어보면 어떨까 하고 발전시킨 음식이 아닐까 했거든요.

구루 후나즈시는 우리가 떠올리는 스시와는 형태가 많이 달라요. 그냥 봤을 땐 발효시킨 생선 요리구나 싶은 모습입니다.

영지 아, 그렇군요.

구루 오늘 만들 지라시즈시의 '지라시ちらし'가 무슨 뜻인지는 다들 알죠?

영지 물론이죠.

밀 홍보 전단지를 지라시라고 하잖아요. 그리고 '소문'이라는 뜻으로 사용되기도 하고요.

구루 일본어에서 지라시는 '흩뿌리다'라는 뜻이에요. 홍보 전단도 사람들한테 뿌리는 거니까 지라시, 소문도 여기저기 퍼트려야 하니까 지라시죠. 그래서 그런지 우리나라 사람들에겐 '지라시'라는 어감이 그다지 좋지는 않은 것 같지만요.

영지 요즘엔 지라시라는 단어보다는 전단이라는 말을 많이 사용하니까, 아마 이 단어를 모르는 사람도 많지 않을까 해요.

밀 김은 우리나라에서 발명된 거죠? 김씨가 발견해서 김이라는 말이 있던데……?

구루 그런 설이 있는 거죠.

밀 우리나라에서 김을 만들어서 일본에 전파된 거라고 하죠?

구루 우리나라에서는 13세기 말 『삼국유사』에 기록이 남아 있고, 일본은 18세기부터 먹었다는 자료가 있네요. 원산지가 우리나라입니다.

영지 그렇군요. 확실하게 김은 우리나라 음식이네요.

밀 우리나라 김이 또 맛있잖아요.

영지 맞아요. 우리나라 김이 최고죠.

구루 '맛있다'고 생각하는 김은 조미 김 아닐까요?

밀/영지 그렇죠.

구루 우리나라는 김조차도 반찬화시킨 것 같아요. 무슨 말이냐면, 일본에선 김이 식재료거든요. 밥과 함께 먹는 반찬이라기보다, 초밥을 말 때 사용하는 재료, 라멘에 살짝 잘라 장식하는 재료…… 같은 식으로. 그런데 우리는 김을 밥에 싸 먹는 반찬이라고 여기잖아요. 반찬이라면 맛있어야 하니 굽기도 하고, 참기름, 깨소금도 뿌리고 한 거죠. 그래서 이렇게 맛있게 발전되었다고 생각해요.

밀 그럴 수 있겠네요. 그러면 김밥도 우리나라 음식인가요?

구루 김밥이 우리나라 음식이라는 데는 두 가지 이야기가 있어요. 첫 번째로 김과 마찬가지로 『삼국유사』에 기록된 내용인데요, 정월대보름에 '복쌈'이라고, 김에 밥을 싸서 먹는 풍습이 있었다고 해요. 그게 지금까지 전해져 내려온 거라는 주장이고요. 두 번째는 일제강점기에 일본인들이 먹던 마키 가운데 김으로 굵게 마는 방식의 후토마키太巻き에서 전해졌다고 주장하는 사람들도 있어요. 그렇다 해도 지금 우리가 먹는 김밥은 참기름으로 간을 한다거나, 안의 재료도 한국식으로 들어가는, 일본의 후토마키와 전혀 다른 요리이기 때문에 한식이라고 해야 합니다.

지라시즈시 만들기

구루 (단촛물을 계량하며) 자, 그럼 밥을 준비해볼까요?

밀 으아- 그런데 설탕이 밥에 그렇게 많이 들어가요?

구루 재료를 보면 일단 깜짝 놀랄 수준이죠? 식초나 설탕이나 뭐가 이렇게 많이 들어가나 할 거예요.

밀 계량하는 거 보고 놀랐어요. '설마 이게 다 들어가지는 않겠지' 했는데.

구루 저도 처음에 촛물 만들 때 깜짝 놀랐어요. 너무 많은 거 아닌가 싶어서.

밀 밥을 가져올게요.

영지 역시 밥은 꼬들꼬들하게 준비하네요.

구루 네, 그렇죠. 김밥도 약간 꼬들꼬들하게 밥을 짓잖아요. 똑같아요. 초밥용 밥을 뒤섞을 때 주걱을 세워서 밥을 가르듯 저어주세요. 이렇게 하면

다양한 스시의 종류

니기리즈시握り壽司

'스시'라고 하면 이 니기리즈시를 떠올릴 정도로 세계적으로 대중화된 스시. 한입 크기의 초밥에 와사비를 바르고 신선한 해산물을 얹어 내는 형태. 일본의 수도가 교토에서 도쿄로 옮겨 간 시기에 만들어졌다.

노리마키즈시海苔巻き壽司

한 가지 재료만 간단히 들어간 간토식 김초밥인데, 참치 살이나 채소 등을 곁들여 가볍게 입가심으로 먹는다. 간사이식 후토마키와 구별하여, '호소마키'라고도 부른다.

데마키즈시手巻き壽司

다발 모양으로 가볍게 말아낸 스시. 집에서 쉽게 만드는 초밥의 하나다.

후토마키즈시太巻き壽司

다양한 재료가 들어간 간사이식 마키즈시로, 한국의 김밥과 유사하다. 1960년대 말 신문을 보면 김밥이 유행한다는 기사를 찾을 수 있는데 단무지, 달걀, 우엉 등의 재료 조합이 일본의 후토마키즈시와 비슷해 한국 김밥의 유래라는 견해가 있다.

이나리즈시稲荷壽司

흔히 유부초밥으로 불리는 초밥. 유부 안에 다양한 재료를 섞은 초밥을 채워 만든다. 일본은 신이 여우를 통해 메시지를 전한다고 여겨서 많은 신사에서 여우상을 볼 수 있다. 이 여우가 좋아하는 쥐를 튀겨서 공물로 바치던 것을 모양이 비슷한 두부 튀김으로 바꾸고, 그것이 다시 이나리즈시의 형태가 되었다고 한다.

지라시즈시ちらし壽司

회나 초밥의 재료 등을 초밥 위에 흩뿌리듯 담은 스시. 한국의 회덮밥과 비슷한 형태로 그릇에 담긴 밥 위에 여러 해산물을 가득 얹어놓은 형태다. 부유한 사람들이 먹던 니기리즈시를 먹을 형편이 못 되는 보통 사람들이 만들어먹던 방식이 유래라고 전해진다.

오시즈시押し壽司

초밥과 재료를 겹쳐 누른 다음 썰어서 먹는 스시로, 에도 시대 중반에 등장했다고 한다.

데마리즈시手まり壽司

데마리즈시는 초밥을 랩 등으로 싸서 만든다. 데마리手まり라는 작은 공처럼 생겼다고 해서 붙은 이름. 어려운 기술을 필요로 하지 않기 때문에 도시락으로도 자주 먹는다.

나레즈시なれ壽司

생선과 밥을 함께 자연 발효시켜 만드는 초밥으로 현대 스시의 원류라고 알려져 있다. 후나즈시가 가장 유명하다.

밥알을 안 다치게 살리면서 윤기도 돌아서 좋아요.

밀 이 촛물은 비율이 어떻게 돼요?

구루 밥 3인분에 촛물 한 컵 정도의 비율이에요. 촛물 양이 많아서 부으면 너무 축축하지 않나 싶죠? 그런데 밥이 수분을 흡수하기 때문에 금방 사라져요. 자, 부채로 밥의 김이 날아가도록 좀 부쳐주세요.

(영지/밀, 열심히 부채질을 한다.)

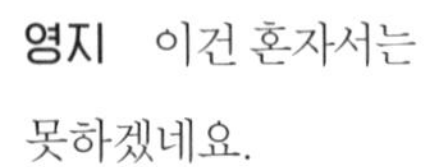

영지 이건 혼자서는 못하겠네요.

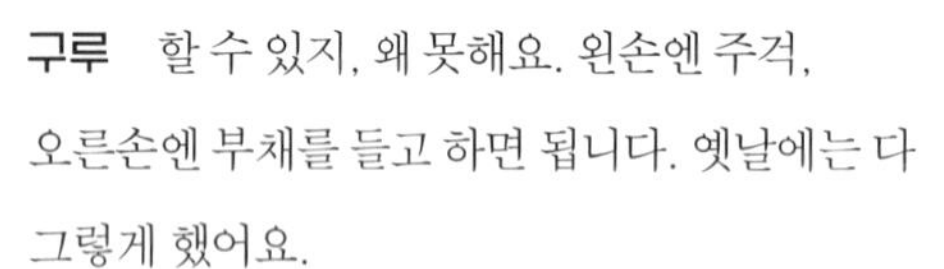

구루 할 수 있지, 왜 못해요. 왼손엔 주걱, 오른손엔 부채를 들고 하면 됩니다. 옛날에는 다 그렇게 했어요.

밀 아아……!

구루 자, 물기가 거의 사라졌죠? 밥이 뜨거운 상태에서 단촛물을 넣고 섞어야 맛이 잘 배어들어요. 대신 수분만 빨리 날려야 밥알이 질척거리지 않으니까 이때만큼은 재빠르게 열심히 부채질을 해야 합니다. 초밥 만들 때 굉장히 중요한 단계예요.

밀/영지 네, 네.

구루 이제 밥은 다 됐어요. 그런데 식초가 이렇게나 많이 들어가는 이유는 뭘까요?

밀 밥이 상하지 말라고요!

구루 그렇죠.

영지 여기에 소금도 들어간 거죠?

구루 네, 간을 해야 하니까요. 그리고 밥에 토핑을 조금 하면 좋지 않을까 싶은데요. 표고버섯을 간장에 졸여서 위에 올리기도 하지만, 다져서 밥이랑 섞어도 좋지 않을까 생각했어요. 훨씬 더 맛있는 초밥이 되겠죠?

밀 원래 이렇게 넣지는 않는 거죠?

구루 지역이나 입맛에 따라 다양하게 응용해요. 지라시즈시가 워낙 전국에서 일상적으로 먹는 음식이니까 지역마다, 집집마다 개성 있는 재료를 많이 사용해요. 어묵, 두부, 붕장어, 문어 등등 계절에 따라 다양한 재료를 쓰죠.

영지 (밥 위에 랩을 씌우는 걸 보며) 이렇게 랩을 씌우는 이유는 뭐예요?

구루 남아 있는 수분까지 날아가면 밥이 말라버리니까요.

밀 부채질로 수분을 어느 정도 날리되, 남은 수분은 유지해야 하는 거네요.

구루 그렇죠. 다음은 지단인데요. 이렇게 달걀을 깨서 흰자와 노른자를 모두 넣고 잘 섞어요. (볼에 넣은 달걀을 저어주면서) 여기서 잘 섞지 않으면 지단을 부칠 때 표면에 기포가 올라와서 안 예쁘거든요. 최대한 곱게 젓는다고 생각하고 저어주세요. 저을 때 거품이 일지 않도록 젓가락을 좌우로 움직이면서 풀어주면 좋습니다.

영지 (달걀을 풀다가) 좀더 저어야 해요?

구루 네, 아직 멀었어요.

영지 (시무룩)

구루 이제 체에 내려서 설탕, 소금, 청주를 넣고 마저 섞어주세요. 프라이팬은 약한 불에 올려서 기름을 한 번

둘러요. 키친타월에 기름을 적셔서 표면을 한 번 닦아주는 정도면 좋아요. 프라이팬 바닥을 얇게 코팅한다고 생각하면 됩니다.

밀 이제 달걀을 부어요?

구루 네, 살살, 얇게 퍼지도록.

영지 긴장된다!

구루 잘 안 펴진 것 같으면 프라이팬을 이리저리 기울여서 팬 바닥을 채우듯이 펼쳐주세요. 프라이팬을 들어서 기울여가며 이리저리 움직여주는 거예요. 달걀 물이 많다 싶으면 다시 볼에 담아주고요. 더 흘러내리지 않으면 불을 끄고 잠시 그대로 둡니다. 1분 정도 지나면 손가락으로 표면을 눌러보세요. 묻어나지 않으면 완성입니다. 모든 피클과 표고버섯조림은 시간관계상 전날 미리 만들어두었어요. 시간이 걸릴 뿐 어렵지 않아서 간단하게 설명해볼게요. 연근, 당근, 우엉 등 준비한 재료를 잘 다듬어서 데칠 것은 데치고 물기를 빼준 다음, 피클 국물(레시피 참조)을 채워 냉장고에 넣고 하룻밤 맛을 들입니다. 급하면 두세 시간만 절여도 괜찮아요. 건표고버섯은 찬물에 네다섯 시간 충분히 불려서 물기를 꽉 짜주세요. 버섯 불린 물을 깨끗하게 걸러서 나머지 양념과 함께 넣고 30분 정도 뭉근하게 졸여주면 됩니다. 버섯조림도 간단하죠?

그리고 김도 지단처럼 가늘게 잘라요. 가위를 사용하면 편하게 자를 수 있을 거예요.

밀 최대한 얇게 잘라야 하는군요.

구루 그렇죠. 얇고 일정하게!

밀 우리나라는 볶음밥 할 때 김 부셔서 막 넣잖아요.

구루 네, 그거 참 맛있죠. 일본인들도 김의 향을 좋아해서 쓰임새가 매우 다양해요.

그릇에 담기

구루 이제 모든 재료가 준비되었으니 플레이팅을 해볼까요?

영지/밀 네!

구루 (그릇을 선택한 후) 먹을 만큼 먼저 밥을 깔아요. 그다음, 밥 위에 지단을 깝니다.

밀 어? 지단을 맨 위에 올리는 줄 알았는데 그게 아니네요?

구루 네, 지단은 배경색이 되는 거예요.

밀 아— 그렇구나.

구루 그다음에 잘게 썬 김을 뿌려요. 이건 정해진 방법이 있는 건 아니에요. 색감을 생각해서 각자 재료를 얹어보세요.

밀 연어 알은 안 먹지만, 지라시즈시엔 올려야 할 것 같아서 올려볼게요.

구루 생각보다 예쁘게 안 나오네요.

영지 따라하고 있었는데 그렇게 말하면 어떡해요……! ㅎㅎ

구루 ㅋㅋ 연근은 세 개 정도. 나머지 재료는 각자 취향껏 올려봐요.

영지 네.

구루 연어 알은 저도 별로 좋아하지 않지만, 지라시즈시니까 조금 올려볼게요.

영지 저도 연어 알은 좀……

밀 다들 연어 알을 별로 안 좋아하는군요. 저는 연어도 싫은데, 알도 싫어요.

구루 편식쟁이 모임이네요, 우리. ㅎㅎ

영지/밀 ㅋㅋㅋ

밀 (재료를 올리며) 저는 완성입니다.

영지 저도요.

구루 우리 된장찌개는 국물이 끓기 전부터 넣지만 일본식 미소시루는 국물이 끓고 나서 풀어주는 게 다른 점이에요. 바지락 미소시루인데 콩나물국처럼 가볍게 곁들이는 국으로 준비했습니다. 다시마 국물에 야채와 조개를 넣고 끓어오르면서 조개의 입이 벌어지면 미소를 풀어주고 국간장으로 간을 조절하면 됩니다. 자, 이렇게 준비 끝!

담백하고 수수한 재료들의 어울림

구루/밀/영지 맛있게 먹겠습니다.

영지 된장국 맛있어요! 이건 어떻게 끓인 거예요?

구루 모시조개를 넣어서 개운하고 깔끔하죠? 다시마 국물에 싱싱한 조개를 넣고 미소를 풀어서 한소끔 끓여주면 됩니다.

영지 오늘 수업 전에 지라시즈시를 검색해봤는데, 굉장히 화려해 보였어요. 다들 뭘 그렇게 넣은 걸까요?

구루 앞에서 얘기했지만 재료는 무궁무진해요. 보통 화려하게 보이려고 선명한 색이 도드라지는 재료들로 조합하는데요. 지단, 연어 알, 깍지 콩, 김만으로도 심플하지만 알록달록하잖아요.

영지 저는 스시라고 해서 당연히 회가 들어갈 거라고 생각했어요.

구루 회도 물론 들어가죠. 생선을 양념해서 올리기도 하고, 회처럼 올리기도 하고요. 볶아서 반찬처럼 올리기도 해요. 굉장히 다양하죠.

영지 이게 스시 같기도 하고 덮밥 같기도 하고, 묘하네요.

구루 이제 먹어볼까요? 알다시피 우리나라 비빔밥이 아닌, 일본식 덮밥이니까 젓가락으로 떠먹는 거예요.

밀 아, 그래서 숟가락이 없는 거군요.

구루 그렇죠. 덮밥 집에서도 숟가락은 안 주니까요.

밀 (한입 먹어보고는) 맛이…… 뭐랄까요, 가족이 많이 모일 때 해 먹거나 시켜 먹을 음식 같아요. 혼자서 먹기엔 좀 많고요.

구루 양이 좀 많죠. 재료가 이것저것 들어가니까 준비할 것도 많고. 그런 만큼 여러 명이 모였을 때 먹기 적당한 음식입니다.

밀 공포의 연어 알을 먹을 시간이 다가오고 있어요.

구루 큭큭큭……

밀 저는 덮밥에 싫은 재료가 올라와도 뭔가

이유가 있으리라는 생각이 들어서 일단 먹어봐요.

영지 저도 늘 그럴 거라고 생각하고 먹어보지만, 100퍼센트 후회해요.

구루 (연어 알을 먹으며) 음― 연어 알이 자꾸 터지는데, 기분이 우울해졌어요.

밀 (연어 알을 먹으며) 무슨 기분인지 저도 알겠어요. 그런데 저는 그럭저럭 먹을 만해요.

구루 (전해주며) 그럼 이것도 드세요.

밀 응? 그 정도는 아닌데…… 아무튼 네, 제가 처리하죠.

구루 그나마 간장에 절여서 비린 맛이 덜한 것 같네요. 이걸 고추냉이에 살짝 비벼서 먹기도 하던데, 그러면 괜찮을까 싶네요.

밀 (밥과 다른 재료를 먹어보며) 명절 음식이 다 그렇듯이 약간 심심한 느낌도 들어요. 강렬한 게 필요해요. 김치라든지……!

구루 맛이 이렇게 평온하니까, 뭐랄까요. 집중해서 먹게 되지 않나요?

영지/밀 맞아요!

구루 그러고 보면 일본 음식을 많은 사람이 좋아하지만, 주로 요즘 음식들이 인기가 많은 듯해요. 라멘이라든지, 돈가스라든지…… 지라시즈시 같은 전통 음식은 심심해서, 맛을 섬세하게 느끼지 못하는 사람들에겐, 아쉬울 수 있죠.

밀 평양냉면 먹는 느낌일까요? 맛있다고들 하는데 나는 잘 모르겠는. 한마디로 아직은 알 수 없는 어른의 맛 같은.

영지 이 지라시즈시가 스시의 평양냉면이네요.

밀 강렬한 맛으로 자극하지는 않지만 그래도 특별한 음식으로 느껴져서 좋아요. 화려한 모양에 비해 맛이 세지 않고, 담담하지만 나름대로 특징이 있어요. 한마디로 맛을 표현하자면, 재료들이 서로 품위 있게 양보하는 듯한, 담담하게 서로를 지켜봐주는 듯한 느낌이에요.

구루 네, 저도 연어 알만 빼면 괜찮았어요. 연어 알의 짠맛만 튀었지, 나머지 재료들은 평온하네요.

영지 하하, 저는 그래서 연어 알을 올리지 않았죠!

밀 아하하!

마지막 수업

구루 자…… 이것으로 생색요리 수업이 모두 끝났습니다.

영지/밀 짝짝짝!

구루 함께 배워본 음식 수는 많지 않았지만, 야키소바부터 지라시즈시까지…… 공교롭게도 일식으로 시작해서 일식으로 끝나게 됐네요. 햇수로 3년 정도가 걸린 대장정이었습니다. 기간만 보면 두 분 다 오너셰프가 된다고 해도 믿겠어요. ㅎㅎㅎ 그동안 바쁜 일정 쪼개가며 마무리까지 함께했다는 데 정말 보람이 느껴집니다. 오랜 시간 수고 많으셨어요.

밀 저는 요리책에서 "갖은 양념 적당히"가 넘지 못할 숙제였어요. 그 '적당히'를 알기 위해 요리책을 보는데, 정말로 적당히 알려줘서 너무하다 싶었거든요. 그런데, 이제는 왜 다들 "적당히"라고밖에 말할 수 없었는지 알게 되었어요. 요리하는 사람이 처한 각각의 환경에 따라 레시피도 요리법도 조금씩 달라질 수밖에 없으니 "적당히"라고 표현할 수밖에 없다는 것을요.
또 레시피에 간장을 넣으라고 돼 있으면 무조건 간장을 넣어야만 하는 줄 알았지, 소금을 넣어도 된다는 생각까지는 못했는데, 간장이 의미하는 게 '짠맛'이고, 짠맛이 필요한데 간장이 없거나 간장을 쓰고 싶지 않을 때는 소금을 넣어도 괜찮다는 것도 알게 되었죠. 함께 요리하면서, 레시피 너머의 맥락을 이해할 수 있게 됐다는 게 큰 수확이라고 할 수 있겠네요.

영지 짧다면 짧고, 길다면 긴 기간 동안 요리 실력이 쑥 늘 수는 없었지만 (원래부터 요리 하수였으니까) 기본적인 것만 잘 지켜도 어느 정도 먹을 만한 걸 만들어낼 수 있다는 걸 배웠어요. 물론 기본을 지키기부터 무척 어려운 일이지만요. 타이머랑 계량 스푼은 괜히 있는 것이 아니고, 초보일수록 이런 도구의 힘을 빌리면 더 정확하고 자신 있게 요리할 수 있다는 걸 알았죠. 한 번 실패했다고 풀 죽지 말고 다시 시도해볼 용기도 생겼고요. 이제 그래도 좀 배웠다고 실패의 원인 같은 것도 조금은 알 수 있게 됐어요.
그리고 사실 저는 조리법이든 식재료든 새로운 요리를 시도해본다는 것 자체를 부담스러워 하던 사람이었어요. 맨날 만들어 먹던 것만 만들어 먹고…… 그동안 이런저런 낯선 요리를 경험하면서 '세상엔 맛있는 것이 정말 많구나!' 새삼 느꼈고, 더 많은 것을 시도해보고 싶다는 생각을 처음으로 해봤습니다.

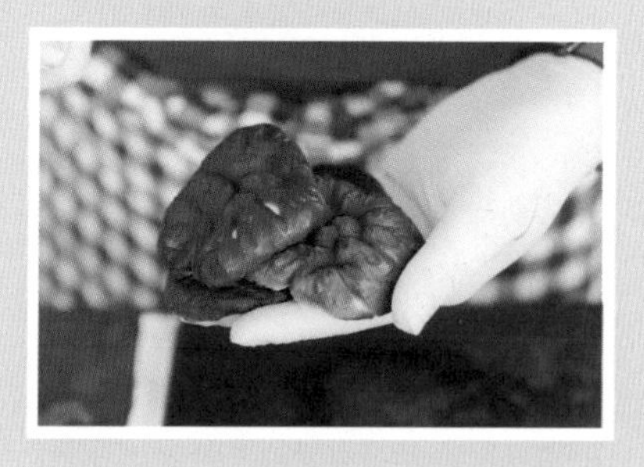

❶
건표고버섯은 미리 물아 담가
부드럽게 불린 후 졸여줍니다.

↓

❷
줄 콩은 적당한 크기로 잘라 데친 후
찬물에 식힙니다.

↓

❸
연근과 우엉도 데쳐서
찬물에 식힙니다.

↓

❹
브로콜리, 당근도 데쳐서 찬물에 식힌 뒤
채반에 올려주세요.

❺
브로콜리, 당근, 연근, 우엉을 피클 국물에 재워
냉장고에서 서너 시간 맛을 들입니다.

❻
달걀은 충분히 저어서 섞어줍니다.
체에 알끈을 걸러내면 훨씬 곱게 만들 수 있어요.

❼
프라이팬은 약한 불에 올려 열기가 느껴지면,
식용유로 적신 키친타월로 기름을 얇게 바릅니다.
달걀 물을 붓고 팬을 기울여가며 고르게 펴주세요.

❽
달걀 물이 흐르지 않을 정도로 굳어지면 불을 끄고
뚜껑이나 포일을 덮어 잔열로 완전히 익혀줍니다.

❾
지단은 자르기 편하게 겹쳐 접은 뒤
가늘게 채 썰어주세요.

❿
식은 표고버섯조림을
잘게 다져주세요.

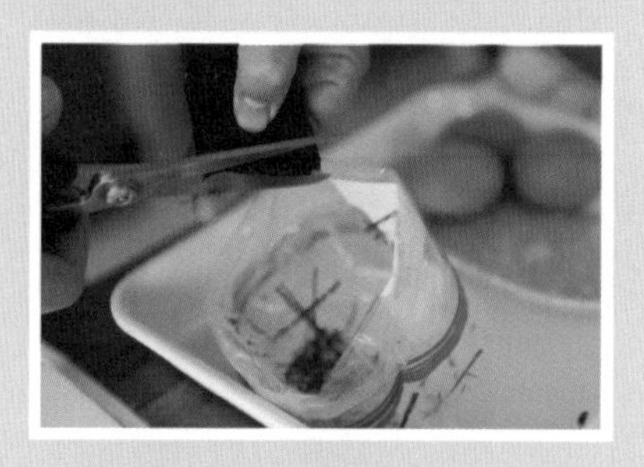

⓫
김은 가위로 가늘게 자릅니다.
(지퍼백에 넣어두면 눅눅하지 않게 보관할 수 있어요.)

↓

⓬
새우까지 데치면
재료 밑 작업은 완성입니다.

↓

⓭
초밥에 사용할 양념을
섞어줍니다.

⓮
밥이 다 되면 뜨거울 때 볼에 담고 초밥 양념,
다진 버섯조림을 넣어 골고루 재빠르게 섞어주세요.

⓯
그릇에 초밥을 담고 지단을
골고루 올립니다.

⓰
김과 연근처럼 채도가 낮은 재료부터
먼저 깔아주세요.

⑰
당근과 새우를
올립니다.

⑱
색이 밝거나 화려한 재료를
가장 나중에 올려 완성합니다.

⑲
담백하고 시원한 미소시루를
곁들이면 더 좋아요.

⑳
손이 많이 가는 음식이지만,
완성했을 때 보람이 커 정말 즐거운 요리입니다.

감사의 말

오랜 시간 함께 요리하고, 그림을 그려준 일러스트레이터 영지 님께 감사 인사를 전합니다. 덕분에 머릿속에만 그려온 아이디어를 현실로 만들 수 있었어요. 소책자를 펴낼 때 많은 도움을 준 책방 유어마인드 분들께도 감사합니다. 책 만드는 즐거움을 알게 되었습니다. 글항아리의 편집자와 디자이너에게도 고마움을 전합니다. 이 프로젝트의 최종 목표였던 단행본 출간의 꿈을 덕분에 이룰 수 있었습니다.

생색요리

우리가 요리할 때 하는 얘기들

© 구루·밀·강영지

초판인쇄 2018년 9월 18일
초판발행 2018년 10월 2일

글 구루·밀
그림 강영지
펴낸이 강성민
편집장 이은혜
편집 박은아 곽우정
마케팅 정민호 이숙재 정현민 김도윤 안남영
홍보 김희숙 김상만 이천희
독자모니터링 황치영

펴낸곳 (주)글항아리 | 출판등록 2009년 1월 19일 제406-2009-000002호

주소 10881 경기도 파주시 회동길 210
전자우편 bookpot@hanmail.net
전화번호 031-955-8891(마케팅) 031-955-2663(편집부)
팩스 031-955-2557

ISBN 978-89-6735-548-7 13590

이 책의 판권은 지은이와 글항아리에 있습니다.
이 책 내용의 전부 또는 일부를 재사용하려면 반드시 양측의 서면 동의를 받아야 합니다.

글항아리는 (주)문학동네의 계열사입니다.

이 도서의 국립중앙도서관 출판예정도서목록(CIP)은 서지정보유통지원시스템 홈페이지(http://seoji.nl.go.kr)와
국가자료공동목록시스템(http://www.nl.go.kr/kolisnet)에서 이용하실 수 있습니다.
(CIP제어번호: CIP2018030003)